渔业水域生态修复
科技创新战略研究

刘兴国　李纯厚　毛玉泽　刘永新　主编

中国农业出版社
北　京

内 容 简 介

　　本书介绍了渔业水域生态修复的科技战略，分析了不同渔业水域生态修复的技术要求和典型渔业水域生态修复的特点。第一部分为渔业水域生态修复战略研究，第二部分分析了浅海海湾、岛礁滩涂、江河河口、湖泊水库以及盐碱水域等典型渔业水域状况，并结合国内外最新研究进展和发展趋势，提出了相应水域的修复策略；第三部分为国内外典型案例介绍及经验启示。

　　本书由中国水产科学研究院组织相关专家编写，可供渔业管理部门、科研教学机构、生产企业及其他单位的人员参考。

《渔业水域生态修复科技创新战略研究》
编写委员会

主　编：刘兴国　李纯厚　毛玉泽　刘永新

编　委：（按姓氏笔画排序）

　　　　么宗利　毛玉泽　叶少文　朱　浩

　　　　刘　永　刘永新　刘兴国　李应仁

　　　　李纯厚　赵　峰　柳淑芳　秦传新

　　　　蒋增杰　霍堂斌

前 言
PREFACE

　　渔业水域是指中华人民共和国管辖水域中鱼、虾蟹、贝类等的产卵场、索饵场、越冬场、洄游通道和鱼、虾蟹、贝、藻及其他水生动植物的养殖场所。我国渔业水域丰富，生态类型齐全，分为海洋、滩涂、河口和内陆水域等。其中，水深 15 m 以内的浅海、滩涂 1 333 万 hm²，内陆水域 1 760 万 hm²。在内陆水域中，河流约 667 万 hm²，湖泊 667 万 hm²，水库约 200 万 hm²。除此之外，还有约 1 亿 hm² 的内陆盐碱地及 4 600 万 hm² 的盐碱水域（水产辞典编辑委员会，2007）。

　　20 世纪 80 年代以来，随着人类活动加剧，我国渔业水域受到了很大的影响，水华和赤潮频发，鱼类资源衰退，生态结构被破坏，生态功能丧失，生物多样性下降，严重影响了水域的生态安全并危及渔业发展。"十一五"以来，我国颁布了一批涉渔水域环境保护法规，采取了一定的措施，渔业水域环境有所好转。2012 年 11 月，党的十八大从新的历史起点出发，做出了"大力推进生态文明建设"的战略决策。围绕水域生态文明建设的战略需求，2013 年 3 月，国务院发布了《关于促进海洋渔业持续健康发展的若干意见》（国发〔2013〕11 号），要求加强渔业资源调查评估和养护，大力保护渔业水域生态环境，提升渔业科技支撑能力。2019 年 1 月 11 日，经国务院同意，农业农村部会同生态环境部、自然资源部、国家发展和改革委员会、财政部、科学技术部、工业和信息化部、商务部、国家市场监督管理总局、中国银行保险监督管理委员会联合印发了《关于加快推进水产养殖业绿色发展的若干意见》（农渔发〔2019〕1 号），旨在推进水域生态修复，建设水域生态文明。生态修复是利用生态系统的自我恢复能力，辅以人工措施，使受损生态系统逐步恢复或使生态系统向良性方向发展的手段。也可以理解为是停止对生态系统的人为干扰，减轻负荷压力，依靠生态系统的自我调节能力使其向有序方向演化的一种生态工程方法。渔业水域生态修复是以渔业水域生态优化管理为目标，按照水域生态系统协调、平衡和整体性要求，依据系统学与工程学原理对渔业水域进行的维护与修复工程。渔业水域生态修复的主要形式有"以渔治水""以渔养水""以渔保水"等,其目的都是充分发挥渔业的生态作用,重构健康稳定的水域生态系统。

长期以来,我国的渔业发展主要以数量增长为主,对渔业水域生态环境等的研究相对滞缓,随着渔业产量的不断提升,渔业水域的生态环境问题日益突出,在一些地区已成为制约渔业发展的主要因素。为落实中央生态文明建设要求和农业农村部等《关于推进大水面生态渔业发展的指导意见》,2019年中国水产科学研究院组织有关专家开展了渔业水域生态保护与修复战略研究,围绕浅海、海湾、岛礁、滩涂、江河、河口、湖泊、水库以及盐碱水域等典型渔业水域开展调查研究,分析了典型水域的成功渔业模式,为渔业水域的生态修复提供了参考,并在此基础上形成本书。

期望本书能为政府管理部门科学决策提供服务,为科研、教学、生产等相关部门提供参考,为实现我国渔业水域生态环境"根本好转"发挥促进作用。本书由中国水产科学研究院及相关从事海洋资源、海水养殖、河口资源与保护、内陆大水面生态渔业等研究的数十位专家、学者集体编写,编写过程中得到了中国水产科学研究院刘英杰研究员、方辉研究员,中国水产科学研究院渔业机械仪器研究所徐皓研究员,中国科学院水生生物研究所刘家寿研究员,中国科学院南京地理与湖泊研究所谷孝鸿研究员等的指导,在此一并表示感谢。由于时间和水平所限,不当之处,请批评指正。

编　者

2020年5月

目 录
CONTENTS

第二部分　典型渔业水域生态修复

第三部分　典型案例分析

01 第一部分

总 体 篇

第一章
CHAPTER 1

战略背景与产业特征

第一节 战略背景

2018 年 9 月，习近平总书记在考察查干湖时提出"保护生态和发展生态旅游相得益彰，这条路要扎实走下去"，充分肯定了渔业水域生态建设的重要性。生态兴则文明兴，生态衰则文明衰。随着工业化、城镇化发展进程的加快，对土地的无序开发、对资源的过度消耗和对环境的严重污染已经造成了难以弥补的生态创伤，地球这一人类共同的家园正面临气候变暖、生物多样性被破坏、土地荒漠化、大气污染和水污染等一系列严峻挑战。大自然已经发出严厉的警告，依靠牺牲环境为代价的发展方式已然难以为继，顺应自然、保护生态的绿色发展昭示着未来。作为全球生态建设和环境治理的积极践行者，中国已经将生态文明写入执政纲领，纳入国家发展总体布局，勇敢地担起了时代的责任。党的十八大以来，在习近平生态文明思想的指引下，在生态文明建设领域，中国经历了一场前所未有的全方位大变革——修订《环境保护法》、制定《生态文明体制改革总体方案》、出台《生态文明建设目标评价考核办法》、开展中央环保督察等，生态文明建设按下"快进键"，绿色发展驶入"快车道"。建设美丽中国已经成为中国人民心向往之的奋斗目标，天更蓝、山更绿、水更清将不断展现在世人面前。

为解决好渔业绿色发展面临的突出问题，2019 年 1 月，经国务院同意，农业农村部会同生态环境部、自然资源部、国家发展和改革委员会、财政部、科学技术部、工业和信息化部、商务部、国家市场监督管理总局、中国银行保险监督管理委员会联合印发了《关于加快推进水产养殖业绿色发展的若干意见》。加快推进渔业绿色发展，既是落实新发展理念、保护水域生态环境、实施乡村振兴战略、保障国家粮食安全、建设美丽中国的重大举措，也是打赢污染防治攻坚战的重要举措，是优化渔业产业布局、促进渔业转型升级的必然选择。《关于加快推进水产养殖业绿色发展的若干意见》的实施，有助于加快我国渔业增长方式的转变，有助于渔业从资源掠夺性、产量规模型向资源养护型、质量效益型转变，有助于发展环境友好型养殖业、资源养护型捕捞业、安全高效型加工业、生态优先型增殖业和质量效益型休闲渔业，实现新时代渔业提质增效目标，为渔业水域生态保护和修复指明了新的发展方向。

一、丰富的渔业水域资源为确保粮食安全提供了基础保障

中国水域资源丰富，内陆及海洋疆域辽阔，覆盖温带、亚热带和热带三大气候带，跨越近 50 个纬度，海岸线总长度 3.2×10^4 km（大陆岸线总长约 1.8×10^4 km），岛屿 6 900 多个，大陆架宽广，管辖海域面积 300×10^4 km²。沿岸入海河流众多，有长江、黄河、珠江等入海河流 1 500 余条，年平均入海径流量约为 $18\ 152.44 \times 10^8$ m³，另外，黑潮等大洋性环

流对近海水文特征产生重要影响，两者共同为我国近海输送了丰富的营养物质。内陆水域常年水面积 1 km² 及以上湖泊 2 865 个，水面总面积 7.80×10⁴ km²（不含国界境外面积），其中淡水湖 1 594 个，咸水湖 945 个，盐湖 166 个，其他 160 个。我国也是世界上拥有水库数量最多的国家之一，已建成各类水库 9.8 万多座，总库容 9 323.12×10⁸ m³。优越的自然水域资源为水生生物提供了极为有利的生存、繁衍和生长的条件，形成了众多渔业生物的养殖场、产卵场、索饵场、越冬场、洄游通道以及优良渔场，为中国成为世界第一渔业大国提供良好的水域资源条件。产品消费量的大幅增长表明水产品为全世界人民提供了更加多样化、营养更丰富的食物，从而提高了人民的膳食质量。据 FAO 统计，2017 年水产品在全球人口动物蛋白摄入量中占比约 17%，在所有蛋白质总摄入量中占比达 7%。水产品除了能提供包含所有必需氨基酸的易消化、高质量的蛋白质外，还含有必需脂肪、各类维生素以及矿物质，即便是食用少量的水产品，也能显著加强以植物为主的膳食结构的营养效果。正因为具备宝贵的营养价值，水产品在改善不均衡膳食方面发挥重要作用。因此，维护好渔业生态环境，科学利用渔业水域生产力，对于确保我国 14 亿人口的粮食安全有效供给具有战略性意义。

二、人民日益增长的美好生活需要为渔业发展提供了新空间

中国渔业是最先走向市场化的产业之一，经过 40 年的高速发展，渔业产量、渔业规模已经达到高度发达水平（图 1-1）。随着中国特色社会主义进入新时代，我国社会主要矛盾已经转化为人民日益增长的美好生活需要和不平衡不充分的发展之间的矛盾。城乡居民水产品消费需求正向"吃好、吃得安全、吃得营养健康"快速转变，多元化、个性化的需求显著增多，渔业品质消费、文化消费、休闲消费等逐渐成为新的发展方向，绿色优质水产品、休闲渔业需求空前旺盛，休闲渔业旅游产品也正从高端消费转变为大众消费。目前我国渔业产品供给稳定增加，高端水产品进口量却年年攀升，反映了我国渔业供给侧存在许多结构性问

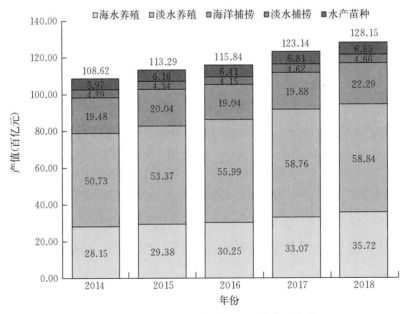

图 1-1　2014—2018 年全国渔业产值及构成
（引自《2019 中国渔业统计年鉴》）

题，特别是优质产品、绿色产品和休闲服务产品供给不足。随着人民收入水平的提高和消费理念的转变，人民对美好生活的不断追求为渔业开拓高质量发展新空间（杨子江等，2018）。新时代我国渔业发展的战略目标是满足人民日益增长的对优质安全水产品的需求，解决渔业区域一二三产业间发展不平衡不充分的突出矛盾，确保优质、安全、生态、文化渔业产品供给充足。只有优良的渔业生态环境，才能为优质水产品供给、休闲渔业旅游、海洋渔业文化科普等提供重要的资源基础。

三、实施乡村振兴战略为渔业生态环境保护创造了新机遇

党的十九大报告明确提出实施乡村振兴战略，明确了实施乡村振兴战略的目标任务和基本原则，乡村振兴战略成为新时代"三农"工作总抓手，将促进农业农村发展提到了前所未有的高度。乡村振兴战略的提出和实施，既为新时代我国渔业发展方向、发展目标提出了更高的要求，也为我国现代渔业建设、渔区繁荣、渔民增收创造了新机遇。按照"产业兴旺、生态宜居、乡风文明、治理有效、生活富裕"的总要求，新时代渔业发展需要通过质量兴渔、绿色兴渔和品牌强渔，提升渔业发展质量；通过保护渔业资源和减量增收，推进渔业结构调整；通过创新渔区社会治理、建设美丽渔村和渔港经济区，推进渔港渔村振兴。2018年9月26日，中共中央、国务院印发了《乡村振兴战略规划（2018—2022年）》，规划明确提出要"强化渔业资源管控与养护，实施海洋渔业资源总量管理、海洋渔船'双控'和休禁渔制度，科学划定江河湖海限捕、禁捕区域，建设水生生物保护区、海洋牧场""推行水产健康养殖，加大近海滩涂养殖环境治理力度，严格控制河流湖库、近岸海域投饵网箱养殖。探索农林牧渔融合循环发展模式，修复和完善生态廊道，恢复田间生物群落和生态链，建设健康稳定田园生态系统""实施生物多样性保护重大工程，提升各类重要保护地保护管理能力。加强野生动植物保护，强化外来入侵物种风险评估、监测预警与综合防控。开展重大生态修复工程气象保障服务，探索实施生态修复型人工增雨工程""树立山水林田湖草是一个生命共同体的理念，加强对自然生态空间的整体保护，修复和改善乡村生态环境，提升生态功能和服务价值""实现山水林田湖草整体保护、系统修复、综合治理"。乡村振兴战略的实施，为强化渔业生态环境保护创造了新的机遇。

第二节　生态环境现状与产业特征

一、渔业水域生态环境状况

（一）总体状况

我国的渔业水域包括海洋、滩涂、河口及内陆水域等，不仅为人类提供了丰富的水生生物资源产品，而且为人类提供了良好的生态环境。但是，20世纪80年代以来，随着人类活动的增加和气候变化影响，许多水域受到了严重的影响，水域生态环境不断恶化，严重影响到渔业资源安全。2014—2020年，我国江河重要渔业水域水环境中，总氮超标面积占监测面积的比例一直较高；总磷污染在2017年和2018年有所减轻，2019年加重，2020年又减轻至2016年水平；高锰酸盐指数超标面积在2020年减轻至10%以下；石油类、挥发性酚及铜的超标面积总体较低，分别维持在10%以下、10%以下和20%以下（图1-2a）。我国湖泊、水库重要渔业水域水环境中总氮、总磷污染比较严重，超标面积占监测面积的比例基

本维持在 80％以上；高锰酸盐指数、铜的超标面积分别占监测面积的比例为 45％～65％和 10％左右；石油类污染总体呈下降趋势，2018—2020 年已连续 3 年在 5％以下；挥发性酚仅 2017 年有部分水域超标（图 1‒2b）。

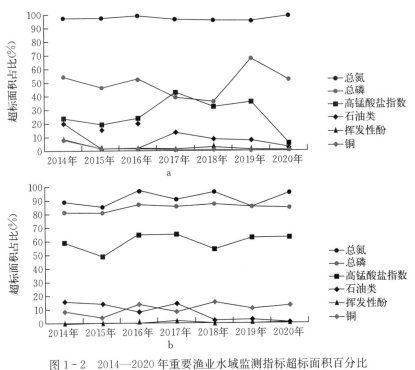

图 1‒2　2014—2020 年重要渔业水域监测指标超标面积百分比
a. 江河　b. 湖泊、水库

《2018 年中国渔业生态环境状况公报》显示，中国渔业生态环境状况总体保持稳定，但局部渔业水域污染仍比较严重，主要污染物为氮、磷。目前，多数重要鱼、虾、贝类的产卵场、索饵场、洄游通道，增养殖区及自然保护区存在富营养化问题。据监测，2018 年我国近海水域中的无机氮、活性磷酸盐、高锰酸盐指数、石油类监测浓度优于评价标准的面积占所监测面积的比例分别为 24.6％、56.0％、66.1％和 95.6％，与 2017 年相比，无机氮、活性磷酸盐、高锰酸盐指数、石油类的超标面积比例虽有所减小，但污染依然严重。一些海水重点增养殖区，主要超标因子为无机氮和活性磷酸盐。无机氮、活性磷酸盐、石油类、高锰酸盐指数监测浓度优于评价标准的面积的比例分别为 40.1％、49.4％、62.8％和 92.8％，与 2017 年相比，无机氮和化学需氧量超标范围有所减小，但活性磷酸盐和石油类超标范围有所增大。

在内陆江河水域，总氮、总磷、高锰酸盐指数、铜、非离子氨、石油类及挥发性酚的监测浓度优于评价标准的面积的比例分别为 4.0％、64.0％、67.2％、91.3％、92.2％、96.7％和 99.5％，与 2017 年相比，非离子氨和石油类超标范围有所增加，总磷、高锰酸盐指数、挥发性酚和铜的超标范围均有不同程度减小，主要超标因子为总氮。在湖泊、水库等渔业水域，主要超标因子为总氮、总磷和高锰酸盐指数。总氮、总磷、高锰酸盐指数、铜、石油类及挥发性酚监测浓度优于评价标准的面积占所监测面积的比例分别为 3.8％、12.6％、46.0％、85.1％、98.4％和 100％，与 2017 年相比，总氮、总磷和铜污染物指标超标范围有所增加，高锰酸盐指数、石油类和挥发性酚超标范围有所减小。

在国家级海洋水产种质资源保护区，主要超标因子为无机氮。无机氮、化学需氧量、活性磷酸盐和石油类监测浓度优于评价标准的面积占所监测面积的比例分别为 25.3%、59.6%、91.0% 和 76.7%。在国家级内陆水产种质资源保护区，主要超标因子为总氮。总氮、石油类、高锰酸盐指数、总磷、挥发性酚和非离子氨监测浓度优于评价标准的面积占所监测面积的比例分别为 10.5%、93.5%、95.2%、96.3%、97.1% 和 99.1%。

全国池塘、网箱等人工养殖水域总体环境质量状况基本稳定，但部分水域的富营养化程度依然较高。

（二）存在的主要问题

1. 水域污染加重，生态环境恶化

近三十年来，随着人类活动的加剧，近海水域污染越来越重。《2017 中国海洋生态环境状况公报》表明，2017 年冬季、春季、夏季和秋季，近岸海域劣于第Ⅳ类海水水质的面积分别占近岸海域的 16%、14%、11% 和 15%，严重污染区域主要分布在辽东湾、渤海湾、莱州湾、江苏沿岸、长江口、杭州湾、浙江沿岸、珠江口等近岸区域。在面积 100 km² 以上的 44 个大中型海湾中，20 个海湾全年出现劣四类海水水质。造成海湾环境恶化的主要原因是空间面积的缩减，以及海湾及其流域的高强度人类开发活动，氮、磷及有毒有害污染物等大量输入湾内，对海湾水质和沉积物营养物质浓度、形态和组分结构产生了显著影响。多数半封闭性海湾海水交换周期长，营养物质易滞留、聚集，导致水体污染、富营养化和沉积物痕量金属元素超标等诸多问题，由此引发赤潮频发、底层水体缺氧、沉水植物消亡、营养盐的循环和利用效率加快等一系列的生态系统异常响应。伴随富营养化的发展，海湾呈现出生物多样性下降、生物群落结构趋于单一和生态系统趋于不稳定等现象。

岛礁及邻近海域的生态环境质量也呈现持续下降趋势，根据《2017 年海岛统计调查公报》，我国主要岛礁邻近海域的优良水质比例持续下降，劣Ⅳ类质比例持续增长，所在海域为第Ⅰ类水质的海岛数量比例在春季和秋季分别为 56.2% 和 40.5%，所在海域为劣于第Ⅳ类水质的海岛数量比例在春季和秋季分别为 25.2% 和 31.7%，所在海域富营养化的海岛数量比例在春季和秋季分别为 95.7% 和 86.3%，其中重度富营养化的海岛数量比例在春季和秋季分别为 14.2% 和 19.6%。

滩涂是人类最早成功开发和利用的海洋地域，也是海洋生产力最活跃的区域之一，是滩涂资源的生态基础，对保障生物多样性、生物生产力和生态平衡具有重要作用，随着大量的无序开发，全国主要滩涂区域呈现出污染增加、生物多样性下降等现象。近几十年来，随着我国沿海地区经济的快速发展，沿海用地矛盾日益突出，用于码头、电厂、临港工业区等海洋工程而进行的填海造地侵占了大量的滩涂面积，大规模的填海造陆和围海养殖活动，使我国沿海滩涂面积大量减少，海岸线形态发生显著变化，导致滨海湿地生态系统的破坏和生物多样性的减少。1985—2010 年，我国海岸带地区围垦海岸带湿地超过 7 500 km²，其中江苏、浙江的围垦规模最大。山东半岛北部（烟台市区、龙口市和莱州市），1984—2015 年，滩涂面积减少 300.6 km²，其中潮间带面积减少了 84.8 km²，潮上带面积减少了 215.8 km²（邵晚悦等，2017）。

河口水域介于海淡水之间。我国沿岸具有 17 个重要河口和 60 多个河长 100 km 以上的中小型河口。由于大量营养盐、有机物和有毒有害物质的汇集，河口水域成为我国近岸污染最严重的区域之一。在径流作用下，大量营养盐和有机物汇集于河口，导致水体富营养化、

赤潮（或绿潮）频发，在河口区形成大面积的低氧或缺氧区；同时，径流带来的卤代烃化合物、多环芳烃（PAHs）和重金属等有毒有害物质的污染，会导致渔业生物繁育异常、内分泌失调、发育异常、病变或癌变等。这些污染物对河口生物的群落结构和营养动态产生了深远的影响，且随着社会经济的发展有持续加剧的趋势，严重影响了水域生态文明建设。

我国有丰富的内陆水域资源，常年水面面积 1 km² 及以上湖泊 2 865 个，水面总面积 7.80 万 km²（不含国界境外面积），其中淡水湖 1 594 个，咸水湖 945 个，盐湖 166 个，其他湖泊 160 个。内陆主要江河也遭受不同程度污染，其中超过 2 400 km 江段鱼虾绝迹，长江、黄河、淮河等 10 大流域中劣Ⅳ类水质占比为 10.2%，劣Ⅴ类水质河段的长度约占河流长度的 9.8%。根据《2014 年长江流域及西南诸河水资源公报》，2014 年，长江流域废污水排放总量为 338.8 亿 t，且呈逐年增加趋势，水质状况已严重影响和威胁珍稀特有水生生物的生存环境。《2017 年中国生态环境状况公报》表明，2017 年，在全国 112 个重要湖泊（水库）中，Ⅰ类水质的湖泊（水库）6 个，占 5.4%；Ⅱ类 27 个，占 24.1%；Ⅲ类 37 个，占 33.0%；Ⅳ类 22 个，占 19.6%；Ⅴ类 8 个，占 7.1%；劣Ⅴ类 12 个，占 10.7%。主要污染指标为总磷、化学需氧量和高锰酸盐指数。国家重点治理的"三河三湖"中太湖、巢湖、滇池的水质分别为Ⅳ类、Ⅴ类、劣Ⅴ类（图 1-3）。湖泊、水库水质状况仍不容乐观，开展湖泊、水库生态修复仍需不断深入。受人类活动、气候等影响，天然盐碱水域水体理化指标波动大，对水生生物的生存和生长产生了极大的影响，对水域土著渔业资源造成威胁；受传统农业灌溉、水利工程等影响，次生盐碱水域因地下水位上升范围逐步扩大，对农用土地产生了盐渍化侵害。

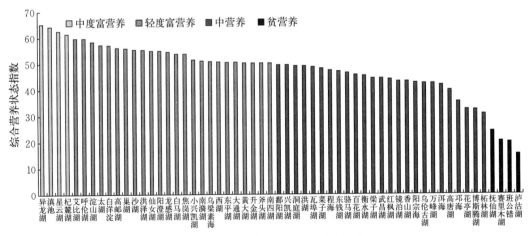

图 1-3　2017 年重要湖泊营养状态比较
（引自《2017 年中国生态环境状况公报》）

2. 水生生物资源衰退，生态结构脆弱

受水域生态环境不断恶化的影响，水域中的渔业资源不断衰退，同时由于渔业资源养护措施不足，更加加剧了水域生物资源的衰退。我国拥有渤海、黄海、东海和南海四大海域，每个海域都有特有的海域环境，海湾众多，面积 10 km² 以上的海湾 150 多个，海湾资源丰富，开发历史悠久，在我国海洋经济和社会发展中具有极其重要的作用。四大海域的著名海湾，如渤海的辽东湾、渤海湾、莱州湾，黄海的芝罘湾、荣成湾、石岛湾、胶州湾、海州湾等，东海的杭州湾、象山湾、三门湾、舟山湾、厦门湾、三沙湾、泉州湾，和南海的红海湾、大亚湾、大鹏湾、雷州湾、北部湾、钦州湾等，很多都是我国传统优良渔场，这些海湾饵料生物繁多，是很多水生生物的产卵场、索饵场和越冬场。海湾水域因其独特的自然条件，拥有区位、环境、资源等诸多优势，但近几十年来，高强度人类活动对海湾港口资源、水资源、土地资源、旅游资源、海水化学资源及矿产资源的开发利用，导致海湾面积和自然岸线减少、泥沙严重淤积、环境恶化和生态系统失衡，严重威胁着海湾的生态安全。如东海区海湾因过度开发利用，陆源排污、滩涂围垦、海湾养殖和各类海洋海岸工程的建设在很大程度上影响和破坏了海湾生态系统健康，导致海湾生态功能退化、生态系统失衡、海湾生物多样性减少。同时，海水养殖活动增加水域营养负荷，引发营养盐污染、药物污染，影响养殖乃至整个生态系统的物质生产及能量循环；此外，养殖鱼类逃逸还可造成野生种群数量下降，致使海洋生物多样性遭受破坏。

在全球气候变化和人类活动的多重压力下，许多岛礁及邻近海域的生态系统退化严重，潟湖疏浚、岛礁建设等人类活动对岛礁生态系统影响明显，制约了天然生物资源群体的补充环链，岛礁渔业资源持续衰退。

目前我国海岸自然岸线不足42%，被侵蚀的海岸线占20%，2007年我国自然滨海湿地面积比1975年自然湿地面积减少65万 hm^2。2010年与20世纪50年代相比，我国滨海湿地累计丧失57%，红树林和珊瑚礁面积均减少70%以上，局部地区咸潮入侵、土壤盐渍化加重。沿海滩涂在保护珍稀物种资源、保持生物多样性、降解环境污染、提供旅游资源、阻止或延缓洪水、维持区域生态平衡等方面起着极其重要的作用。栖息地的不断丧失，减少了鱼类活动空间，破坏了水域生态环境，导致天然渔业资源量锐减，栖息地环境不断恶化。

河口渔业资源产出潜力巨大，但也是我国当前渔业资源衰退最严重的区域之一。在全球气候变化和人类活动的影响下，我国河口水域的渔业产出及其群落结构发生了巨大的变化，主要表现在经济物种数量明显减少、资源量显著下降，重要渔业资源濒临枯竭，渔汛基本消失；进而导致优势种发生更替或改变，营养级下降，造成群落结构的潜在不平衡和生态系统功能的改变。"十三五"期间，在农业财政项目的支持下，我国加强了长江口、黄河口和珠江口的资源养护研究工作，开展了长江禁捕退捕工作，调整了休渔禁渔等渔业资源保护制度，延长了休渔时间、扩大了休渔作业类型，为河口资源养护奠定了基础，但资源养护措施和手段还有待进一步研究和提升。

在内陆水域，随着水域生态环境受人类活动影响越来越大，许多重要鱼类的栖息地功能退化，渔业捕捞的能力和水平已超过自然资源的承载力，主要江河水域水生生物链中各个物种特别是珍稀特有物种资源正面临全面衰退，部分珍稀特有物种已灭绝或濒临灭绝，濒危水生野生动植物物种数量急剧增加，濒危程度不断加剧。目前，长江流域已有50多个66.7 km^2 以上的湖泊被人为地与长江阻断，长江中下游地区被围垦的湖泊面积达11 339 km^2，约占20世纪50年代长江中下游地区湖泊面积的47.2%，"千湖之省"湖北省的湖泊数量已不足千个。

二、生态产业特征

（一）基本概念

生态产业（ecological industry，简称ECO），是继经济技术开发、技术产业开发的第三代产业，是指按生态经济原理和经济规律组织起来的基于生态系统承载能力，具有高效的生态过程及和谐的生态功能的集团型产业。不同于传统产业，生态产业将生产、流通、消费、回收、环境保护及能力建设纵向结合，将不同行业的生产工艺横向耦合，将生产基地与周边环境纳入整个生态系统统一管理，谋求资源的高效利用和有害废弃物向系统外的零排放。以企业的社会服务功能而不是产品或利润为生产目标，谋求工艺流程和产品结构的多样化，增加而不是减少就业机会，有灵敏的内外信息网络和专家网络，能适应市场及环境变化而随时改变生产工艺和产品结构。生态产业是包含工业、农业、居民区等的生态环境和生存状况的一个有机系统。通过自然生态系统形成物流和能量的转化，形成自然生态系统、人工生态系统、产业生态系统之间共生的网络。生态产业，横跨初级生产部门、次级生产部门、服务部门。

生态渔业是利用产业生态学理论与生态经济学原理，基于渔业生态系统承载力并具有高效经济效益和综合协调功能的绿色型、先进性渔业产业。渔业生态产业在满足生态环境需求的同时创造经济价值。发展渔业生态产业，其实质是在各类渔业生态产业中综合应用生态经济理论，通过将2个以上生产环节或生产体系之间的耦合，使渔业资源实现多级利用和高效产出，从而构建出渔业生态产业链（图1-4）。

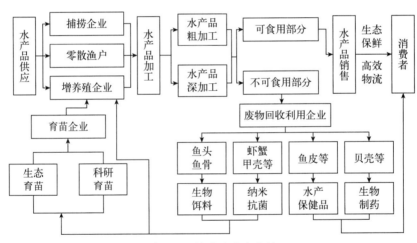

图1-4　渔业生态产业链
（邵文慧等，2016）

（二）产业基础

生态产业是按生态经济原理和经济规律，以生态学理论为指导，基于生态系统承载能力，在社会生产活动中应用生态工程的方法，突出了整体预防、生态效率、环境战略、全生命周期等重要概念，模拟自然生态系统建立的一种高效的产业体系。可持续发展是20世纪80年代提出的一个新概念，1987年世界环境与发展委员会在《我们共同的未来》报告中第一次阐述了可持续发展的概念，得到了国际社会的广泛共识。可持续发展是指既满足现代人的需求又不损害后代人满足需求的能力。换句话说就是指经济、社会、资源和环境保护协调发展，它们是一个密不可分的系统，既要达到发展经济的目的，又要保护好人类赖以生存的大气、淡水、海洋、土地和森林等自然资源和环境，使子孙后代能够永续发展和安居乐业。很明显，生态产业不同于传统产业及现代产业，但又是传统产业及现代产业的继承和发展。

生态产业的理论基础是产业生态学。产业生态学是一门研究可持续能力的科学，起源于20 世纪 80 年代末 R. Frosch 等模拟生物的新陈代谢过程和生态系统的循环再生过程所开展的"工业代谢研究"。工业代谢是模拟生物和自然生态系统代谢功能的一种系统分析方法，其实现代工业生产过程就是一个将原材料能源和劳动力转化为产品和废物的代谢过程。1991年美国国家科学院与贝尔实验室共同组织了首次"产业生态学"论坛，对产业生态学的概念、内涵和方法以及应用前景进行了全面系统的总结。贝尔实验室的 C. Kumar 认为："产业生态学是对产业活动及其产品与环境之间相互关系的跨学科研究"，包括生态工业、生态农业和生态服务业（第三产业）。

（三）生产体系特点

水域是渔业的生产场所，其产业形式主要来自生态农业，但又有自己的特点。生态农业是根据生态学与生态经济的原理，运用系统工程及现代科技方法组建起来的综合农业生产体系。20 世纪 70 年代出现的西方生态农业，主张顺应自然、保护自然、低投入，不用化肥农药，减少机械使用，不再追求农产品的数量和经济收入，排斥现代科技的应用，极力强调生态环境安全、稳定，农业生产系统良性循环。

中国生态农业从农业的持续与协调出发，充分吸收现代农业强调农产品数量、效益、规模，以及注重应用科学技术和现代化管理技术的特点，同时吸收西方生态农业在保护农业自然资源和环境，减少污染，降低化学能使用等方面的优点。主要特点包括：①追求生态效益与经济效益的统一。中国的生态农业在提高生态效益的基础上提高经济效益，把提高生产力及效益作为基本目标。而西方生态农业更加注重生态的可持续性，对农业的产出与商品率并不关注。②现代科学与中国农业的传统经验相结合。中国的生态农业并不否定现代技术，并将废弃物处理技术、无土栽培技术、病虫害综合防治技术等与中国传统农业重视有机肥投入和其他适用技术相结合，从而形成了多样的生态农业技术体系。而西方生态农业限制现代化技术的应用，特别强调生态学基础。③自然调控与人工调控相结合。而西方生态农业则更注重自然调控，反对人为干预。④综合性与区域性相结合。生态农业是一个综合农业生产体系，涵盖了农、林、牧、渔、加工、贸易等内容，具有综合性的特点。

2018 年 9 月，习近平总书记在考察查干湖时提出"保护生态和发展生态旅游相得益彰，这条路要扎实走下去"的重要论述，充分肯定了生态渔业的重要性。2019 年 1 月，农业农村部等十部委联合印发了《关于加快推进水产养殖业绿色发展的意见》，强调要发挥水产养殖的生态属性，鼓励发展不投饵的滤食性大水面生态渔业。生态渔业（ecological fishery）是通过人工放养或渔业资源增养殖，实现水域生产力的合理利用，并维护生态系统健康的渔业方式。其内涵包括：生物资源的保护与利用，生态环境的改善与修复，生产功能的服务与产出，生态系统的平衡与稳定。发展生态渔业是我国生态文明建设的重要内容、渔业供给侧改革的重要途径、重塑渔业发展形象的需要。具有调整优化水生生物结构，保持水质环境良好、维护生态系统平衡，高效可持续利用资源，有效开展休闲渔业活动，促进三产融合，确保生态效益优先、兼具经济和社会效益的特点。为推进渔业高质量发展，突出渔业的生态属性、美化效果、富民功能，要把生态渔业打造成渔业一二三产业融合发展、绿色发展的样板，充分发挥渔业科技在其中的支撑和引领作用。

第三节　主要制约因素

十八大以来，我国的水域生态文明建设有了明显的进步，尤其是一些重要的江河湖海水域得到了政策的保护，"十三五"期间国家和地方投入了大量的财政资金进行修复建设，取得了明显的效果。但由于产业管理等不平衡性，针对渔业水域生物资源环境保护和修复的措施依然很少，渔业的生态价值没有得到充分体现。

一、产业发展方式粗放，不符合水域生态文明建设要求

目前，我国的渔业生产缺少科学合理的评价标准和系统性管理规范。一些水域捕捞强度过大，渔船、渔具、渔民数量和能力远远超过资源合理利用的需要。此外，由于渔业生产者遵纪守法意识不强，"三无"渔船、"三围养殖"、违规网具、非法渔业活动等仍大量存在。另外，无序养殖过度发展，管理不力，导致大量外来生物进入天然水域，严重影响了水域生态安全。我国的渔业产业经营者仍然以产量目标型、数量目标型、高效目标型为主导，渔业生产对环境的影响仍然难以避免，掠夺性海洋渔业资源开发生产模式仍然存在，对我国渔业可持续发展带来了严重影响。

现今，我国正处于水产养殖绿色发展加快推进阶段，"十三五"期间，追求高产目标的态势难以在短期内扭转，外源污染对产业影响仍将持续存在。产业发展方式不合理，不仅影响了渔业经济整体素质的提高和发展潜力的提升，而且加大了水域自然环境的压力，造成了水域生态系统的失衡。

二、管理体制机制落后，不利于产业可持续发展

经过几十年的发展，我国的渔业方式已形成了养殖与增殖相结合的格局，逐渐从过去的经验放养型发展为定量动态管理型，更加关注生态系统的健康，但缺少增殖放流苗种生态适应性和环境容量评估等各阶段的标准化和规范化的技术体系。一是由于多数渔业水域具有水利、发电、航运、防洪、生态等多种功能，涉及水利、交通、国土资源、环保、渔业等多个部门，鉴于各行业部门具有不同的利益诉求，渔业管控困难较多，产业转型升级发展较慢。此外，一些地区以经济指标作为主要政绩，缺乏资源环境保护的积极性。二是生态保护的价格、税收体系尚未建立。资源价格扭曲，资源价格不能反映资源的稀缺程度，还未形成按照市场定价机制配置生态环境资源的价格体系；资源税税种设置不全，排污收费制度税费过低，企业没有足够的动力进行污染治理与技术创新。三是资源环境保护的法律制度不健全。经过多年努力，已初步形成了一系列资源环境保护的法律、法规和制度，但现行的环境立法中还存在部分立法空白、乏力、操作性不强等问题。总的来看，资源环境保护的法律、法规制度建设工作没有真正走上法制化和规范化的道路。

三、科技创新水平不高，生态修复能力不足

生态修复是一门新型的学科，集成了生物学、生态学、系统工程等多学科理论技术，需要长期的投入和建设，目前我国的水域生态修复事业才刚刚起步，基础研究能力非常薄弱，这也是造成水域修复能力不足的重要原因。因此，急需加强水域修复能力建设，加大投入，

为水域生态修复提供支撑。目前，主要水域的鱼类资源来自增殖放流，缺乏系统性技术手段。在一些水域虽然建立了休渔区，实施加大资源保护力度等措施，推行以渔治水、以渔养水，取得了一定的成效。但在关键物种繁育、生境营造、外来物种防控、栖息地修复与保护、生物层级养护与修复等方面还处于起步阶段，尚未形成成熟技术，缺少水域生态环境修复的理论与技术，与国际先进水平差距明显。总之，我国水生生物资源养护投入与草原、林业等生态修复投入相比过低，与产业规模和生态效益不符。水生生物资源养护投入长期不足，导致生态环境恶化的趋势一直未得到有效遏制，要实现环境的根本性扭转，必须进一步转变认识，加大投入，把水域生态修复工作当成一项功在当代、利在千秋的事业，常抓不懈。

四、生态保护意识不强，管理体系不健全

水域生态系统除了提供大量的生物资源、水源外，还承担了调节气候、净化水质、保护生物多样性等生态功能。保护渔业生物资源（鱼、虾、蟹、贝），是维持水域生态系统稳定的关键过程，是建设水域生态文明的核心内容。改革开放以来，经过积极发展探索，一些地方充分发挥渔业的净水、抑藻等生态功能，协调好生产与生态的关系，涌现出桑沟湾、千岛湖、查干湖等产业升级、生态保护、品牌建设、文化传承等方面相得益彰的现代渔业发展先进典型，充分发挥了渔业的生态价值，促进了水域生态文明的建设。但是，在大多数区域，公众的生态意识依然淡薄，对许多根本性的生态性的环境问题缺乏了解，生态环保道德意识较弱，全社会还缺乏尊重自然、保护自然的伦理观念，遵纪守法和承担责任的行为还没有形成风气；公众的绿色消费理念较为淡薄，理性节约的消费观念还没有建立起来。因此，生态保护意识虽然有所提高，但总体意识不足仍是制约我国生态环境保护的重要因素。

参考文献

农业农村部渔业渔政管理局，全国水产技术推广总站，中国水产学会，2019. 2019 中国渔业统计年鉴［M］. 北京：中国农业出版社.

邵晚悦，李国庆，王乐，2017. 近 30 年来山东半岛北部滩涂及海岸线变化［J］. 应用海洋学学报，36（4）：512－518.

邵文慧，2016. 海洋生态产业链构建研究［J］. 中国渔业经济，34（5）：10－17.

水利部长江水利委员会，2014. 2014 年长江流域及西南诸河水环境公报［M］. 武汉：长江出版社.

杨子江，刘龙腾，李明爽，2018. 我国渔业发展的基本态势和面临问题［J］. 中国水产（12）：65－68.

（李纯厚　吴　鹏　刘　永）

第二章

科技创新的基础与条件

第一节 研发投入情况

由于渔业水域生态保护与修复属于多学科综合交叉学科，涉及渔业资源、渔业生态环境、生态学、生物学、环境科学与工程等多学科，因此很难统计其确切的研发投入相关情况。本部分首先调研了《中国科技统计年鉴》，总结归纳了渔业、生态保护和环境治理业领域的研发投入情况（表2-1），可大致反映我国2014—2018年在相关领域科研投入情况。

表 2-1 按服务的国民经济行业分研究与开发机构 R&D 课题及投入

年份	行业	R&D 课题数 （项）	投入人员 （人）	投入经费 （万元）
2014	渔业	1 150	1 999	33 461
	生态保护和环境治理业	3 500	6 846	165 072
2015	渔业	1 172	1 938	43 495
	生态保护和环境治理业	3 636	6 670	160 978
2016	渔业	982	1 816	41 483
	生态保护和环境治理业	5 161	7 746	209 234
2017	渔业	1 080	1 711	51 094
	生态保护和环境治理业	5 706	7 826	250 045
2018	渔业	1 368	1 990	62 935
	生态保护和环境治理业	5 974	8 604	315 412

数据来源：《中国科技统计年鉴》（2015—2019 年）。

一、科教单位的研发投入

据不完全统计，"十二五"以来国家财政对渔业资源、渔业生态环境、水域生态修复领域的科技创新发展投入的经费约为7.86亿元。经费投入渠道以科研项目为主，项目类别包括："973"计划（"十二五"）、"863"计划（"十二五"）、国家重点研发计划（"十三五"）、国家自然科学基金（2014—2018 年）等（表2-2）。共涉及78家科研院所、高等院校和企业等，在多个领域开展了基础与应用研究、试验示范和相关科研工作。其中，国家自然科学基金对渔业水域生态保护产业科技创新发展的资助主要集中在水产生物环境生物学、渔业资源与保护生物学和海洋生态学与环境科学。

表 2 - 2 研发经费汇总表

项目类别	项目数	国拨经费（万元）
"973" 计划（"十二五"）	10	14 956
"863" 计划（"十二五"）	3	1 711
国家重点研发计划（"十三五"）	24	49 173
国家自然科学基金	250	12 780.62

"十二五"期间，水域生态相关项目实施内容围绕"三河三湖一江一库"等重点流域，重点攻克重污染河流和富营养化湖泊综合治理技术、面源污染控制技术、适用于不同水源水质的净化技术、水环境风险评估与预警遥感监测等关键成套技术 300 项以上。在太湖、辽河等重点流域开展综合示范，在湖泊特征污染物、生物区系、毒性效应、水质基准理论方法等一系列关键科学问题上取得了重要突破和创新性成果，提出了"国家环境基准战略"，基本建立流域水污染治理和水环境管理技术体系，支撑了国家和地方的湖泊应急能力建设。此外，在海洋安全保障方面和环境监测技术等方面也取得了重要的成果。

2014 年国家科技体制改革后，原来的国家重点基础研究发展计划（"973"计划）、国家高技术研究发展计划（"863"计划）、科技支撑计划以及各部委相关计划整合形成了现在的国家重点研发计划。海洋环境安全保障为其中一个重点专项，2017 年实施国家重点研发计划"蓝色粮仓科技创新"专项，2018 年"蓝色粮仓科技创新"重点专项拟安排 12 个项目，国拨经费约 4.41 亿元。国家对水域生态领域的研究经费投入进一步提高。

二、企业在水生态保护及修复方面的研发投入

随着生态环境保护越来越受到重视，很多环境类、水务类、园林类及能源类企业开始涉足生态修复行业，其中较有影响力的包括北京东方园林环境股份有限公司、深圳市铁汉生态环境股份有限公司、北京碧水源科技股份有限公司、中国长江三峡集团有限公司下属的长江生态环保集团有限公司、中建水务环保有限公司等。其他水生态修复领域的上市公司还有南京中科水治理股份有限公司、武汉中科水生环境工程股份有限公司、碧沃丰生物科技（广东）股份有限公司等。表 2 - 3 列出了相关上市公司的研发投入，数据主要来源于万德（wind）数据库，其中研发投入较大的有北京东方园林环境股份有限公司、深圳市铁汉生态环境股份有限公司、北京碧水源科技股份有限公司，近几年研发投入均超过亿元。

表 2 - 3 部分水生态修复相关上市企业研发投入

单位：万元

企业名称	2014 年	2015 年	2016 年	2017 年	2018 年
北京东方园林环境股份有限公司	—	21 786.78	24 576.12	43 120.75	37 419.22
深圳市铁汉生态环境股份有限公司	7 689.04	10 290.24	18 218.60	32 408.42	29 479.73
北京碧水源科技股份有限公司	9 791.89	15 400.16	20 260.38	27 841.15	27 880.74

（续）

企业名称	2014 年	2015 年	2016 年	2017 年	2018 年
碧沃丰生物科技（广东）股份有限公司	137.52	241.37	479.57	430.49	622.98
南京中科水治理股份有限公司	212.55	419.66	437.71	501.02	1 000.23
山水环境科技股份有限公司	158.74	276.75	117.85	199.42	627.63
东旭蓝天新能源股份有限公司	—	—	818.18	4 034.27	5 947.68
兴源环境科技股份有限公司	2 255.64	3 497.41	7 543.19	13 699.75	11 221.07
美尚生态景观股份有限公司	1 788.79	1 814.70	2 104.27	1 786.67	3 686.45
天津绿茵景观生态建设股份有限公司	1 722.30	1 917.13	2 122.16	2 692.65	2 354.96
广西益江环保科技股份有限公司	261.93	225.83	261.72	304.89	466.28
武汉中科水生环境工程股份有限公司	508.80	523.49	636.35	0.00	914.65
北京正和恒基滨水生态环境治理股份有限公司	1 509.39	1 233.44	1 947.63	2 443.94	4 519.17
河南裕隆水环境股份有限公司	—	—	—	412.24	314.63

三、水利建设在水保和生态方面的投入情况

水利工程势必影响水生态系统，随着国民经济的发展，水利工程建设对水生态系统的补偿性投入也逐年增加，其中有相当一部分用于渔业资源恢复、水域生态修复研发。表 2-4 和表 2-5 分别列出了近年来中央和各省份水利建设投资情况，以及在生态修复、水保和水生态方面的投入情况。

表 2-4　水利建设投资情况及生态修复合计

单位：万元

年份	合计	生态修复合计	中央投资	地方配套
2010	18 868 884	247 206	205 996	41 210
2011	20 518 583	172 721	144 834	27 887
2012	24 693 914	91 868	80 000	11 868
2013	20 872 164	103 513	80 000	23 513
2014	24 262 307	16 759	9 666	7 093

注：2014 年以后不再披露。

表 2-5　2014—2017 年水利建设投资完成额（水保和生态方面）

地区	2014 年（万元）	2015 年（万元）	2016 年（万元）	2017 年（万元）	2017 年较 2014 年的增长率（%）
全国	1 412 978	1 929 413	4 037 228	6 826 407	383.12
北京	6 629	10 559	38 905	330 681	4 888.40
天津	2 327	1 883	16 543	33 772	1 351.31
河北	44 261	132 033	203 828	343 798	676.75
山西	62 312	83 952	86 788	167 388	168.63
内蒙古	38 868	68 645	65 866	457 180	1 076.24
辽宁	26 250	36 645	33 851	55 517	111.49
吉林	19 159	10 514	109 710	34 569	80.43
黑龙江	6 668	40 448	14 894	19 468	191.96
上海	22 682	45 415	91 014	299 572	1 220.75
江苏	131 701	234 229	380 840	1 075 077	716.30
浙江	348 302	259 960	333 997	350 090	0.51
安徽	24 701	25 370	58 052	53 839	117.96
福建	26 520	80 460	365 526	531 741	1 905.06
江西	27 622	63 932	147 395	67 981	146.11
山东	36 360	39 830	33 314	55 343	52.21
河南	26 009	40 448	292 598	593 541	2 182.06
湖北	48 656	50 591	441 765	96 790	98.93
湖南	31 421	51 069	41 032	241 228	667.73
广东	99 539	42 306	41 298	81 799	-17.82
广西	27 088	51 370	32 944	25 770	-4.87
海南	4 872	8 648	10 662	9 887	102.94
重庆	48 349	119 294	48 919	68 679	42.05
四川	29 454	56 590	93 738	128 473	336.18
贵州	27 384	42 570	319 777	400 057	1 360.92
云南	64 605	57 042	242 248	262 960	307.03
西藏	3 493	5 690	15 573	9 904	183.54
陕西	106 912	148 662	307 083	563 276	426.86
甘肃	33 003	72 242	66 236	119 797	262.99
青海	15 879	19 052	57 570	53 846	239.10
宁夏	15 212	15 438	33 911	116 436	665.42
新疆	6 739	14 528	11 349	177 948	2 540.57

2014—2017 年全国绝大多数省份在水保及生态方面的投资均有大幅度的提高，其中增加最多的是北京，从 2014 年的 6 629 万元增加到 2017 年 330 681 万元，增长了近 50 倍。其次是新疆，从 2014 年的 6 739 万元增加到 2017 年的 177 948 万元，增长了 25 倍。此外，河

南、福建、贵州、天津、上海、内蒙古的增长幅度也很大，增长率均超过 1 000%。其他大多数省份在水保及生态方面的投资也有较大增长，如江苏、河北、陕西、四川、甘肃、青海等省份的增长率均超过 100%。这表明在绿色和可持续的要求下，绝大多数省份均不同程度地加大了对水环境生态保护的投入，但也有部分省份没有在水环境和生态保护方面投入相应的资金，广东和广西是 2 个 2017 年的投资完成额比 2014 年低的省份，而浙江省的增长率也仅有 0.51%。

第二节 研发基础与平台建设状况

一、人才队伍

随着水域生态领域的不断发展及研究经费的持续投入，我国水域生态理论与技术研究水平不断提高，形成了一支规模较大、研究水平较高的研究队伍，覆盖了渔业资源开发利用、生态养殖、污染治理、藻类生物学、渔业可持续发展等多个研究方向，包含了中国水产科学研究院及其下属各研究所、中国科学院和原国家海洋局下属部分研究所、各个水产和海洋院校及部分省级水产研究所等多个科研院所和高校（表 2-6）。

表 2-6 主要研究机构情况

序号	机构名称	二级机构	机构类型
1	中国水产科学研究院	资源与环境研究中心	科研院所
2	中国水产科学研究院黄海水产研究所	渔业资源与生态系统研究室；渔业环境与生物修复实验室	科研院所
3	中国水产科学研究院东海水产研究所	渔业资源实验室；渔业生态环境实验室	科研院所
4	中国水产科学研究院南海水产研究所	渔业资源研究室；渔业环境研究室	科研院所
5	中国水产科学研究院长江水产研究所	渔业资源与环境保护实验室	科研院所
6	中国水产科学研究院珠江水产研究所	渔业资源生态研究室；渔业环境保护研究室	科研院所
7	中国水产科学研究院黑龙江水产研究所	渔业资源研究室；渔业生态环境研究室	科研院所
8	中国水产科学研究院淡水渔业研究中心	水生生物资源研究室；渔业环境保护研究室	科研院所
9	中国水产科学研究院渔业机械仪器研究所	生态工程研究室	科研院所
10	中国科学院海洋研究所		科研院所
11	中国科学院南海海洋研究所		科研院所
12	中国科学院水生生物研究所		科研院所
13	中国科学院南京地理与湖泊研究所		科研院所
14	自然资源部第一海洋研究所（原国家海洋局第一海洋研究所）		科研院所
15	自然资源部第二海洋研究所（原国家海洋局第二海洋研究所）		科研院所
16	河北省海洋与水产科学研究院		科研院所
17	辽宁省海洋水产科学研究院		科研院所

（续）

序号	机构名称	二级机构	机构类型
18	山东省海洋资源与环境研究院		科研院所
19	山东省海洋生物研究院		科研院所
20	江西省水产科学研究所		科研院所
21	河南省水产科学研究院		科研院所
22	广西壮族自治区水产科学研究院		科研院所
23	浙江省海洋水产研究所		科研院所
24	中国海洋大学	水产学院；海洋生命学院；环境科学与工程学院	高校
25	上海海洋大学	海洋生态与环境学院；水产与生命学院	高校
26	大连海洋大学	水产与生命学院；海洋技术与环境学院	高校
27	浙江海洋大学	海洋科学与技术学院；水产学院	高校
28	广东海洋大学	水产学院；化学与环境学院	高校
29	宁波大学	海洋学院	高校
30	中山大学	海洋科学学院	高校
31	厦门大学	海洋与地球学院	高校
32	华中农业大学	水产学院	高校
33	西南大学	水产系	高校
34	河南师范大学	水产学院	高校
35	天津农学院	水产学院	高校
36	河海大学	海洋学院	高校
37	长江大学	动物科学学院	高校

根据 37 个机构官方网站数据统计，科研、教学职工总数为 7 892 人，其中科研人员为 5 759 人，占职工总人数的 72.97%，说明我国水产领域的科研力量目前已经有了较大的提高（图 2-1）。分析水产领域科研人员的职称分布发现，高级职称占比 56.63%，中级及以下职称占比 43.37%（图 2-2）。对从业人员的学历进行分析，博士学历占比 57.04%，硕士学历占比 22.84%，本科及以下学历占比 20.12%（图 2-3）。

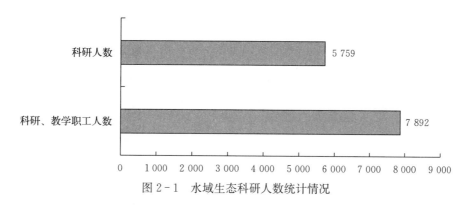

图 2-1 水域生态科研人数统计情况

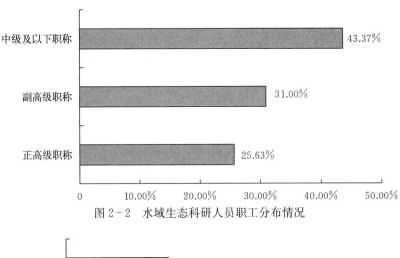

图 2-2 水域生态科研人员职工分布情况

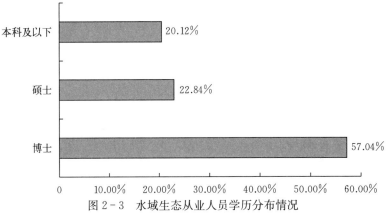

图 2-3 水域生态从业人员学历分布情况

作为水产各领域科研力量的带头人,高端人才数量是衡量各领域研究水平的重要指标之一。全国水产、海洋领域高层次人才队伍呈现不断扩大的趋势,目前拥有国家级人才 290人,其中一批有突出贡献的科技人才荣获了"百千万工程国家级人才""农业科研杰出人才及其创新团队""中华农业英才奖"等各种荣誉。另外,渔业资源、渔业生态环境、水域生态修复领域共有中国科学院院士、中国工程院院士 12 名(表 2-7),涵盖了水产养殖、渔业、海洋环境、藻类生物等多个领域,为渔业资源、渔业生态环境、水域生态修复领域科技进步和技术提高起到了高端引导作用。

表 2-7 高端人才统计表

序号	姓名	职称	获批时间	所在单位	研究方向
1	陈宜瑜	中国科学院院士	1991 年	中国科学院	裂腹鱼类的分类、起源和演化
2	赵法箴	中国工程院院士	1995 年	中国水产科学研究院黄海水产研究所	海水养殖
3	管华诗	中国工程院院士	1995 年	中国海洋大学	海洋药物及海洋生物资源综合开发利用
4	朱作言	中国科学院院士	1997 年	中国科学院水生生物研究所	鱼类基因工程研究
5	曹文宣	中国科学院院士	1997 年	中国科学院水生生物研究所	鱼类生物学

（续）

序号	姓名	职称	获批时间	所在单位	研究方向
6	林浩然	中国工程院院士	1997 年	中山大学	鱼类生理学、鱼类养殖学
7	唐启升	中国工程院院士	1999 年	中国水产科学研究院黄海水产研究所	海洋生物资源开发与可持续利用以及发展战略
8	徐洵	中国工程院院士	1999 年	自然资源部第三海洋研究所	海洋生物工程、海洋病毒污染快速检测
9	赵进东	中国科学院院士	2007 年	中国科学院水生生物研究所	藻类生物学
10	麦康森	中国工程院院士	2009 年	中国海洋大学	水产动物营养与饲料
11	桂建芳	中国科学院院士	2013 年	中国科学院水生生物研究所	鱼类遗传育种
12	包振民	中国工程院院士	2017 年	中国海洋大学	海洋生物遗传学与育种

二、科研平台建设情况

国家重点实验室、国家工程研究中心等科研平台是国家科技创新体系的重要组成部分。我国组织了一批具有较强研究开发和综合实力的高校、科研机构和企业等建设研究开发实体，旨在通过建立工程化研究、验证设施和有利于技术创新、成果转化的机制，培育、提高自主创新能力，搭建产业与科研之间的"桥梁"，促进产业技术的进步和核心竞争力的提高。截至 2019 年 5 月，我国国家重点实验室共计 253 个。其中内陆水域生态领域有 2 个：淡水生态与生物技术国家重点实验室（农业）、湖泊与环境国家重点实验室；海洋水域生态领域 4 个：近海海洋环境科学国家重点实验室、海洋污染国家重点实验室、热带海洋环境国家重点实验室、南海海洋资源利用国家重点实验室。国家农业科学观测试验站 9 个：国家渔业资源环境抚远观测实验站、国家渔业资源环境大鹏观测实验站、国家渔业资源环境杨浦观测实验站、国家渔业资源环境青岛观测实验站、国家渔业资源环境滨湖观测实验站、国家渔业资源环境武汉观测实验站、国家渔业资源环境广州观测实验站、国家渔业资源环境秦皇岛观测实验站、国家渔业资源环境沙河口观测实验站。"十三五"农业农村部重点实验室（站）形成了由 42 个综合性重点实验室、297 个专业性（区域性）重点实验室和 269 个科学观测实验站组成的 37 个学科群农业农村部重点实验室体系。其中，水域生态领域有部级重点实验室、工程研究中心 17 个，部级观测实验站 15 个。此外，省级重点实验室 16 个，省级工程技术研究中心 9 个（表 2-8、表 2-9）。

表 2-8　水域生态领域科研平台一览表

类别	数量（个）
国家级重点实验室、工程实验室	7
国家农业科学观测试验站	9
部级重点实验室、工程研究中心	17

（续）

类别	数量（个）
部级观测实验站	15
省级重点实验室	16
省级工程技术研究中心	9

表 2-9　国家级平台一览表

序号	平台名称	依托单位
1	淡水生态与生物技术国家重点实验室	中国科学院水生生物研究所
2	近海海洋环境科学国家重点实验室	厦门大学
3	海洋污染国家重点实验室	香港城市大学
4	湖泊与环境国家重点实验室	中国科学院南京地理与湖泊研究所
5	热带海洋环境国家重点实验室	中国科学院南海海洋研究所
6	南海海洋资源利用国家重点实验室	海南大学
7	湖泊水污染治理与生态修复技术国家工程实验室	中国科学院水生生物研究所

各类国家级重点实验室、工程实验室作为国家科技创新体系的带头单位，在集聚和培养高端水域生态科技人才的同时，不断发现并凝练出重大水域生态科技问题，开展了以湖泊、水库、江河、海洋等为研究对象的一系列基础性和创新性的研究，研究涉及水域生命活动规律、水体富营养化、海洋赤潮、海洋酸化等水体污染控制与生物修复技术，生态养殖，水域生态监控预警装备的研发和工程化等领域，为渔业可持续发展提供了技术支持。

第三节　知识产权情况

一、渔业、生态保护和环境治理领域的科研产出情况

为了掌握近年来相关研究与研发机构在渔业、生态修复领域的科研产出情况，编者调研了《中国科技统计年鉴》，总结归纳了渔业、生态保护和环境治理业的相关科研产出情况（表 2-10），可大致反映我国近年来在相关领域发表论文、出版著作和申请专利等方面的科研产出情况。

表 2-10　按国民经济行业分类的研究与研发机构科技产出

年份	行业	论文		出版著作	专利		有效发明专利	专利所有权转让及许可收入	国家或行业标准数
		（篇）	国外发表	（种）	（件）	发明专利	（件）	（万元）	（项）
2014	渔业	2 379	583	55	540	307	981	10	60
	生态保护和环境治理业	3 509	935	89	434	278	805	68	90
2015	渔业	2 354	613	59	569	302	1 277	20	31
	生态保护和环境治理业	3 855	991	229	639	380	1 061	317	84

（续）

年份	行业	论文		出版著作	专利		有效发明专利	专利所有权转让及许可收入	国家或行业标准数
		（篇）	国外发表	（种）	（件）	发明专利	（件）	（万元）	（项）
2016	渔业	2 435	731	71	631	361	1 561	30	53
	生态保护和环境治理业	3 926	1 072	172	850	489	1 502	403	53
2017	渔业	2 267	621	69	741	394	1 827	40	52
	生态保护和环境治理业	3 570	1 170	170	732	459	1 761	2 220	71
2018	渔业	1 897	568	46	610	352	2 228	269	72
	生态保护和环境治理业	3 982	1 756	223	809	533	1 859	1 007	136

数据来源：《中国科技统计年鉴》（2015—2019 年）。

二、论文及著作情况

为了解所调查科教单位在本领域完成论文及著作情况，分别使用科学引文索引（SCI）数据库和中国知网（CNKI）数据库作为数据来源进行统计。据统计，2014—2018 年，所调查科教单位完成论文及著作共计 10 512 篇（部），其中 SCI 论文 3 528 篇，著作 79 部。在所调查的科教单位中，16 家高校发表论文 8 160 篇，SCI 论文 2 541 篇，占比分别为 78.21％和 72.02％；10 家科研院所发表论文 2 273 篇，SCI 论文 987 篇，占比分别为 21.79％和 27.98％。表明高校仍为论文发表的主力。所统计著作多为合著作品，其中一家单位独立完成著作 4 部，均出自中国海洋大学。所调查科教单位中，高校数量占比为 60％，平均每家高校发表论文 510 篇左右，SCI 论文 159 篇左右；科研院所占比为 40％，平均每家科研院所发表论文 227 篇左右，SCI 论文 99 篇左右。这说明平均发表论文的数量，高校比科研院所占优势。根据中文与英文论文发表逐年统计值，中文文献数量呈逐年递减趋势；英文论文数量稳步发展，自 2018 年起有快速增长趋势，表明相关研究正逐渐走向国际舞台。

三、专利及标准情况

分别使用中国知网（CNKI）数据库和合享智慧（INCOPAT）数据库作为数据来源进行统计。据统计，2014—2018 年，所调查科教单位完成专利及标准共计 1 479 项，其中专利 1 420 项，标准 59 项。在所调查的科教单位中，16 家高校完成专利、标准等知识产权 552 件，申请专利 527 项，占比分别为 37.32％和 37.11％；10 家科研院所完成专利、标准等知识产权 927 件，申请专利 893 项，占比分别为 62.68％和 62.89％。表明在技术转化的进程上科研院所为主力。所调查科教单位专利多围绕技术主题（IPC 小类分类号）A01K、C02F、A01G、C12N、A23K 等，主要为水产新品种及饲养、水处理相关技术与设备、水域修复装备等技术。收集的 59 项标准中国家标准 40 项，行业标准 19 项；从机构分布来看，中国海洋大学 18 项，国家海洋局国家海洋标准计量中心 16 项，国家海洋局第二海洋研究所 16 项，国家海洋局第一海洋研究所 13 项，中国科学院海洋研究所 12 项。高校平均申请专利 33 项左右，标准 2 项左右；科研院所平均申请专利 89 项左右，标准 3 项左右。这说明平均申请专利的数量方面，科研院所比高校占优势。

第四节 成果奖励情况

2014—2018 年，在所调查的渔业科教单位中，渔业资源、渔业生态环境、水域生态修复领域累计获得各类奖项 76 项，包括国家级奖项 9 项，其中国家级自然科学奖 2 项、国家级技术发明奖 3 项、国家级技术进步奖 4 项（表 2-11）。

表 2-11 国家级奖励代表性成果

序号	成果名称	第一完成人	第一完成单位	奖励类别	奖励年份
1	南海与邻近热带区域的海洋联系及动力机制	王东晓	中国科学院南海海洋研究所	自然科学奖二等奖	2014
2	大洋能量传递过程、机制及其气候效应	吴立新	中国海洋大学	自然科学奖二等奖	2018
3	海水鲆鲽鱼类基因资源发掘及种质创制技术建立与应用	陈松林	中国水产科学研究院黄海水产研究所	技术发明奖二等奖	2014
4	热带海洋微生物新型生物酶高效转化软体动物功能肽的关键技术	张偲	中国科学院南海海洋研究所	技术发明奖二等奖	2014
5	扇贝分子育种技术创建与新品种培育	包振民	中国海洋大学	技术发明奖二等奖	2018
6	东海区重要渔业资源可持续利用关键技术研究与示范	吴常文	浙江海洋学院	技术进步奖二等奖	2014
7	鲤优良品种选育技术与产业化	孙效文	中国水产科学研究院黑龙江水产研究所	技术进步奖二等奖	2015
8	刺参健康养殖综合技术研究及产业化应用	隋锡林	辽宁省海洋水产科学研究院	技术进步奖二等奖	2015
9	长江口重要渔业资源养护技术创新与应用	庄平	中国水产科学研究院东海水产研究所	技术进步奖二等奖	2018

数据来源：《国务院奖励国家级科技成果》。

2014—2018 年，所调查的科教单位在渔业资源、渔业生态环境、水域生态修复领域累计获得省部级奖励 43 项：一等奖 6 项，二等奖 25 项，三等奖 12 项；神农中华农业科技奖（自 2006 年来，每两年开展一次）13 项：一等奖 3 项，二等奖 7 项，三等奖 3 项；全国农牧业丰收奖（每三年开展一次）11 项：一等奖 1 项，二等奖 3 项，三等奖 7 项。

目前所调查的科教单位以中科研院所获得的各项奖励为多数，相关研究人员多围绕渔业资源相关项目，因此要不断加强渔业水域生态环境及对其修复相关技术创新，鼓励和引导更多的科教单位力求在多利益相关方的共同努力下，取得科技创新的持续突破。要重点在实施渔业环境监测、评估与预警智能化工程，新型污染物识别与控制工程，节能环保型水产养殖模式提升工程，受损生态系统功能恢复重建工程，渔业近海海洋牧场建设与生物资源可持续利用工程，水产增养殖生态环境调控与修复技术集成与示范，渔业污染事故、生态灾害应急监测与生物资源损害评估技术集成与示范，重点渔场（区）资源养护与环境修复示范工程等重大渔业创新工程取得进一步的研究成果。

参考文献 ————————————————————————————————

国家统计局，科学技术部，2015—2019. 中国科技统计年鉴［M］. 北京：中国统计出版社 .

中华人民共和国水利部，2011—2018. 中国水利统计年鉴［M］. 北京：中国水利水电出版社 .

（李应仁）

第三章

发展现状及技术需求

第一节 国内外发展概况

渔业水域分为海洋、滩涂、河口和内陆水域等。由于不同国家的发展情况不同,国内外对渔业水域的管理有所不同。

一、国外发展概况

发达国家重视水生态系统完整性修复,注重从生态系统整体开展修复研究,通过水环境改善、生物栖息地修复、生物种类及其空间分布的合理配置,促进生态系统的恢复与重建。在增殖放流方面,重视放流水域生态系统结构和功能、物种自然种质遗传特征不受干扰。在鱼道、人工鱼巢、鱼礁等方面,结合鱼类生物学需求,重视效果评估,建立了生态水文指标体系,运用生物操纵理论和技术,以生态系统稳态转换理论和自我修复为途径,建立了水域生态环境调控的理论与方法。在流域综合开发和水资源利用的过程中,发达国家重视总体规划与跨区域、跨部门和跨学科的合作,最大限度地提高流域水资源与生物资源开发利用的整体综合效率(曲维涛等,2019;沈新强,2008)。

发达国家对资源环境的保护和修复形成了统一的共识,并给予了高度的重视,成立了相应的组织管理机构,并制定了相关法律、法规或宣言。如美国设立的"密西西比河委员会"、欧洲成立的"海洋开发国际理事会(ICES)"等组织管理机构;美国、澳大利亚、日本等也都制定了适于本国的法律、法规。同时,世界上许多国家开展了重大生态环境保护与修复的行动计划,其中渔业水域生态修复就是一项重要内容。例如,著名的佛罗里达大沼泽(Everglades)的生态恢复计划(张立,2010)、1991 年美国启动的短吻鲟资源保护计划,1999年的 Cooper River 鱼道修复计划及 1999 年印度尼西亚开展的人工礁石/红树林生境修复计划等(周秋麟等,1985)。

目前,国外渔业生态环境修复的技术手段主要为物理方法和生物方法,其中以生物方法为主。例如,美国和加拿大利用微生物降解技术修复被石油污染的海岸、池塘和湖泊沉积环境(王红旗等,2006);日本用底栖生物吞食有机碎屑作用修复增养殖场环境;东南亚和南美洲等一些国家加强了红树林对养殖废水的过滤、净化作用的研究;世界各国都高度重视大型植物对海水中氮、磷等营养盐的有效吸收作用,包括耐盐植物和大型藻类。增殖放流作为生态修复的重要手段之一,在发达国家如美国、挪威、瑞典、芬兰、英国、德国等普遍得到应用和发展,并逐步规模化(李娟等,2010)。功能群是生态系统结构重建和功能恢复的基本目标单元,在生态修复或恢复中得到广泛关注和重视。该模式将系统内生物进行功能群分类,使复杂的生态系统简化,有利于认识系统的结构与功能,弱化物种的个性和个别作用,强调物种的集体作用。功能群的科学界定与研究有助于对关键物种的保护和对生物多样性的保护，有利于生态系统功能的恢复，是目前生态修复研究中的热点之一（图3-1）。

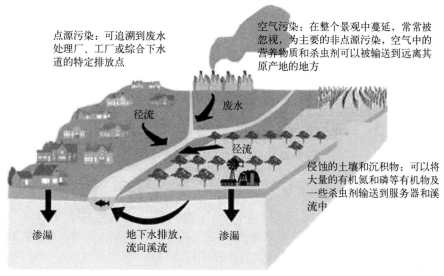

图 3-1　流域性生态修复示意图

（仿禹雪中，2018）

在河口水域渔业生态修复方面，国外相关研究较淡水或海洋滞后，20世纪60年代国际上才有第一份关于河口研究的刊物。河口是一个复杂、动态且具有丰富生物资源，主要受自然作用力支配的生态系统，河口生态系统的研究是生物学、地质学、水文学、化学、物理等多学科交叉的研究（庄平，2008）。近年来，计算机和网络的大规模应用，GPS、GIS、RS等在河口渔业的现场调查、数据处理、实验模拟及模型构建等方面也发挥着越来越重要的作用，并开拓了不少新兴研究领域，如河口的系统生态学研究、河口生态模型构建及应用等。分子生物学技术的发展也促进了河口生物类群鉴定及物种保育相关研究的发展（蔡庆芳，2014）。相关分析、监测仪器设备的发展与应用也推动着河口渔业的相关研究由早期的定性研究向半定量及定量研究发展。总之，河口渔业相关研究的发展不断为河口地区的渔业生产、生态保护与修复、地区经济的可持续发展等提供科学依据。

二、国内发展概况

我国是世界上水生生物多样性较为丰富的国家，在世界生物多样性中占有重要地位。受独特的气候、地理、历史等因素影响，我国水生生物资源具有特有度高、孑遗物种数量大、生态系统类型齐全等特点。目前经调查并记录的水生生物物种有2万多种，其中鱼类3 800多种、两栖爬行类300多种、水生哺乳类40多种、水生植物600多种。众多的珍稀濒危水生野生动植物物种具有重要的科研、社会和文化价值，是宝贵的种质资源和生物多样性的重要组成部分。拯救濒危物种，保护水生生物多样性，是人类文明进步的重要标志。30多年来，由于污染和管理等问题突出，内陆水域增养殖没有引起足够的重视，虽然仍有一定的产量，但与整个产业的发展相比还是比较缓慢的。进入21世纪以来，为贯彻渔业可持续发展战略，国家先后实施了增殖放流、建立保护区和全国重要渔业水域生态环境监测网络等一系列措施。"十一五"期间累计放流各类苗种1089.9亿尾（只），有效补充了渔业资源种群数量，增殖放流水域已覆盖境内大部分重要渔业水域。同时，加强海洋牧场建设，截至2016年，全国人工鱼礁礁体总空方量超过2000万 m³，对我国重要海湾、岛屿等近岸海域的水生生物资源恢复和生态修复起到了积极作用。水生生物保护区的设立，有效保护了珊瑚礁、海龟、中华白海豚、长江江豚等珍稀濒危水生野生动植物及其栖息地。截至2013年底，创建了4561家农业部水产健康养殖示范场，有效推进池塘规范化与生态养殖小区建设，减少了养殖废水排放，提高了池塘养殖的生态效率。2016年，中央财政对开展蓝色海湾综合整治行动的示范城市给予海岛和海域保护资金奖补支持，东海区5个城市的蓝色海湾整治工程获中央财政资金支持，共涉及舟山市滨海及海岛生态环境提升工程、宁波象山港梅山湾综合治理工程、温州沙滩整治和生态廊道建设项目、平潭大屿生态岛礁建设项目、厦门市海沧湾岸线整治工程等13个子项目。

我国在渔业水域生态修复方面起步虽较晚，但组织管理机构已经比较健全，制定了一系列的法律、法规及条例等。例如，《中华人民共和国宪法》《中华人民共和国环境保护法》《中华人民共和国渔业法》《中国水生生物资源养护行动纲要》《自然保护区条例》等。同时，先后启动了如《渤海碧海行动计划》《中国生物多样性保护行动计划》《中国湿地保护行动计划》《中国生物种质资源保护行动计划》《中国水生生物资源养护行动纲要》等一系列计划方案。

20世纪70年代以来，我国在一些天然水域开展了以渔业资源保护和生态修复为目标的增殖放流活动，取得了明显的经济效益、社会效益和生态效益。2006年，国务院颁发了《中国水生生物资源养护行动纲要》，把增殖放流建设作为养护水生生物资源的重要措施之一，重点解决了渔业资源衰退、水域生态荒漠化、物种濒危程度加剧等问题，促进了我国内陆渔业可持续发展。如2009年以来，山东桑沟湾在联合国开发计划署、中国水产科学研究院黄海水产研究所的指导下针对过去我国海水养殖空间被挤压、养殖海域易受气候变化影响等问题，在桑沟湾海域实施了黄海大海洋生态系多营养层级综合养殖示范项目，通过贝藻混养这一低碳高产生态技术，获得了良好的经济效益和环境效果，项目成果得到了国内外专家和同行的广泛认可（图3-2）。2000年，浙江千岛湖率先建立"保水渔业"生态模式，通过近20年的发展，不但常年保持国家Ⅰ类水质标准，入选首批5个"中国好水"水源地，还将渔业生产、渔政管理、生物治水、渔旅融合、乡村振兴等串珠成链，形成了独具特色的生态经营模式，被誉为我国渔业水域生态修复和生态渔业发展的典范（刘其根等，2010）。

图3-2　桑沟湾多营养层级综合养殖示范

生态渔业在我国渔业中占有重要地位。但是，水电工程建设、围湖造田、江湖阻隔、航运采砂和过度捕捞等人类活动的干扰，导致许多物种的濒危和灭绝、生态系统失衡、湿地功能丧失，水体污染的加剧进一步恶化了生态环境，使资源性缺水的国家又成为水质性缺水的国家，当前渔业生物资源衰退与水质污染已成为制约我国淡水生物产业可持续发展的重要因素，也开始威胁人们的食品安全。

第二节　国内外发展趋势

一、国外发展趋势

日本、美国等发达国家，将大量的工业化管理技术应用于渔业水域生态保护与修复科技创新，对水环境保护要求严格，建立了较为完善的渔业环境影响评估体系，与之相关的水质调控、复合种养及生态修复技术等都较为成熟。

由于渔业发展和水环境之间存在相互影响、相互制约的复杂关系，发达国家一般不发展养殖性渔业，重视湖沼学和水利工程对环境的影响及其对策研究。但在特殊鱼类的增养殖方面有许多尝试，如利用大水面粗放匙吻鲟，在美国明尼苏达州和肯塔基州建立了匙吻鲟的水域牧场，不仅在保护、增殖濒危物种方面有良好效果，也获得了较好的经济效益。

因社会制度、经济基础等不同，世界各国对渔业资源的开发利用有所侧重。在维持和保护生态环境，使之不遭受破坏的同时，发展游钓渔业是发达国家湖泊渔业的主要方向。如在北美大湖区，采用以生物能量学模型为中心的渔业管理模型，对不同的湖区补充投放鳟等经济鱼类鱼种，确定捕捞量份额，控制七鳃鳗等寄生性鱼类。总之，国外渔业管理理论的显著特征是以建立在生理生态学数据基础上的鱼类生物能量学模型，定量预测鱼类摄食、生长及其与饵料生物的关系，结合种群动态模型，建立渔业可持续管理模式（曲维涛等，2019）。

发达国家已基本实现由传统渔业向现代渔业的转变。在水域生物资源和环境保护的前提下，发达国家将资源养护与环境修复纳入负责任渔业管理中，充分发挥合理的渔业品种结构在水域生态环境改善方面的作用，通过优化渔业生物群落组成和生态系统层级结构，构建"最佳管理操作"运行机制，修复和改善水域生态环境，维护生态系统健康和稳定性。国际上非常重视基于生态系统的渔业资源管理，即从生态系统角度定量管理渔业放养和捕捞。美国国家海洋和大气管理局（NOAA）通过多年的监测数据构建生态系统模型，监测多种群放养和捕捞的生态学效应，此类方法已被广泛应用于湖泊生态系统管理。在食物网和生物能量学理论基础上，国外发展了较为丰富的研究手段，包括生态化学计量和生态网络分析等方法。北美五大湖渔业委员会通过保护土著鱼类种群、修复栖息地生境、防控生物入侵、立法保护水质以及增殖放流和捕捞调控等措施综合管理五大湖生态系统，在控制五大湖富营养化、降解有毒污染物、恢复渔业资源和重建自然栖息地等方面取得了显著成果。

20世纪90年代以来，全球范围内水体富营养化问题日趋严重，水域生物操纵成为水域保护和修复的主要手段。以生物操纵（biomanipulation）理论为指导，采用生物群落优化、食物网调控、抑制藻类、改善水质的生物修复方法，为解决水域富营养化问题提供了可行的途径。目前研究存在的普遍问题是历时过短、难以评价长期效果，生态系统分析方法被证明是确定主要生物间相互作用及其影响因素的有效方法。水域形态、水质条件和生物复杂性也表明只采取一种手段不能达到较好的生态修复效果。考虑到富营养化湖泊生态系统中肉食性鱼类、滤食性鱼类、浮游动物、沉水植物和细菌等水生生物对水体的净化作用，不同湖泊应根据自身特征采取不同的组合技术并重点采取一种措施，以期达到治理效果。

众多研究表明，水域生态修复属于系统工程，以生态学和环境科学原理为指导，与渔业管理和水环境保护关系密切，生态渔业模式成为发展趋势。环境友好、生态优先的渔业模式不仅可以减轻渔业生产对水环境的危害，还可促进营养元素在生态系统中的循环，减少污染积累、改善水质。建立土著水生生物资源保护区、设置禁捕管理措施，可促进水域水生生物资源修复；合理增殖放流和捕捞有助于完善生态系统食物链，提高营养物质的转换率；水生植物修复技术和放养工艺更新，能有效改善水域水环境，推动生态渔业可持续发展。

二、国内发展趋势

水生生物在维系水域生态系统的物质循环和能量流动、净化环境、缓解温室效应等方面发挥着重要作用。渔业作为水生生态系统的重要组成部分，在维护生物多样性、保持生态平衡和保障国家粮食安全等方面具有无法替代的作用。据测算，每产出 1 kg 的鲢、鳙，将从水中带走 29.40 g 氮、1.46 g 磷和 118.60 g 碳。另据研究，水体中鲢、鳙的量达到 $46\sim50$ g/m³，就可有效地遏制蓝藻发生。近年来，我国渔业科研机构围绕水资源监测与监管、环境监测与评估、环境生态修复、渔业资源增殖放流、产卵场和栖息地保护等领域开展了一系列的研究，取得了一定成效，但在渔业水域生态修复方面还存在不足，尤其是缺少水域生态环境修复的理论与技术，与国际先进水平相比差距明显。近年来，我国渔业科研机构虽然在水域生态修复方面开展了大量工作，为全国水产养殖调结构、转方式，发展生态养殖方面发挥了积极作用，但由于缺少系统性资源整合，存在着科研资源利用不足和浪费等问题，无法体现在该领域的研究特色和优势。开展渔业水域生态修复战略研究，可以充分凝练技术，围绕渔业水域生态修复的理论技术问题进行分析，有利于形成新的理论技术，推动水域生态修复，充分发挥渔业生态价值。

"十一五"期间，农业部发出了《农业部办公厅关于加快水产种质资源保护区划定工作的通知》，公布了《水产种质资源保护区划定工作规范（试行）》，先后划定公布了共计 535 处国家级水产种质资源保护区，对我国重要经济水生动植物种质资源的保护发挥了积极的作用。

河口水域特色渔业资源丰富，如长江口区有中华绒螯蟹、刀鲚、凤鲚、白虾和银鱼等五大渔汛，形成了著名的长江口渔场。我国开展河口生态修复较晚，"十二五"期间，在公益性（农业）科研专项的支持下，在长江口、黄河口和珠江口陆续开展了以渔业资源养护和利用为主的河口生态修复技术研究，取得了一定的突破。长江口中华绒螯蟹资源的恢复是当今国际上水生生物资源恢复的成功范例，通过"亲体增殖＋生境修复＋资源管控"的资源综合恢复模式，近年来长江口蟹苗资源量由每年不足 1 t 恢复并稳定在 60 t 左右的历史最好水平（张小伟，2015）；黄河口地区 2010—2012 年实施生态补水进行生态修复取得很好的效果，过水沿岸的地下水水位得到抬升，植被类型优化，景观破碎度、最大斑块类型指数和边缘密度均有所降低，生物多样性得以提升。

近年来，我国的湖泊水库水生生物资源调控效果明显。以长江流域浅水湖泊为代表，通过对渔业增殖保护、渔产潜力估算、规模化放养和湖群功能分区管理等的研究，提出了浅水湖泊群优质高效渔业模式与理论体系（崔奕波等，1999），重点研究了湖区水体中组合式生物和单元式生物的资源量、生产力及相互关系，运用渔业生物操纵技术原理，开展了增养殖和群落结构调控研究，提出了湖泊食物链层级优化配置工艺，建立了湖泊鳜规模化放养、河蟹生态养殖、团头鲂增殖等技术。通过增殖优质渔业种类、调控生物群落结构、优化生态系统功能，获得了显著的生态效益、经济效益和社会效益。

在水域污染防控与修复方面，过去20多年来，我国开展了受污染湖泊生态修复关键理论和技术研究，在浅水湖泊生源要素的生物地球化学循环、富营养化过程以及蓝藻水华暴发机理等方面开展了系统深入的研究，阐释了我国典型湖泊稳态转换条件与调控阈值，提出浅水湖泊生态修复的基本原理，建立了人工湿地水处理技术，构建了水质生态调控的复合生态系统。如农业农村部于2018年启动的"白洋淀水生生物资源环境调查及水域生态修复示范"项目，在中国水产科学研究院的组织下，统筹多方科研力量，发挥专业优势，经过两年多的努力，取得了初步的成效。适于白洋淀水域生态环境修复的"以渔净水、以水养鱼"模式逐步形成，生态修复示范效果引发社会广泛关注，为再现白洋淀"苇绿荷红、水清鱼肥"的美好生境提供了途径，为我国浅水湖泊富营养化控制和生态修复奠定了基础（图3-3）。

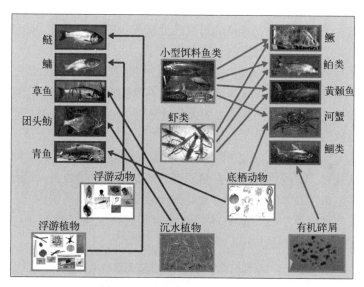

图3-3　浅水湖泊生态操控路线

第三节　主要问题与技术需求

水生经济动物资源作为我国国民经济发展的重要基础之一，涉及水安全、生物和生态安全的方方面面。水生态系统的脆弱性也使得水生生物生存环境极易受到外来因素影响。例如，外来物种福寿螺、罗非鱼、加州鲈鱼和小龙虾（克氏原螯虾）已在许多水域成为影响水域生态系统的入侵物种，引发多个水域生态系统崩溃。生态系统中一个物种生态位的变化或消失，将导致生态系统中若干种间关系的相应改变，继而影响整个生态系统的稳定平衡。

长期以来，由于过度追求养殖产量，忽视环境保护和资源合理利用，天然水域的生态功能受损尤为严重，主要表现在富营养化加剧，湿地生态系统退化，大量的水生植物消亡，导致蓝藻水华暴发、湿地渔业功能丧失等。在湖泊渔业资源与环境管理方面，由于对水生态系统的脆弱性认识不足，富营养化日益加剧等问题出现后未能进行有效控制，研究滞后，湖泊渔业开发与资源环境保护未能协调兼顾，出现了一些与资源利用和生态环境相关的严重问题。如何协调渔业发展与生态环境保护的关系，成为当前天然水域渔业合理利用和生态系统系统健康维护的一个重要课题，事关湖区渔民生活保障和社会稳定的大局。因此，迫切需要开展水域渔业资源变化过程、渔业生态容量、污染评估及防控技术研究，开展有利于水质保护的生态渔业技术研究，将渔业由传统的"以鱼为中心"转移到"以水为中心"的观念上来，通过增殖放流和生境修复等技术途径，恢复重要渔业资源，重建受损的水生态系统结构与功能，实现"鱼水和谐，共同发展"，保障渔业与生态环境的协调发展。我国在生态修复方面，逐步把工程治理和生物治理相结合，如污水处理等污染控制工程、人工鱼礁等生境营造工程、水生植被恢复和增殖放流等生物恢复工程以及生态海洋牧场建设、水产种质资源保护区和自然保护区建设等，已成为渔业水域生态修复的主要技术手段和管理措施。目前我国内陆湖泊已形成了湖泊养殖与增殖相结合的格局，逐渐从过去的经验放养型发展为定量动态管理型，更加关注生态系统的健康。系统开展了增殖放流苗种生态适应性和增殖放流环境容量评估技术研究，初步构建了涵盖增殖放流各阶段的标准化和规范化的技术体系。但河流鱼类生态通道和栖息地评估、保护、修复的研究还处于起步阶段，有关内陆江河人工鱼巢、鱼礁相关研究仅停留在摆放位置、加工材料选择的水平。

在渔业生态环境监测与保护方面，主要研究水产养殖区，重要鱼、虾、蟹类的产卵场、索饵场和水生野生动植物自然保护区等功能水域。在生物及生物质量方面的研究水平、污染事故鉴定与处理水平已与国际水平相当。在水域生态环境保护方面，开始进行一些试验性修复研究，但尚未形成成熟技术。

在盐碱水域生态修复方面，近20年来国家和地方各类科研和攻关计划的实施，使我国在盐碱水养殖方法取得了实质性进展，在耐盐碱养殖品种、水质改良及部分区域的规模化养殖等方面形成了多个单项技术成果。但产业化程度较低，在全国范围内进行大面积的技术集成，以解决盐碱水养殖产业中亟待解决的共性关键问题及全面提升产业化程度方面彰显不足。我国渔业水域存在的问题和发展趋势如表3-1所示。

表 3-1　我国渔业水域存在的主要问题和发展趋势

类别	存在问题	"十三五"进展	"十四五"目标
海湾水域	研究基础薄弱，人类活动影响加剧，生态系统失衡加速	开展了一定的基础研究，形成了一批修复技术与模式	建成典型生物修复模式并示范推广，建立评价体系
岛礁水域	研究不足，受环境影响大	对部分岛礁开展了调查研究	完成主要岛礁调查评估，建立修复技术，建设一批示范模式
滩涂水域	无序开发，生态功能重视不够	部分区域开展了修复研究，总体进展较慢	完成滩涂发展规划，建立若干示范模式
河口水域	污染源复杂、工程多、鱼类"三场"及通道破坏严重；航道发展与鱼类产卵场丧失；水域富营养化与污染；栖息地侵占或固化等	完成珠江"三场一通道"调查；建立了产卵场功能研究平台；10个梯级连通鱼道；建立了人工鱼巢产卵场示范模式	推动东江、连江梯级鱼道连通工程；推动广东鲂产卵场、四大家鱼产卵场功能修复工程；建设珠江河网富营养化水域渔业修复工程

（续）

类别	存在问题	"十三五"进展	"十四五"目标
湖泊、水库	渔业生态管理技术落后；水域富营养化治理技术研究不足；栖息地侵占固化等	建立了大水面养殖容量标准，清理了主要水域的养殖网箱等；开展了"以渔治水"等 示范，建设了一批人工鱼巢产卵场	对典型湖泊生态渔业进行渔业评估，在典型水域建立"以渔治水"示范模式
盐碱水域	治碱为主，生态修复少	在"蓝色粮仓"等项目支持下开展了一定的基础研究和应用研究	全面完成盐碱水域渔业发展规划，建立理论技术支撑体系，建立示范模式

参考文献

蔡庆芳，2013. 长江口低氧区全新世以来古环境演化及古低氧事件研究 [D]. 青岛：中国海洋大学.

陈凯麒，葛怀凤，郭军，等，2013. 我国过鱼设施现状分析及鱼道适宜性管理的关键问题 [J]. 水生态学杂志，34（4）：1-6.

崔奕波，刘家寿，解绶启，1999. 鱼类生物能量学模型研究进展 [C]//中国动物学会. 中国动物科学研究——中国动物学会第十四届会员代表大会及中国动物学会65周年年会论文集. 北京：中国林业出版社：1089-1099.

姜海萍，2002. 河口富营养化及其与赤潮生态关系的研究 [D]. 南京：河海大学.

金文驰，NOAA，2017. 帕帕哈瑙莫夸基亚：美国最大的海洋保护区 [J]. 人与自然（9）：86-95.

李娟，葛长字，毛玉泽，2010. 沉积环境对鱼类网箱养殖的响应 [J]. 海洋渔业，32（4）：461-465.

林浩然，2003. 海洋鱼类资源的可持续利用和海洋鱼类科学技术的研究方向 [J]. 中国工程科学，5（3）：1-92.

刘晶，秦玉洁，丘焱伦，等，2005. 生物操纵理论与技术在富营养化湖泊治理中的应用 [J]. 生态科学，24（2）：188-192.

刘其根，王钰博，陈立侨，2010. 保水渔业对千岛湖生态系统特征影响的分析 [J]. 长江流域资源与环境，19（6）：659.

曲维涛，刘雅丹，2019. 渔业水域使用权管理制度探析 [J]. 中国水平，521（4）：35-38.

沈新强，2008. 我国渔业生态环境养护研究现状与展望 [J]. 渔业现代化（1）：56-60.

王红旗，陈延君，孙宁宁，2006. 土壤石油污染物微生物降解机理与修复技术研究 [J]. 地学前缘，13（1）：134-139.

王伟，2014. 太湖能量收支及其对气候变化的响应 [D]. 南京：南京信息工程大学.

杨雅华，2015. 大型藻类、贝类、耐盐植物对大蒲河口环境修复应用研究 [D]. 保定：河北农业大学.

张立，2010. 美国佛罗里达大沼泽生态系统的研究与管理 [J]. 湿地科学与管理，6（2）：64.

张其永，洪万树，陈仕玺，等，2006. 潮间带滩涂颗粒有机碎屑生物组成及其游离氨基酸分析 [J]. 渔业科学进展，27（4）：71-76.

张小伟，2014. 河口流域生态环境管理与预报评价系统的构建与实现 [D]. 青岛：中国海洋大学.

周秋麟，1985. 国际生物海洋学协会（IABO）及其珊瑚礁委员会介绍 [J]. 海洋科学进展（3）：107.

庄平，2008. 河口水生生物多样性与可持续发展：河口及临近水域水生生物多样性保护和环境修复国际学术讨论会论文集 [C]. 上海：上海科学技术出版社.

（刘兴国 李纯厚 毛玉泽 刘永新 朱 浩 李志斐）

第四章

发展思路与战略布局

第一节　总体思路

党的十八大以来，党中央、国务院高度重视生态文明建设和水产养殖业绿色发展。党的十九大提出加快生态文明体制改革，建设美丽中国，推进绿色发展，着力解决突出环境问题；习近平总书记多次强调，绿水青山就是金山银山，要坚持节约资源和保护环境的基本国策，推动形成绿色发展方式和生活方式。加快推进渔业水域生态环境保护，是保障国家粮食安全、建设美丽中国的重大举措，也是打赢污染防治攻坚战的重要举措和优化渔业产业布局、促进渔业转型升级的必然选择。

一、指导思想

以习近平新时代中国特色社会主义思想为指导，全面贯彻党的十九大和十九届二中、三中全会精神，认真落实党中央、国务院决策部署，践行"两山"理论，坚持新发展理念、以满足人民对优美水域生态环境和优质水产品的需求为目标，按照十八大以来党和国家创新驱动发展理念和生态文明建设的总体战略部署，以改善我国渔业水域生态系统结构和功能为目标，以水域生态环境承载力为基础，按照"生态优先、资源恢复、产业升级"的绿色发展思路，实施渔业水域生态修复，保护水生生物资源及其栖息生境，恢复和改善生态环境，保障水域生态安全，强化科技支撑，全面提升我国渔业水域生态修复的创新发展能力，推动一二三产业融合发展，促进渔业资源合理利用，促进水域生态文明建设走出一条水域生态修复与渔业生产相协调的高质量绿色发展道路，实现水域生态渔业的全面升级和可持续发展。

二、基本原则

（一）坚持把生态优先和资源养护作为基本方针

始终把资源养护放在优先位置，在发展中保护、在保护中发展；在生态保护与修复中，坚持生态优先，坚持统筹兼顾与科学布局，坚持渔业产业发展与生态环境保护并重，科学统筹渔业发展规模、速度与资源环境的承载能力，探索渔业生态系统与产业协调发展的新路子。采用近海与内陆统筹、分区布局的方式，在重要海区、流域和河口、湖泊水库实施生态修复，加大水生物保护区建设力度，提高对水生生态的管控能力。保护生态脆弱区、敏感区及渔业生物多样性丰富海域的自然生境，保证生态系统安全。在促进和保证我国渔业发展战略实施的同时，实现渔业产业与生态保护和谐发展，充分发挥渔业在水域生态系统中的作用。

（二）坚持把生态修复和绿色发展作为基本途径

坚持"分区域、分类别"的基本思路，根据不同水域自然环境特征、渔业生态系统的差异性，进行合理规划，兼顾渔业水域在生态、饮用水、水利、航运等多方面功能，实现"一水多用、多方共赢"，推进渔业水域共享、共用、共治。在区域规划建设过程中，根据建设任务的迫切性，突出重点，逐步突破，高质量推进渔业水域生态修复、保护与建设工作。同时，要处理好产业发展与生态环境的关系，依靠科技进步，优化渔业结构和生产方式，加强生态修复实用技术储备，着力突破渔业生态保护、修复的关键技术，推动水生生态修复示范区、水生生物保护区和养殖生态环境修复示范区建设，建立健全水生生物资源养护、监测和评价体系，提升渔业生态监控与综合管理的能力，全面提高渔业生态保护与建设成效。

（三）坚持把深化改革和创新驱动作为基本动力

不断深化制度改革和科技创新，强化科技创新引领作用，为生态文明建设注入强大动力。加强基础理论研究、关键共性技术研发，强化模式提炼，推动成果转化和示范推广。推进管理体制机制创新，充分发挥市场作用，完善生产经营体系，健全利益联结机制。加大渔业生态修复方面科学技术成果转化与应用力度，创新发展渔业生态建设保护机制；科学引导，因地制宜建立和健全管理制度、章程，推进渔业生态文明的科学发展。坚持部门联通，多方协作机制。规划方案与各相关地区、相关部门的根本利益相协调，与各类相关规划计划相衔接，优势互补，兼容并蓄，集成配套，兼顾近期目标和中长期目标的实现。

（四）坚持把重点突破和整体推进作为工作方式

在不同水域规划建设过程中，根据建设任务的迫切性，突出重点，逐步突破，高效高质推进我国渔业生态修复、保护与建设工作。坚持湖泊水库、流域、河口、近海、外海生态系统区别管理原则，通过海陆联动、陆海统筹，统筹规划海洋与内陆水域的生态保护和建设工作。既立足当前，着力解决对经济社会可持续发展制约性强、群众反映强烈的突出问题；又着眼长远，加强顶层设计与鼓励基层探索相结合，持之以恒全面推进生态文明建设。

三、技术路径

按照国家对渔业水域的定位和要求，全面梳理存在的主要问题，针对当前我国渔业水域生态现状及保护与修复技术的差距，明确工作重点（图 4-1）。

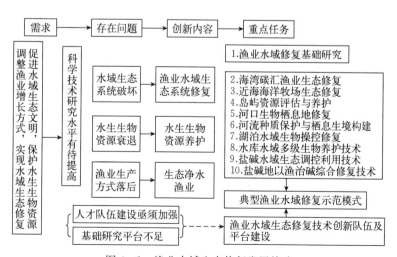

图 4-1　渔业水域生态修复发展战略

第二节 总体目标

到 2035 年，渔业水域生态保护与修复科技综合能力显著提升，科技进步贡献率提高到 68％以上，产业科技水平明显提高，科技投入、条件建设、国际合作等取得显著成效，科学技术体系逐步完善，综合竞争力达到国际先进水平，养护、捕捞等领域居世界前沿。

建成覆盖全国主要渔业水域的生物资源多元评价体系，完成 200 个左右的海湾、岛礁、湖泊（水库）等渔业水域的开发潜力评估，明确功能定位、发展规划、渔业方式等，制定重要水域的渔业增殖容量标准和技术规范，建立综合信息数据库。形成以生态屏障构建、生物层级养护、重要鱼类栖息生境营造和重要物种繁育场修复、增殖放流评估与捕捞管理为核心的"以渔养水"技术体系。

建设海湾渔业水域生态修复区 45 处、礁屿渔业水域修复区 30 处，使修复区内渔业资源量增加 30％、生物多样性提高 20％，水环境质量达到良好状况。

建设内陆湖泊水库渔业水域生态修复区 60 处、江河渔业修复区 50 处，完善国家级水产种质资源保护区和水生野生动物自然保护区 100 处，推动建设 19 处珍稀濒危水生物种的保护区建设。使修复区水质环境符合国家相应水域的水质要求，生态渔业经济效益提升 30％以上。

在主要河口水域建设渔业生态修复区 12 处，完善水产种质资源保护区 30 处。使修复区水生生物资源量提升 30％、生物多样性提高 20％以上。

在青海湖等主要盐碱水域和三北盐碱地区建立渔业生态修复示范模式 12 项。使示范区生物资源量提高 20％以上，水域环境质量符合国家要求。

建设国家级渔业水域生态修复科研平台 2 个，省部级科研平台 5 个，野外观测站 12 个。使渔业生态环境监控和突发事件应急响应能力达世界一流水平。

第三节 重点任务

按照"重点突破、逐步推进"的原则，面向全国渔业水域生态修复的产业技术需求，以资源养护、生态修复、高效利用为主线，通过基础研究、关键共性技术研发和集成示范，形成支撑我国大水面渔业水域生态修复的技术与示范模式。

一、基础性工作

围绕我国主要海域、岛礁、滩涂、河口、江河湖泊等重要渔业水域开展生物资源与环境调查评估，结合长期性基础性调查和已立项的长江、西藏等渔业资源调查项目，对全国渔业水域进行资源环境调查评估，厘清我国渔业水域本底状况，建立生物资源环境动态数据库，及时掌握重要水域的生物资源与环境变化，为政策制定和生态修复提供数据基础。

1. 重要海湾生物资源环境调查与评估

在四大海域主要增养殖海湾，开展典型渔业增养殖海湾生物资源及其栖息生境调查，分析海湾生物组成及主要生物功能群组成，建立海湾主要经济生物物种、基因资源库和信息数据库；调查海湾主要环境因子及水动力变化规律，明晰海湾生态环境退化机制及其动态过程，建立海湾生态系统水动力模型；从时间和空间尺度上制定生物修复规划，创新生态修复方法，提高生态修复技术，建立基于生态系统的生态修复工程的长期监测系统和综合评价方法体系。

重点调查区域和数量：四大海域，5～10个主要增养殖海湾。

2. 重要岛礁水域生物资源环境调查与承载力评估

以近岸岛礁、离岸珊瑚礁及潟湖为主要目标，开展岛礁渔业资源及生态环境长期性调查，分析渔业资源的种类组成和数量分布，分析渔业生境主要特征及功能，阐明生物多样性的现状特征。建立我国典型岛礁水域的渔业资源物种、基因资源库，构建不同类型岛礁的渔业资源及生态环境信息数据库。

重点调查区域和数量：开展65个岛礁的渔业资源与环境调查，其中，黄渤海区獐子岛、海洋岛、南北长山岛等26个岛礁，东海区岱衢洋、中街山列岛、舟山群岛等31个岛礁，南海区上下川岛、西沙群岛、中沙群岛、南沙群岛等8个岛礁。

3. 滩涂渔业水域生态环境调查与评价

在主要滩涂区域，采取长期、连续采集典型滩涂海域关键环境和水文数据调查，现场或原位采集生物基因数据，评价生态系统的资源环境状况；分析不同区域、不同类型渔业环境的物质输入和输出特征，了解主要生物类群（功能群）的种类组成、空间格局、动态变化规律；分析影响环境变化、生物分布与动态的主控因子，明确生态系统的健康状况。

重点调查区域和数量：在辽宁、河北、山东、江苏、浙江、福建、广东、广西、海南、上海、天津分别选取2～3个典型滩涂增养殖海域，建立资源、生物数据库。

4. 河口水域生物资源环境调查与评估

在重要河口水域，主要开展渔业生物种类组成、数量分布、群落结构及渔业资源现状、渔业生产状况等调查；渔业环境调查包括水文、理化等非生物环境因子和叶绿素a、浮游生物、底栖生物等生物因子。

重点调查区域和数量：辽河口、黄河口、长江口和珠江口等4个河口。

5. 江河水域水产种质资源环境调查与评估

在七大流域开展水生生物及其栖息生境调查，分析水生生物群落结构分布规律以及主要生物功能群组成，建立江河水域水生生物物种、基因资源库和信息数据库，形成江河水生生物资源与功能基因资源储备，为河流渔业资源的合理养护和生态渔业发展提供科学依据。

重点调查区域和数量：黑龙江、黄河、长江、珠江四大主要流域。

6. 湖泊水库渔业资源环境调查与评估

在全国50个重要湖泊（水库）开展水生生物资源及其栖息生境调查，分析湖泊水域水生生物群落结构分布规律以及主要生物功能群组成，建立主要湖泊（水库）水域水生生物物种、基因资源库和信息数据库，形成湖泊（水库）水生生物资源与功能基因资源储备，为湖泊（水库）渔业资源的合理养护和利用提供科学依据。

重点调查区域和数量：华中地区8个、华东地区6个、华南地区6个、北方地区3个。

7. 盐碱水域资源环境承载力评估

在"三北"地区的主要盐碱水域，开展盐碱水域水文与理化性状的本底调查和定位监测，获取主要环境因子与人类活动对盐碱水域生态影响的基本数据；调查盐碱水域水生生物遗传资源与种质特性，建立盐碱水域主要土著鱼类种质资源库，进行典型盐碱水域水生生物物种多样性现状与分布格局调查，研究不同盐碱生境和地理区的种类组成与多样性特点，为盐碱水域生态环境修复以及珍稀水生生物保护对策提供数据支撑。

调查区域和数量："三北"地区典型天然盐碱水域和次生盐碱水域 5 个。

二、重点研发计划

（一）基础研究

围绕七大类型渔业水域存在的关键科学问题开展基础研究，解析不同渔业水域的生态特征，为渔业水域生态修复提供理论基础。重点开展以下研究：

1. 海湾生态系统演替过程及环境作用机制

针对海湾富营养化严重、生物多样性降低、资源衰退、功能群结构破坏和生态系统失衡等问题，开展典型海湾生态系统动力学、生源要素地球化学研究，研究海湾生物群落演替及其生态资源效应、气候变化对海湾重要渔业资源的生态学效应等。明确海湾生态系统的群落演替规律，解析影响生态系统变化的主要环境和驱动机制。

2. 岛礁水域生态环境响应与人类活动影响

针对岛礁生态系统具有初级生产力高及对人类影响敏感等特征，开展典型岛礁生态系统高生产力维持机制及对环境胁迫响应、人类活动对岛礁及邻近水域影响及其渔业生态资源效应等基础研究，达到阐明环境变化对岛礁生态系统影响及作用过程的目标。

3. 滩涂水域生物资源衰退机制及环境影响

针对滩涂资源衰退严重、外源污染影响加剧、区域环境变化剧烈等问题，开展人类活动和气候变化对滩涂生境的影响过程，典型滩涂贝类群落的演替机制及驱动因素，滩涂经济贝类苗种的产生、附着和迁移规律，贝类资源修复的环境生态效应及其与环境的相互作用等方面研究，阐明人类活动对渤海主要滩涂生态系统结构和功能的影响，促进近海重要经济生物资源的稳定产出和可持续开发利用。

4. 河口生态系统特征及渔业功能

针对河口渔业资源衰退和栖息生境退化等问题，开展人类活动和全球气候变化等多重压力下，河口重要渔业资源变动规律及其成因和机制、典型生境演变规律及生态资源效应、渔业环境污染机制与生态效应等研究，为资源养护和栖息生境修复奠定理论基础。

5. 江河水域关键物种生境的环境响应

针对产卵场功能衰退、生境多样性下降的趋势，根据主要鱼类的生态特征和生境特点，开展产卵场功能要素机制、鱼类对人工通道的生态学反应机制等基础研究，掌握内陆江河鱼类栖息生境生态要素和生态学原理，为其恢复与重建提供理论基础。

6. 湖泊水库渔业功能及其生态效应

主要针对湖泊（水库）污染、资源衰退的生态问题，开展湖泊（水库）重要渔业资源种群数量变动机制、水域特征污染物和新型污染物甄别与风险评价、渔业种群动力学模型等方面研究，阐明重要渔业种群变动规律及环境响应机制。

7. 盐碱水域生物结构与水环境变化响应

研究盐碱胁迫下水生生物酸碱平衡及渗透调节规律、能量物质代谢机制以及繁殖生理特性，揭示水生生物盐碱适应机制和调节途径；研究典型盐碱水体水-土连续体关键生源要素和盐碱离子的本底特征、时空动态变化、迁移转化规律及关键驱动要素，建立渔业生产对盐碱水土生源要素和盐碱物质形态、含量的环境调控模型，以达到天然盐碱水域渔业资源保护和次生盐碱水域脆弱生态修复的目的。

（二）关键技术研究

对应不同水域存在的关键问题，开展渔业水域生态修复关键技术研究，为渔业水域修复提供技术支撑。重点研究突破以下关键技术：

1. 海湾生态牧场构建技术

主要研究浅海水域生态系统及演替规律，不同海域海藻场（海草床）建设技术，构建碳汇型海洋生态牧场修复技术；建立增殖型鱼礁构建技术，濒危物种保护区修复技术；建立和完善渤海生物资源养护、监测和评价体系；研发增殖型人工鱼礁群构建和投放布置技术，构建产卵场生态修复与种质保护技术。

2. 岛礁水域海藻及海草场营造技术

主要开展岛礁型人工鱼礁和海洋牧场建设技术、岛礁大型海藻及海草场构建技术、珊瑚礁移植及渔业功能生态修复技术、礁栖型渔业资源增殖养护技术、岛礁生态系统保护与珍稀物种保育技术等重要共性关键技术研究。

3. 滩涂贝类资源恢复与环境修复技术

主要研究典型滩涂贝类群落的演替机制及驱动因素，滩涂经济贝类苗种的产生、附着和迁移规律；研发和集成重要经济贝类的资源修复关键技术，大规格稚贝中间培育技术，滩涂贝类规模化苗种中间培育及资源补充技术，受损经济贝类产卵环境养护及修复技术。

4. 河口生境修复与资源恢复技术

针对不同河口资源环境特点与现状，开展重要资源增殖与养护、消失生境的重建与替代性修复、退化生境的维护和功能提升以及富营养化生境的控制与修复等关键共性技术研究。

5. 江河"三场一通道"构建修复技术

主要开展生态水文需求的产卵场功能保障技术、栖息地修复重建技术、生态工程修复技术等研究，进行中华鲟、达氏鲟、四大家鱼等鱼类产卵场恢复工程研究；开展濒危珍稀物种和区域性特有物种的就地保护、迁地保护等技术研究；开展重要淡水水产资源栖息地评价技术研究，进行水产种质资源种群资源分布、资源量、种质特征、群落结构、种群纯度、开发潜力的研究和评估，建立水产种质资源多元评价体系。

6. 湖泊水库"以渔净水"生态渔业技术

针对主要湖泊、水库的功能特点和要求，重点开展增殖放流和捕获方法研究，特有、珍稀鱼类水产种质资源保护区功能提升技术研究，关键物种产卵场定向构建、水生食物链（网）等构建技术研究，湖泊生态系统结构恢复技术研究，以及渔业环境和资源养护、监测和评估体系研究等。

7. 盐碱水域"以渔治碱"技术

重点研究主要土著生物种质选优和复壮技术、水生生物抗逆性能及盐碱水环境临界阈值评价指标体系、水生生物耐盐碱性能评价技术；研发适用性强、效果好、可持续的原位和异位渔农综合生态改良模式和优化控制关键技术，促进盐碱脆弱环境的生态修复。

三、重要渔业水域修复示范工程

在全国主要渔业水域开展渔业水域修复工程，分别建立修复示范区，形成示范模式，为全国不同渔业水域生态修复提供模式技术支撑（表4-1）。

表4-1　重点任务计划表

基础性工作	渔业生物资源环境调查	海湾	5~10个重点海湾
		岛礁	65个岛礁
		滩涂	20~30个典型滩涂增养殖海域
		河口	辽河口、黄河口、长江口和珠江口4个河口
		江河	黑龙江、黄河、长江、珠江4个江河流域
		湖泊水库	华中地区8个，华东地区6个，华南地区6个，北方地区3个
		盐碱水域	"三北"地区典型天然盐碱水域和次生盐碱水域5个
	重要渔业水域修复工程	海湾	渤海2~3个，黄海3~5个，东海2~3个，南海修复工程2~3个
		岛礁	黄渤海区3个，东海区3个，南海区4个，共开展10个岛礁的生态修复工程
		滩涂	在辽宁、山东等入海口，构建2~3个滩涂贝类栖息地；在山东、江苏和浙江构建3~5个滨海湿地；在典型传统滩涂贝类养殖区，建造3~5个滩涂生境改良或改造工程；在天津、山东和江苏构建2~3个牡蛎礁生态修复工程
		河口	辽河口生态修复工程1处，黄河口2处，长江口2处，珠江口2处
		江河	黑龙江流域9个，黄河流域15个，长江流域30个，珠江流域20个
		湖泊水库	华中地区3个，华东地区3个，华南地区3个，北方地区2个
		盐碱水域	天然盐碱水域渔业资源保护修复工程2~3个，"以渔降碱"修复工程1~2个
重点研发任务	基础研究	海湾	典型海湾渔业生态系统生物群落演替及资源效应
			海湾渔业生态系统生源要素的迁移和转化机制
			气候变化对海湾重要渔业资源生态效益的影响机制及驱动因素
		岛礁	典型岛礁生态系统高生产力维持机制及对环境胁迫响应
			人类活动对岛礁及邻近水域影响及其渔业生态资源效应
		滩涂	典型滩涂生境变迁、生物多样性响应及驱动机制
			滩涂生物群落的演替机制及驱动因素
			滩涂贝类资源补充机制及其影响因素研究
		河口	河口水域渔业资源与环境的变动规律及机制
			河口水域渔业生物多样性格局及其维持机制
			河口水域渔业环境污染机制与生态效应
		江河	河道产卵场功能要素机制
			人工通道的鱼类生态学反应机制

（续）

重点研发任务	基础研究	湖泊水库	湖泊（水库）重要渔业资源种群数量变动机制
			水域特征污染物和新型污染物甄别与风险评价
			水域渔业环境污染机制与生态效应研究
		盐碱水域	次生盐碱形成机制
			“以渔降碱”生态过程
	关键技术	海湾	浅海水域碳汇型渔业生态修复技术
			海藻场（海草床）构建技术
			海湾产卵场生态修复与种质保护技术
		岛礁	岛礁型人工鱼礁和海洋牧场建设关键技术
			岛礁大型海藻及海草场构建关键技术
			珊瑚礁移植及渔业功能生态修复关键技术
			礁栖型渔业资源增殖养护关键技术
			岛礁生态系统保护与珍稀物种保育关键技术
		滩涂	滩涂生境保护与重要生物资源修复技术
			滩涂大规格苗种培育及资源补充技术
			滩涂生态系统健康状况评价及生物修复效果评价
		河口	长江口渔业生境功能恢复与资源养护技术
			黄河口退化渔业生境修复与资源养护技术
			珠江口渔业生境富营养化的生态修复技术
		江河	产卵场功能评估与修复关键技术研究
			洄游鱼类鱼道关键技术研究
		湖泊水库	湖泊水域生态修复与富营养化控制技术
			水库水域渔业生态操控修复技术
			种质资源保护区生态修复技术
		盐碱水域	“以渔治碱”综合治理技术
	应用与示范	海湾	桑沟湾多营养层次生态渔业模式示范
			大亚湾生态渔业应用与示范
			珊瑚礁渔业生态修复工程应用与示范
		岛礁	岛礁型海洋牧场技术示范区
			大型海藻及海草场构建技术示范区
			珊瑚礁修复技术示范区
			礁栖型渔业资源增殖养护技术示范区
		滩涂	黄海口及毗邻水域滩涂贝类资源修复应用与示范
			苏北滩涂生态修复技术应用与示范
			辽河口滩涂贝类资源恢复技术应用与示范
		河口	长江口繁育场生境替代修复技术应用与示范

（续）

重点研发任务	应用与示范	河口	黄河口滩涂修复与贝类资源养护技术应用与示范
			珠江口红树林宜渔生境修复技术应用与示范
		江河	长江上游珍稀特有鱼类栖息地修复示范
			北方河流冷水性鱼类生境建设技术示范
			三级鱼道构建与示范
			江段产卵场营造技术与示范
			河湖贯通鱼类通道与栖息生境构建与示范
		湖泊水库	湖泊水域生态修复与富营养化控制技术应用示范
			水库水域渔业生态操控修复技术应用示范
			湖泊种质资源保护区生态修复技术应用示范
			水库种质资源保护区生态修复技术应用示范
		盐碱水域	"三北"地区"以渔治碱"模式与示范
			盐碱水域生态养殖模式示范
创新平台	研发中心	海湾	建设渤海、黄海、东海、南海4个海湾生态修复核心技术研发中心
		岛礁	建设黄渤海区、东海区、南海区3个渔业生态修复核心技术研发中心
		滩涂	在辽宁、山东、江苏、浙江、福建建设5个滩涂生态修复核心技术研发中心
		河口	建设1个国家河口生态修复技术研发工程中心
		湖泊水库	建设北方、华中、华东、华南、西南5个渔业生态修复核心技术研发中心
		盐碱水域	
	功能实验室	河口	建设1个河口生态修复材料与设施功能实验室
		江河	建设黑龙江、黄河、长江、珠江流域渔业生态修复功能实验室4个
	科学观测实验站	河口	建设国家河口渔业资源环境野外科学观测实验站1个及辽河口、黄河口、长江口和珠江口野外科学观测实验站4个

1. 海湾渔业渔业资源养护工程

以辽东湾、莱州湾、桑沟湾、荣成湾、象山湾、乐清湾、大亚湾等海湾为重点区域，开展碳汇型海洋牧场示范区建设，建设海藻场（海草床）和人工鱼礁等；开展水产种质资源保护区、自然保护区、濒危物种保护区建设，保护重要水产种质资源和珍稀濒危物种；建立海湾渔业生态修复核心技术研发中心，完善海湾生物资源养护、监测和评价体系。

主要区域和数量：在渤海建设产卵场、资源修复区等修复工程2~3个；在黄海建设海藻场（海草床）、增殖放流、海湾整治等修复工程3~5个；在东海建设入海污染控制、经济种放流等修复工程2~3个；在南海建设人工鱼礁、岸线修复等修复工程2~3个。

2. 岛礁及邻近水域渔业资源养护工程

实施典型岛礁水域礁栖型渔业资源的增殖养护，实施岩礁型岛礁的大型海藻和海草场修复工程，开展珊瑚型岛礁的珊瑚移植和修复工程，实施依托岛礁的海洋牧场建设与资源养护工程。

主要区域和数量：共开展10个岛礁的生态修复工程，其中黄渤海区3个、东海区3个、南海区4个。

3. 滩涂生态功能修复工程

根据不同滩涂资源特征，在传统贝类自然分布区，经济贝类产卵场、栖息地，滩涂滨海湿地典型水域，开展滩涂资源、环境修复工程建设；研发耐盐植物移植和栽培技术，建立滨海盐沼湿地生态修复工程；研发土著经济种类的苗种繁育、人工增殖和自然苗种补充技术，建立经济滩涂贝类的资源修复工程；研发滩涂水域"老化"机制，建立滩涂经济贝类等的栖息生境改造工程；研发牡蛎礁种类和生物量的变化规律，建立牡蛎礁生态修复工程。

主要区域和数量：在辽河、黄河等入海口，构建2～3个滩涂贝类栖息地改造工程；在山东、江苏南部和浙江北部滩涂水域，移植和栽培盐沼植物，构建3～5个滨海湿地生态修复工程；在典型传统滩涂贝类养殖区，建造3～5个滩涂生境改良或改造工程，修复"老化"滩涂；在天津、山东和江苏等牡蛎礁区域，构建2～3个牡蛎礁生态修复工程。

4. 河口渔业资源保护与水域生态修复工程

重点研发以增殖放流为核心的群落结构优化技术体系和以底质修复、生境营造、漂浮湿地、人工鱼礁、生态护坡等为核心的栖息地生态修复和重建及其替代修复与功能提升技术体系。

主要区域和数量：建设辽河口生态修复工程1处，黄河口2处，长江口2处，珠江口2处。

5. 江河重要鱼类资源保护与洄游通道建设工程

全面开展国家水产种质资源保护区底形扫描与测绘，建立保护区水下地形数据库。进行产卵场功能要素构建、内陆人工鱼礁建设、地形优化塑造、生态河漫滩构建，研究探索有针对性的生态保护措施和工程技术手段，修复生态环境，保护渔业资源与珍稀物种。

主要区域和数量：在黑龙江流域建设修复工程9个，在黄河流域建设修复工程15个，在长江流域建设修复工程30个，在珠江流域建设修复工程20个。

6. 湖泊水库"净水渔业"生态修复工程

依据湖泊（水库）污染来源、迁移变化特征和环境污染特点，完善生态风险评估结果，开展健康可持续湖泊（水库）生态过程和发展技术集成。在主要区域的典型湖泊水库开展"以渔净水，以渔养水"示范工程，在濒危珍稀物种保护区开展物种的原地保护、异地保护和人工护存等生态修复工程；在重要鱼类栖息生境区开展产卵场修复和"三场一通道"修复，以及集约化养护基地构建等工程建设与示范。

主要区域和数量：华中地区3个，华东地区3个，华南地区3个，北方地区2个。

7. 盐碱水域生态修复渔业工程

在典型的天然盐碱水域，围绕土著濒危的主要水生生物物种，开展渔业资源保护性修复；选择典型次生盐碱水域，围绕盐碱脆弱生态环境，开展"以渔降碱"渔农综合利用式生态修复。

区域和数量：规划期内，建设天然盐碱水域渔业资源保护型修复工程2～3个，次生盐碱水域"以渔降碱"型修复工程1～2个。

四、创新平台建设

在国家财政资金和项目资金的支持下，建设完善水域生态修复领域的专业科研平台，为水域生态渔业可持续发展提供支撑。

1. 建设若干国家级重点实验室（中心）

建设国家级渔业水域修复重点实验室或联合实验室 1～2 个，国际渔业水域修复实验室 2 个（界河），省部级重点实验室 3～5 个，院级渔业水域生态修复功能实验室 5～8 个。其中黑龙江、黄河、长江、珠江渔业生态修复功能实验室各 1 个，湖泊渔业水域生态修复功能实验室 1 个。

2. 建设一批技术研发中心

推动建设国家级渔业水域生态修复技术研发工程中心 3 个，其中海湾岛礁、河口、湖泊各 1 个；建设院级生态修复技术研发工程中心 15 个，其中辽东湾、桑沟湾、大亚湾、海口湾分别建设海湾生态修复核心技术研发中心 1 个；在青岛建立黄渤海区岛礁型海洋牧场、大型海藻场修复和礁栖型渔业资源增殖养护技术研发中心 1 个；在上海建立东海岛礁型海洋牧场和礁栖型渔业资源增殖养护技术研发中心 1 个；在广州、海口、三亚建立南海岛礁型海洋牧场、海草场修复、珊瑚礁修复和礁栖型渔业资源增殖养护技术研发中心各 1 个；建设 1 个河口生态修复材料与设施功能实验室，并分别在辽宁、青岛、上海、广州建设辽河口、黄河口、长江口和珠江口野外科学观测实验分站和研发工程分中心。

3. 建设涵盖主要渔业水域的野外观测站

重点建设海域野外科学观测实验站 3～5 个，内陆江河湖泊等野外观测站 5～8 个。其中 2 个国家海湾、岛礁渔业资源环境野外科学观测实验站，1 个国家河口渔业资源环境野外科学观测实验站，2 个国家湖泊渔业资源环境野外科学观测实验站。

五、产业化应用

集成水域生态修复技术和典型示范模式，带动全国渔业水域生态修复。与从事水域生态修复的上市公司、优秀企业合作建立 20 个左右的渔业水域生态修复技术平台，在重要渔业水域建立产业化示范点 15 个。使示范区综合生态效益提高 20%，水质符合规定要求，渔业效益提升 10%。

第四节　效益分析

一、生态效益

本研究突出生态优势，为健全全国渔业资源和生态环境立体监测网络体系，及时预警渔业水域污染事故，科学评估涉渔工程损失，实施科学有效的防治措施，降低污染事故和工程建设损害，增强渔业可持续发展提供了思路。

针对生态退化水域，系统实施增殖放流、海洋牧场建设、内陆河湖生态修复、水生生物保护区建设、生态养殖示范区建设等重大工程，大力推进濒危动物救护和外来物种防护，全面开展水域荒漠化综合治理，使渔业生态系统特别是经济鱼类资源得到有效恢复，提高渔业水域生态系统服务功能和生态承载力，维护国家生态安全。

本研究为珍稀濒危水生野生动植物物种保护及其栖息地修复提供了途径，使生态渔业面积占水产养殖总面积的比重大大增加，水域生态退化状况得到明显改善，濒危物种数目增加的趋势得到遏制，水生生物多样性得到有效保护，渔业资源利用步入良性循环。

生态修复工程实施后，可全面开展水产种质资源保护、水域环境修复和渔业资源养护，为其提供基本平台和科技支撑，为水生态文明建设提供重要保障，实现从源头上扭转水生态环境恶化趋势，使我国的海洋河流水更干净，沿江沿海环境更宜居，全面落实十八大提出的"努力建设美丽中国，实现中华民族永续发展"重要战略。

二、社会效益

渔业资源修复是一项重要的公益事业，渔业资源修复工程的实施，将使全社会提高对渔业资源修复重要性的认识，加深对渔业生态与渔业可持续发展，乃至于整个生态系统安全及自身生存关系的了解和认知，进而转化为保护渔业生态的自觉行动。

实施渔业生态修复工程，建立基于生态系统水平的渔业养护管理体系，提高渔业科学化管理水平，使捕捞能力和捕捞产量与渔业资源可承载能力大体相适应，全面扭转渔业资源衰退和濒危物种数目增加的趋势，实现渔业产业健康可持续发展，保障我国粮食安全。

通过实施重大生态修复工程及示范，多渠道、多形式地开展海洋渔业生态文明科普宣传活动，广泛普及水生生物资源养护知识，增加全社会对海洋渔业生态保护工作的关注和参与，深入宣传尊重自然、顺应自然、保护自然的生态文明理念，形成渔业社区和渔业生态文明协调发展的新模式，不断提升我国水生生物资源养护水平和全社会的生态文明素养。

实施渔业水域生态修复，还将形成有中国特色的渔业资源修复和合理利用的管理模式，为渔业生态和渔业资源的科学管理、积极保护和合理利用提供理论技术支持。

三、经济效益

实施渔业水域生态恢复，可以使渔业资源逐步恢复，实现海洋渔业经济产出大幅提升，渔民和渔业企业收入不断增加，渔区经济改善和发展。"十二五"期间，增殖放流带来的渔民收益超过 100 亿元。通过规划实施，在渔区形成了具有广泛发展前景的新型产业，并为渔区群众提供了广阔的就业机会。同时，增殖型产业的发展还促进了水产种苗、水产品加工贸易、渔需物资供应等相关行业的发展，创造了大量就业机会，增加了渔民收入，促进了渔区经济繁荣。

第五节 保障措施

一、建立多层次的协作管理机制

渔业生态修复工程建设是一项"功在当代，利在千秋"的伟大事业，具有涉及面广、政策性强、周期长等特点。必须建立高效的领导机制和各部门联动机制，各级政府各级部门通力合作，加强协调，建立综合决策机制。在中央渔业主管部门的领导下，组建渔业生态建设工程建设规划领导小组，实行统一监督、分部门实施管理，各相关部门要各司其职，加强沟通，密切配合，提高效率，切实加强组织领导与监督管理，全面贯彻落实规划，充分保证规划目标的实现。把渔业水域生态建设的主要任务、重点项目落实到国民经济和社会发展的计划中去。全面建立规划实施监测和评估制度，完善规划实施评估的指标体系、监测体系和考核体系。各地级以上政府还应分别制定本地区的规划或行动计划，认真组织实施。

二、探索多渠道资金的投入保障措施

渔业水域生态修复是一项以政府为主体的公益性事业。各级政府应把渔业水域生态修复作为重要内容列入国民经济和社会发展规划中，每年应在预算中安排渔业水域生态修复专项资金，各级财政应将渔业水域生态修复建设列入重大建设投资计划，并确保落实。同时，要积极改革和探索在市场经济下的多元化投入机制，涵盖政府投入、银行贷款、企业资金、国外投资等渠道，按照市场经济的要求，发挥政府财政资金的带动作用，通过各种优惠政策和技术及信息咨询服务，充分调动社会力量参与，广泛开展对外合作和交流，探索利用资本市场融资方式，更灵活、更广泛地吸收国内外的社会资金，开拓渔业水域环保利用外资的局面。

三、建立高素质的执法保障队伍

全国各相关部门应对渔业水域生态修复现有政策、制度进行梳理，制定针对渔业水域生态修复的配套法规，以优先保护与建设区域为重点，针对不同地区社会经济具体情况和水域生态系统环境特点，完善现有政策并制定适于不同区域、不同领域和不同层次的渔业生态工程建设体系。综合运用法律、经济和必要的行政手段，推动各项政策措施的落实。鼓励进行有利于渔业水域生态修复的政策、制度创新，切实有效地为推进渔业水域生态修复提供行政保障。

四、健全多元化的社会参与机制

渔业水域生态修复是一项社会性的系统工程，需要社会各界的广泛支持和共同努力。要通过各种形式和途径，加大相关政策和基本知识的宣传教育力度，提高社会各界对工程的认知，积极营造全社会参与的良好氛围。建立公众参与机制，扩大公民的知情权、参与权和监督权，深入开展渔业生态建设工程教育，分级、分批开展渔业水域生态修复培训，重视基础教育；开辟公众参与渔业水域生态修复的有效渠道，为公众参与重大项目决策的环境监督和咨询提供必要的条件；公开渔业水域生态修复典型案例，通过案例教育群众，普及生态知识，提高公众参与工程建设的自觉性；要充分发挥中央和地方渔业主管部门以及新闻媒体的作用，多渠道、多形式地开展科普宣传活动，广泛普及渔业水域生态修复知识，增强人民和企业参与工程建设的热情，保障多元化的社会参与机制的高效运行。

五、创新多领域的高新技术集成

加大渔业水域生态修复建设方面的科研投入，加强基础设施建设，整合现有科研教学资源并发挥各自优势。加强渔业水域生态修复建设重点领域的基础研究和科技攻关，优先安排重大渔业水域生态修复问题与关键技术课题；对渔业水域生态修复的核心和关键技术进行多学科联合攻关，大力推广相关适用技术；加强对外交流与国际合作，共同开展渔业水域生态修复重大战略与重要理论研究。对经实践验证具有较好效果的成熟技术模式，进行大范围推广与应用，努力提升渔业水域生态修复的科技内涵。

参考文献

雷明，2015. 两山理论与绿色减贫 [J]. 经济研究参考 (64)：21 - 22，28.

钮文新，2018. 生态文明建设 [J]. 中国经济周刊 (50)：162 - 163.

唐启升，2014. 水产养殖绿色发展咨询研究报告 [M]. 北京：海洋出版社.

唐启升，2014. 我国水产养殖业绿色、可持续发展战略与任务 [J]. 中国水产 (5)：4 - 9.

张显良，2018. 推进水产养殖业绿色发展 [J]. 甘肃畜牧兽医，48 (1)：26.

（刘兴国　刘永新　李纯厚　朱　浩　李志斐）

02 | 第二部分

典型渔业水域生态修复战略

第五章

浅海与海湾生态修复

第一节　概　　述

我国大陆海岸线绵长，北起辽东鸭绿江口，南至广西北仑河口，长度超过 18 000 km。沿大陆海岸线，分布有许多优良的海湾。根据《中国海湾志》统计，我国海湾面积在 100 km² 以上者有 50 多个，面积 10 km² 以上者有 150 多个，面积在 5 km² 以上者为 200 个左右。我国海湾海域三大使用类型为分别为渔业用海（占全国海湾海域使用面积的 64.9%）、交通运输用海（17.06%）和围海造地用海（6.50%）。海岸线不仅为沿海城市、工业和码头的建设提供了依托，而且靠近海岸线的浅海区域是重要而脆弱的生态系统，有着珍贵而丰富的自然资源，为海洋经济发展提供了广阔的发展空间。然而，近些年来随着气候变化的加剧和沿海经济发展压力的增大，高强度人类活动对港口资源、水资源、土地资源、旅游资源、海水化学资源及矿产资源的无序、粗放的过度开发利用，使得我国大陆自然岸线比例显著降低、海湾面积减少、泥沙严重淤积、环境恶化和生态系统失衡，海洋生态环境保护形势愈加严峻。

第二节　存在问题

一、无序工程用海造成海湾生态环境破坏严重

近几十年来，围海造地、围湾养殖、港口工程等工程用海加速增长，在创造良好社会经济效益的同时，给海岸带生态环境造成了严重的负面影响。很多地方的大陆海岸线已经发生了变形或缩减，引起海洋环境恶化、生物多样性降低、海岸侵蚀等严重后果，造成累积且不可逆的自然属性改变，最终导致海岸带生态系统功能退化、生产能力下降。据报道，1984—2010 年，环渤海地区人工填海造地面积超过 1 400 km²，在带动经济发展的同时，渤海海域面积缩减了 1.87%；2002—2007 年，我国湿地消失速度从 20 km²/a 增加到 134 km²/a；曹妃甸围填海工程导致周边海域的生态、环境结构功能指数由原来的 100% 衰减为 61.65%；江苏海门滨海新区由于围填海造成的生态系统服务功能价值损失达到 2 878.3 万元，单位面积损失达到 1.87 万元/(hm²·a)。我国大部分的围填海工程均位于海湾内部，大量围填海的直接后果就是岸线经裁弯取直后长度大幅度减少，海岸动态平衡受到破坏。此外，海洋水动力会随着海岸线的变化而变化，填海造地改变了海湾属性，从而改变了水流速和潮汐，导致纳潮量减少，海水物理自净能力降低、水质下降（如 2000—2002 年厦门西港和同安湾海域发生 8 次赤潮，造成巨大经济损失，舟山海域 2002—2007 年填海后水质严重污染且污染面积逐年增加），影响海洋生物索饵、育肥、越冬的洄游。

二、浅海和海湾富营养化严重

随着现代化工农业生产的迅猛发展，沿海地区人口的增多，大量工业废水、生活污水和农田降水径流排入海洋，其中相当一部分未经处理就直接排入海洋，导致近海和海湾富营养化程度日趋严重。《2018 年中国海洋生态环境状况公报》显示，渤海、黄海、东海未达到第 I 类海水水质标准的海域面积分别为 21 560 km²、26 090 km² 和 44 360 km²，劣 IV 类水质海域面积分别为 3 330 km²、1 980 km² 和 22 110 km²，主要超标要素均为无机氮和活性磷酸盐；南海未达到第 I 类海水水质标准的海域面积为 17 780 km²，劣 IV 类水质海域面积为 5 850 km²，主要超标要素为无机氮、活性磷酸盐和石油类。2018 年，面积大于 100 km² 的 44 个海湾中，16 个海湾均出现劣 IV 类水质，主要超标要素为无机氮和活性磷酸盐。2018 年，呈富营养化状态的海域面积共 56 680 km²，其中轻度、中度和重度富营养化海域面积分别为 24 590 km²、17 910 km² 和 14 180 km²（表 5-1）。

表 5-1　2018 年我国富营养化状态海域面积

单位：km²

海区	轻度富营养化	中度富营养化	重庆富营养化	合计
渤海	3 220	660	370	4 250
黄海	9 240	4 630	310	14 180
东海	7 960	10 030	11 740	29 730
南海	4 170	2 590	1 760	8 520
管辖海域	24 590	17 910	14 180	56 680

重度富营养化海域主要集中在辽东湾、渤海湾、长江口、杭州湾、珠江口等近岸海域。伴随富营养化的发展，海洋生态系统呈现生物多样性下降、生物群落结构趋于单一和生态系统趋于不稳定等现象，生物群落结构的改变又影响食物网结构及其能量传递效率，进而破坏其他高营养级生物的群落结构，使生态系统功能明显退化，生物资源显著衰退。监测的海湾生态系统多数呈亚健康状态，个别生态系统呈不健康状态。海湾生态系统不健康状况表现多样，如富营养化，生物体内镉、铅、砷残留水平较高，浮游植物密度偏高和鱼卵、仔鱼密度偏低等。

三、海洋灾害频发

近岸海域富营养化导致我国近岸海域水体缺氧，赤潮、绿潮灾害频发，伴随近海富营养化的不断加剧，也会有更多有害藻类形成藻华，严重缺氧会造成海洋生态系统的崩溃，营养盐污染使我国近海生态系统呈现出退化迹象。除有害藻华和水体缺氧问题之外，水母暴发、渔业资源衰退等生态环境问题也一定程度受到近海富营养化影响。自 20 世纪 90 年代末以来，我国近海的赤潮、绿潮、水母暴发等灾害性生态异常现象频频出现，为我国近海的生态安全敲响了警钟。1999 年渤海海域发生影响面积达 6 000 km² 的大规模赤潮，2000 年至今东海连年发生面积在 10 000 km² 的大规模赤潮，2005 年浙江沿海的米氏凯伦藻赤潮导致大量网箱养殖鱼类的死亡，造成了数千万元的损失。2018 年我国管辖海域共发现赤潮 36 次，累计面积约 1 406 km²，东海发现赤潮次数最多（23 次），累计面积最大（1 107 km²）。2008 年特大规模浒苔绿潮在黄海海域出现，影响海域面积近 30 000 km²，直接经济损失达 13 亿元，对当地渔业生产及滨海旅游等开发活动产生严重影响。2009 年以来，渤海海域连续发生了我国近岸海域罕见的由微微型浮游生物引发的褐潮，该褐潮导致附近海域养殖扇贝生长停滞、死亡率升高，且发生了游泳者过敏的现象。自 20 世纪 90 年代中后期起，我国渤海、黄海南部及东海北部海域连年发生大型水母暴发现象，并有逐年加重的趋势。近些年来的夏秋季，在黄海、东海都出现了大型水母大量暴发的现象，影响了夏秋渔汛的海洋渔业生产，发生在旅游度假区的水母暴发问题还会危害游客的安全。此外，日渐增多的有毒赤潮所产生的藻毒素加剧了贝类等水产品的污染问题，对人类健康和养殖业的持续发展构成了潜在的威胁；近年来，长江口邻近海域底层水体缺氧问题也出现加剧的迹象，20 世纪 90 年代后，夏季缺氧区出现的可能性提高到 90%，并多次观测到大范围的缺氧区。

第三节　科技发展趋势和需求

在浅海和海湾生境修复和生物资源养护技术方面，近年来在海洋生态学和恢复生态学理论的指导下，以物理修复技术和生物修复技术相结合的生态工程技术得到了快速发展。生物修复技术由于经济、灵活、有效和对环境友好，近年来在海洋环境修复中越来越受到青睐。就海湾而言，由于水交换条件的制约，可开发利用的物理净化潜力有限，提高生物净化能力成为一种经济、可行、潜力巨大的途径，是对物理修复和工程技术的必要补充，成为海湾生境修复和生物资源养护的重要手段之一。此外，生物修复技术可以选择经济利用价值高的物种，并通过人工收获和资源化利用实现环境效益和经济效益的双赢（郑玉晗，2018）。近年来，在各级部门推动下，我国已掌握利用微生物、人工湿地、大型海藻、贝类和多毛类等修复浅海和海湾生境的多项生物修复新技术。

一、科技发展趋势

1. 生物修复技术

生物修复技术是指综合运用现代生物技术，利用特定的生物（植物、微生物或其他动物）吸收、转化、清除或降解环境污染物，使环境中的有害污染物通过降解或其他途径得以去除，实现环境净化、生态效应恢复的生物措施。海洋生物修复技术可以是一个受控或自发进行的过程。对海洋生态环境而言，它包括利用藻类、动物（鱼、虾、贝等）和微生物吸收、降解、转化沉积环境和水体中的污染物，使污染物的浓度降低到符合功能的水平，或将有毒有害的污染物转化为无害的物质，也包括将污染物稳定化，以减少其向周边环境的扩散。它与物理修复、化学修复相比，最大的特点是在系统内不引入大量的外来物质，而仅靠生物自身的物质能量起作用，在适宜的条件下用于修复的生物自行繁衍，不需要或极少需要人为施加能量，是一个自发过程。生物修复技术是 20 世纪 80 年代以来出现和发展的清除和治理环境污染的生物工程技术。进入 21 世纪，生物修复技术得到快速的发展，应用领域得到了进一步的拓展，应用理念得到进一步的深化，所取得的效果更加明显，特别是在海洋环境修复中发挥了其他修复技术无法代替的作用。目前，海洋环境修复的研究应用主要集中在如下几个方面：用微生物降解底泥及水中的有害物质（如过量有机物、硫化氢等），延缓海域底质的老化；利用某些大型藻类（如海带、石莼、江蓠等）的光合作用吸收水环境及底质环境中的氮、磷等，降低水域富营养化（姜宏波等，2007；包杰等，2008；林芳，2016）；利用滤食性贝类（如牡蛎、贻贝、蛤仔等）的滤食作用，减少水环境中的有机污染物；利用以摄食底质中沉积性食物为主的动物（如海参、沙蚕等）消化底泥中的有机沉积物，降低底质有机污染；利用某些生物体内金属硫蛋白可以结合重金属污染物的特性，降低底质中的有机物污染和重金属污染等。

2. 现代海洋牧场建设

现代海洋牧场是基于海洋生态系统，利用现代科学技术支撑和运用现代管理科学理念与方法进行管理，最终实现资源丰富、生态良好、食品安全的可持续发展的海洋渔业生产方式（杨红生，2018）。通过现代海洋牧场建设，可以修复和优化海洋生态环境，恢复和增殖渔业资源，促进渔业产业转型升级和一二三产融合发展，转变传统的海洋渔业生产方式，实现生态良好、资源丰富、食品安全的现代海洋渔业生产方式。国际上，日本在海洋牧场建设及相关领域的研究居于国际领先水平，20 世纪 70 年代日本提出海洋牧场的构想，并作为国家事业"海洋牧场计划"推进海洋牧场的建设，每年大规模投入人工鱼礁、藻礁等，改善海域生态环境，恢复生物资源，在人工鱼礁建设、海底藻场（藻林）建造、鱼贝类增殖放流、鱼类行为控制、选择性捕捞渔具开发、渔业海域环境监测与评估等海洋牧场相关技术研究与应用方面走在世界的前列。近年来，日本的海洋牧场研究开始向深水区域拓展，开展了基于营造上升流以提高海域生产力为目的的海底山脉的生态学研究，开展了水深超过 100 m 海域，以诱集和增殖中上层鱼类及洄游性鱼类为主的大型、超大型鱼礁的研发及实践，并取得了良好的效果。韩国于 1998 年开始实施"海洋牧场计划"，该计划尝试通过海洋水产资源补充，形成海洋牧场，通过牧场的利用和管理，实现海洋渔业资源的可持续增长和利用最大化。该计划分别在韩国的东海（日本海）、韩国南部海域（对马海峡）和黄海建立几个大型海洋牧场示范基地，有针对性地开展特有优势品种的培育，在形成系统的技术体系后，逐步推广到韩国的各沿岸海域。1998 年，韩国首先开始建设核心区面积约 20 km² 的统营海洋牧场。经过努力经营，统营海洋牧场的建设于 2007 年 6 月竣工，取得了一定的成效，在统营海洋牧场取得初步成功后正推进建设其他 4 个海洋牧场，并将在统营海洋牧场所取得的经验和成果应用到了其他海洋牧场。结果表明，已建成的统营海洋牧场海区渔业资源量大幅增长，超过 900 t，比项目初期增长了约 8 倍。我国的海洋牧场建设起始于 20 世纪 70 年代末，主要包括建设实验期（1979—2006 年）、建设推进期（2006—2015 年）与建设加速期（2015 年以后）3 个主要阶段。在建设实验期，共投放 28 000 多个人工鱼礁，建立了 23 个人工鱼礁实验点；在建设推进期，投入资金 49.8 亿元，建设鱼礁 6 094 万 m²，形成了海洋牧场 852.6 km²，并发布了《中国水生生物资源养护行动纲要》；在建设加速期，已完成覆盖渤海、黄海、东海与南海四大海域的 86 个国家级海洋牧场示范区建设。目前，我国在海洋牧场生境营造技术、海洋牧场生物资源修复技术、海洋牧场环境-资源综合监测网络和海洋牧场资源管理技术等海洋牧场建设的关键技术方面取得了不同程度的进展，但真正意义上的现代化海洋牧场建设刚刚起步，现代化海洋牧场的科学发展仍面临诸多挑战（陈丕茂等，2019；章守宇等，2019）。

3. 基于生态系统的海洋管理

海洋生态系统如果能够被科学地管理，将能够为人类提供非常重要的生态服务功能。为了更好地协调海洋生态系统保护与海域资源开发利用间的冲突，需要从根本上改进传统的管理实践。近年来一些学者和机构提出的基于生态系统的海洋管理（marine ecosystem - based management，MEBM）理念，MEBM是在对海洋生态系统结构、功能及其动态特征科学认知的基础上，通过识别影响海洋生态系统健康的人类活动，对其进行一体化的综合管理，从而实现保持海洋生态系统健康和海洋资源可持续利用。该方法以科学理解生态系统的关联性、完整性和生物多样性为基础，结合生态系统的动态特征，以海洋生态系统而不是行政范围为管理对象，以达到海域资源的可持续利用为目标，对社会、经济和生态效益进行耦合以达到最大化的管理体系（孟伟庆，2016）。多年来，MEBM已经得到国际海洋学术界和海洋管理部门的普遍关注和认可，美国、加拿大、澳大利亚等国家和欧盟在各自的海洋发展战略中均明确提出应用基于生态系统的方法管理海洋。1998年，澳大利亚颁布了《澳大利亚海洋政策》，专门针对海洋环境保护和管理制定国家级综合规划，该政策的核心内容是倡导通过制定《区域海洋规划》并实施基于生态系统的海洋管理。2002年，欧盟通过了关于在欧洲实施海岸带综合管理的建议，其中提出"用基于生态系统的方法保护海洋环境，保护其整体性和功能，可持续地管理海岸带地区的海洋和陆地自然资源"。2002年，加拿大颁布的《加拿大海洋战略》明确提出基于生态系统的海洋管理和保护措施对于保持海洋生物多样性和生产力的重要意义。2004年，美国颁布的《美国海洋行动计划》将基于生态系统的海洋管理定为21世纪美国海洋管理的基本方法。2005年，美国204位著名学术和政策方面的专家共同发表声明，指出解决美国海洋和海岸带生态系统遇到的各种危机的方法就是用基于生态系统的方法管理海洋。2008年，欧盟制定的《欧盟海洋战略框架指令》指出，采用基于生态系统方法管理人类活动对海洋的利用，确保海洋生态系统及其服务达到良好的环境状况。近年来，随着我国海洋生态文明建设的推进，推出的《生态文明体制改革总体方案》《关于加快生态文明建设的意见》《海洋生态文明建设指导方案》以及海洋生态红线区划和全国海洋主体功能区划等都把生态系统的方法全面融入海洋管理，基于生态系统的海洋管理已经逐渐成为指导我国海洋生态系统的保护和修复的基本理念。

二、科技与产业发展需求

我国四大海域中渤海、黄海及南海均为半封闭海域，海洋生态系统整体上具有明显的地区性和封闭性特征，海洋生物特有种和地方种种类较多，生态系统和生物多样性脆弱性明显，海域极易受到人类开发活动的干扰与破坏。

1. 渤海

渤海是中国的内海，包括辽东湾、渤海湾、莱州湾3个湾和中部海区，海域面积77 000 km²，占我国海域面积的1.63%，平均水深18 m，最大水深85 m，20 m以下水深的海域面积占一半以上。渤海在我国整体生态格局中是连接三大流域和外海的枢纽，上承黄河、辽河、海河三大流域，纳受了辽河、海河、滦河、黄河、小清河等50余条入海河流，河口湿地面积广阔，在我国海洋生态系统中具有重要作用和独特的功能；下接黄海，是北方门户，地缘优势独特；三面环陆，北、西、南三面分别与辽宁、河北和天津、山东三省一市毗邻。渤海沿岸河口浅水区营养盐丰富，饵料生物繁多，是经济鱼、虾、蟹类的产卵场、育幼场和索饵场。渤海中部深水区既是黄渤海经济鱼、虾、蟹类洄游的集散地，又是渤海地方性鱼、虾、蟹类的越冬场，是多种鱼、虾、蟹和贝类繁殖、栖息和生长的良好场所，故有"聚宝盆"之称。

因此，渤海有河口三角洲湿地生态系统、河口生态系统和渤海中部深水区生态系统三大生态系统。环渤海三大城市群生态系统与渤海三大生态系统相互作用，构成了渤海地区的复合生态系统。

渤海是我国重要的生态安全屏障。然而，随着环渤海地区经济社会快速发展，渤海生态环境面临的压力巨大，近岸局部海域污染严重，海洋生态系统功能退化受损，海洋生态灾害频发，海洋环境风险明显增大，海洋生态环境保护形势十分严峻，成为生态环境问题突出的区域之一。据统计，进入渤海的年污水量达 28 亿 t，占全国排污水量的 32%。其中天津市入海污水量有 10 亿～11 亿 t，北京有 3 亿 t。各类污染物质超过 70 万 t，占全国入海污染物质总量的 47.7%，使渤海成为人工纳污池和天然垃圾场。以辽东湾、渤海湾和莱州湾的污染最为严重，三湾的污染量占整个渤海污染总量的 92%。污染物主要有无机氮、无机磷、石油类、耗氧有机物以及重金属。党中央、国务院对渤海综合治理高度重视，习近平总书记多次作出重要指示，要求打好渤海综合治理攻坚战。2018 年 11 月，经国务院同意，生态环境部、国家发展和改革委员会、自然资源部联合印发了《渤海综合治理攻坚战行动计划》，明确了渤海综合治理工作的总体要求、范围与目标、重点任务和保障措施，要求以改善渤海生态环境质量为核心，以突出生态环境问题为主攻方向，坚持陆海统筹、以海定陆，坚持"污染控制、生态保护、风险防范"协同推进，治标与治本相结合，重点突破与全面推进相衔接，科学谋划、多措并举，确保渤海生态环境不再恶化，《渤海综合治理攻坚战行动计划》为打好渤海综合治理攻坚战提出了明确的时间表和路线图（马明辉等，2017）。

2. 黄海

黄海是西太平洋边缘海之一。碧流河、鸭绿江及朝鲜半岛的汉江、大同江、清川江等河流注入黄海，黄海沿岸是我国大型河口和滨海湿地生态系统的分布区，如鸭绿江口湿地、黄河三角洲湿地和苏北浅滩湿地等。河流和河口区湿地饵料生物丰富，浮游生物繁茂，有利于海洋生物的繁衍生息。黄海中南部深水区是黄渤海区主要经济鱼类的越冬场。黄海的生物区系属于北太平洋区东亚亚区，为暖温带性，其中以温带种占优势，但也有一定数量的暖水种。海洋游泳动物中鱼类占主要地位，共约 300 种。主要经济鱼类有小黄鱼、带鱼、鲐、鲅鱼、黄姑鱼、鳓、太平洋鲱、鲳、鳕等。此外，还有金乌贼、枪乌贼等头足类及鲸类中的小鳁鲸、长须鲸和虎鲸。浮游生物，以温带种占优势。其数量一年内出现春、秋两次高峰。海区东南部，夏、秋两季有热带种渗入，带有北太平洋暖温带区系和印度洋-西太平洋热带区系的双重性质。热带种是外来的，并具有显著的季节变化，基本上仍以暖温带浮游生物为主，多为广温性低盐种，种数由北向南逐渐增多。最主要的浮游生物资源是中国毛虾、太平洋磷虾和海蜇等。在黄海沿岸浅水区，底栖动物在数量上占优势的主要是广温性低盐种，基本上属于印度洋-西太平洋区系的暖水性成分。但在黄海冷水团所处的深水区域，则为以北方真蛇尾为代表的北温带冷水种群落所盘踞。因此，从整个海区来看，底栖动物区系具有较明显的暖温带特点，资源十分丰富，可供食用的种类最重要的是软体动物和甲壳类。经济贝类资源主要有牡蛎、贻贝、蚶、蛤、扇贝和鲍等。经济虾、蟹资源有对虾（中国对虾）、鹰爪虾、新对虾、褐虾和三疣梭子蟹。棘皮动物刺参的产量也较大。黄海的底栖植物可划分为东、西两部分，也以暖温带种为主。西部冬、春季出现个别亚寒带优势种；夏、秋季还出现一些热带性优势种。底栖植物资源主要是海带、紫菜和石花菜等。黄海生物种类多，数量也大，形成了烟威、石岛、海州湾、连青石、吕泗和大沙等良好的渔场。

近年来，随着黄海沿岸国家人口的增加和经济的快速发展，海水污染、渔业过度捕捞和海洋、海岸工程等人为活动对环境的影响不断加剧，引起了生物资源衰退和生物多样性下降等一系列问题，使黄海大海洋生态系统的稳定和海洋资源的可持续利用面临着巨大威胁。黄海中北部主要排海污染物总磷、生化需氧量和悬浮物的达标比例分别为84%、78%和75%。黄海中北部有85%的重点排污口邻近海域环境质量不能满足周边海洋功能区环境质量要求。据不完全统计，青岛胶州湾潮间带底栖生物由20世纪60年代的120种减少至目前的20种左右。在中国近海生物区系中，黄海中央的冷水底栖生物群落最为独特，但近50年来其生物群落组成和分布已发生显著变化，处于衰退中。在黄海，捕捞鱼种的平均体长由20世纪70年代的20 cm以上降低至目前的10 cm左右。黄海处于人口密度大、高度城市化和工业化的浅海区域，多年的开发使得海洋生态系统破坏严重，对其进行可持续性管理和利用迫在眉睫。

3. 南海

南海地处亚洲大陆南部的热带和亚热带区域，该海域自然海域面积约350万 km²，其中中国领海总面积约210万 km²，为中国近海中面积最大、水最深的海区，平均水深1 212 m，最大深度5 559 m（中国科学院地理科学与资源研究所，2019）。南海是我国海洋生态系统类型最为多样的海区，近岸具有红树林、珊瑚礁、滨海湿地、海草床、海岛、海湾、入海河口等典型海洋生态系统，海洋生物资源和物种多样性最丰富。南海西沙群岛、南沙群岛和中沙群岛海域的鱼类属于印度洋-太平洋热带动物区系，分为底栖鱼类、潮间带鱼类、礁盘游泳鱼类和大洋性鱼类，以珊瑚礁鱼类和热带大洋性鱼类占绝大多数，约占总种数的90%，是中国海洋鱼类区系的重要组成部分（李永振等，2011）。南海西沙群岛、南沙群岛和中沙群岛海域约有2 000种鱼类，其中经济鱼类约800种，居中国四大海区之首。南海分布着全球50多种海草中的20多种，南海鱼类、虾蟹类、软体动物、棘皮动物的种类数量分别占全国的67%、80%、75%和76%。南海是我国海洋珍稀物种分布最多的海域，有中华白海豚、儒艮、绿海龟、棱皮龟、玳瑁、文昌鱼、鲎、鹦鹉螺、虎斑宝贝、唐冠螺、大砗磲、大珠母贝等多种珍稀濒危物种。南海是我国最大的海域，地理位置特殊，蕴藏着丰富的生物和矿产资源，对于我国海洋经济的发展和国家安全有着重大意义。随着南海周边地区经济的发展和人口的膨胀，人类对南海开发利用的广度和深度也随之加大，频繁的人类活动带来的海洋资源过度开发、海洋环境污染、典型海洋生态系统和重要保护物种栖息地受损及海洋生态灾害频发等给南海海洋生态环境造成了较大的影响，海洋生态安全形势日趋严峻（Morton et al.，2001）。

南海区海水环境质量状况总体良好，主要河口海洋沉积物质量状况维持稳定。近岸以外海域均为清洁海域，近岸局部海域污染依然严重，陆源入海排污口达标排放次数比率约占60%，夏季严重污染海域面积达7 940 km²，主要在珠江口、韩江口和湛江港海域。近岸海域主要污染要素为无机氮、活性磷酸盐和石油类。因此，需加强对重要海域陆源污染物排海总量的控制。南海开放式养殖海域环境质量状况总体较好，污染物超标的养殖海域多为河口海域，其污染物质主要来自陆源的径流输入。投饵型海水养殖，尤其是大规模集中连片普通网箱养殖和池塘养殖会带来较多的富营养化物质，进而污染海洋。因此，这种污染需要通过推动海水养殖产业结构调整和转型升级进行有效控制，如升级沿岸港湾区的普通网箱养殖、发展深水网箱养殖、加强池塘养殖标准化改造、养殖尾水处理设施建设、发展生态养殖等方式，同时，还要加强养殖生态环境的长期跟踪监测与评价工作。

4. 东海

东海具有我国最大的河口生态系统——长江口生态系统，是我国海湾生态系统的集中分布区，长江、钱塘江、闽江等江河流入东海。东海渔业资源丰富，渔业资源种类数量达 800余种，有我国最优良的大陆架渔场——闽南-台湾浅滩渔场和舟山渔场等著名渔场，捕捞量占全国海洋渔业捕捞总产量的 50％左右。2016 年，中央财政对开展蓝色海湾综合整治行动的示范城市给予海岛和海域保护资金奖补支持，东海区 5 个城市的蓝色海湾整治工程获中央财政资金支持，共涉及舟山市滨海及海岛生态环境提升工程、宁波象山港梅山湾综合治理工程、温州沙滩整治修复和生态廊道建设项目、平潭大屿生态岛礁建设项目、厦门市海沧湾岸线整治工程等 13 个子项目。目前东海区海湾生态修复主要有以下几种方式：

① 来自陆地的有机质和营养盐随着地表径流大量入海，是造成沿岸海域富营养化的主要原因。因此，通过对入海河流面源污染的控制，达到对环湾入海河流和其他陆源污染的综合治理，减少入海污染物总量，保障和提升海湾环境基础。

② 通过逐渐拆除占用海域的养殖池和围堤等障碍物，恢复和保护自然岸线，恢复海湾的纳潮量，增加海水交换率，改善海湾自净能力和生态功能。

③ 以改善单个生境与生态系统为目标，开展受损海湾湿地、岸线、沙滩及周围海域等修复工作，对海湾珍稀濒危动植物栖息地进行生态保育，恢复海湾生态系统的服务功能。

④ 通过对经济鱼类进行人工增殖放流，以提高资源产量，放流物种包括鱼、虾、贝和蟹。例如，长江口中华绒螯蟹生态保护区的建设、三沙湾大黄鱼的增殖放流、象山港虾和黄姑鱼的增殖放流都取得了明显的生态修复效果。

⑤ 通过建设人工鱼礁，以提供更多的生物栖息场所。制作人工鱼礁的材料多种多样，包括石头块、加固的混凝土模块、牡蛎壳、钢铁或木船的废弃材料等，其中加固的混凝土结构较为常用，约 68％的人工鱼礁使用了加固的混凝土模块。例如，2004 年的长江口牡蛎礁恢复工程建立了我国第一个人工牡蛎礁系统，面积约 14.5 km²，为该海域生物提供了多样化的栖息场所（全为民，2017）。

⑥ 综合渔业资源增殖放流、人工鱼礁建设和藻类移植等多种方式，建设海洋牧场。例如，旧山岛的海洋牧场（鲍、海参、海藻混养）不仅取得了经济效益，而且为该海域建立了一个良好的海洋生态群落。另外，还有一些其他的方式，例如筑堤防护、移除养殖场和种植海藻（海草）。

尽管如此，东海区海湾生态修复的研究发展依然面临较多的挑战，包括相关重要科学问题的解答、生态修复技术的创新、长期监测系统和综合评价体系的建立、管理体系的完善等。需要加强海湾生态系统退化过程中，其退化程度的诊断与分析方法、退化的机制及其动态过程的系统研究，海湾生态系统与陆域生态系统的相互关系的研究；以及海洋生态系统退化过程中，其对周围海域水文环境的影响机制及海湾生态修复对修复海湾的调控机制的研究等。

第四节　创新发展思路与重点方向

我国浅海和海湾生态系统为沿海居民提供了自然资源和生存环境的基本服务功能，有效缓解了我国经济社会发展的巨大压力，有力支撑了海洋经济的高速发展，是国家经济社会发展的重要基础和保障。目前，浅海和海湾生态系统在支撑沿海及海洋经济发展的同时，承受着巨大的生态破坏和陆源污染压力，局部热点区域生态受损严重，可持续发展能力明显下降。浅海和海湾生态的保护和修复对保障国家海洋生态安全、缓解资源环境约束、改善生产生活质量、维护和保障经济社会健康持续发展具有至关重要的作用。

一、创新发展思路

1. 加快推进近海环境综合治理修复

根据我国近海生态系统的现状和特点，重点围绕海洋生物多样性保护、海洋生态系统修复、建设海洋生态文明等方面开展近海环境综合治理和系统修复。继续推进蓝色海湾综合治理、生态岛礁保护修复等重大生态修复工程，重点整治辽东湾、渤海湾、莱州湾、江苏沿岸、杭州湾、浙江沿岸等近岸污染海域。针对各海域环境问题的特点，合理设计综合治理方案，管理措施与工程措施并举，生态系统自然修复与人工修复技术相结合，在围填海工程较为集中的渤海湾、江苏沿海、珠江三角洲、北部湾等区域，实施生态修复工程。依据《养殖水域滩涂规划》，依法科学划定养殖区、限制养殖区和禁止养殖区；完善水产养殖基础设施，推进水产养殖池塘标准化改造，鼓励开展离岸养殖，推广深水抗风浪养殖网箱。发展水产健康养殖，推进健康养殖示范创建活动，加强养殖投入品管理。

2. 科学推进现代海洋牧场建设

习近平总书记在海南和山东两次提到要发展现代化海洋牧场。2017年中央1号文件提出"发展现代化海洋牧场"，2018年中央1号文件又明确"建设现代化海洋牧场"，2019年中央1号文件再强调"推进海洋牧场建设"，说明党中央、国务院都非常重视发展现代化海洋牧场。截至2018年12月，我国已完成覆盖渤海、黄海、东海与南海四大海域的86个国家级海洋牧场示范区的建设，《国家级海洋牧场示范区建设规划（2017—2025）》（修订版）指出，到2025年，在全国创建区域代表性强、生态功能突出、具有典型示范和辐射带动作用的国家级海洋牧场示范区200个。从总体上看，经过几十年的发展，在辽宁、山东、浙江、广东等沿海省份，海洋牧场已经实现规模化产出，但现阶段我国海洋牧场建设总体上仍处在人工鱼礁建设和增殖放流的初级阶段，现代化水平较低。基于我国海域的南北差异，应当因地制宜科学开展现代海洋牧场建设。在北方，综合运用建设人工鱼礁、海藻（草）床、牡蛎礁等生境修复手段，同时适当探索海洋牧场与海上风电的融合发展（李磊等，2019）；在南方，选择基础设施条件较好的海域，以发展海洋休闲旅游业为目标，综合珊瑚礁生态系统保护、集鱼型人工鱼礁建设和景观型人工鱼礁建设等手段建设海洋牧场。

3. 发展多营养层次的综合养殖

随着人们对无序的海水养殖所引起的自身污染等环境问题的日益关注，一种基于生态系统水平管理的可持续发展的海水养殖模式——多营养层次综合养殖（integrated multi-trophic aquaculture，IMTA）成为国际上学者们大力推行的养殖理念，这种养殖模式的理论基础在于：由不同营养级生物组成的综合养殖系统中，投饵性养殖单元（如鱼、虾类）产生的残饵、粪便、营养盐等有机或无机物质成为其他类型养殖单元（如滤食性贝类、大型藻类、腐食性生物）的食物或营养物质来源，将系统内多余的营养物质转化到养殖生物体内，达到系统内营养物质的有效循环利用，在减轻养殖对环境的压力的同时，提高养殖品种的多样性和经济效益，促进养殖产业的可持续发展。近年来，该养殖模式已经在世界多个国家（中国、加拿大、智利、南非、挪威、美国、新西兰等）广泛实践，结果表明，该养殖模式在促进养殖产品持续高产、减轻养殖环境压力、提高养殖系统循环利用效率等方面具有显著的积极作用。在我国，综合水产养殖有悠久的历史，明末清初兴起的"桑基鱼塘"是一种早期、有效的综合养殖方式。现代中国水产养殖业的发展极大地推动了综合养殖方式的新探索，特别是始于 20 世纪 90 年代中期的对于海水养殖系统的养殖容量的研究，使多种形式的多元养殖普遍应用于生产实践。根据研究水域的生态环境条件和养殖种类的生物学特性及生态习性，基于养殖容量的研究结果，我国在山东、辽宁、广东等海域构建并实施了多种形式的海水养殖可持续生产模式，包括贝-藻、鲍-参-海带、鱼-贝-藻多营养层次综合养殖模式和海草床海区海珍品多营养层次的底播增养殖模式等，结果表明，在有限的养殖近海资源条件下，IMTA模式通过协调种间关系可以实现系统内物质和能量的高效循环利用，提高单位面积的养殖容纳量和食物产出效率，且系统自身具备非常稳定的养殖营养层级结构，能够有效缓解近海养殖生态系统的压力，是在生态系统水平应对近海多重压力胁迫的适应性管理对策，这种模式为探索、发展"高效、优质、生态、健康、安全"的环境友好型海水养殖业提供了理论依据和发展模式，引领了世界海水养殖业可持续发展的方向。应基于不同海域的产业特点、不同类型养殖生物功能群的生物学和生态学特点，科学构建适宜于当地环境特点的多营养层次综合养殖模式。

二、重点方向

1. 渤海

根据渤海的渔业资源和生态环境特点，以辽东湾、渤海湾、莱州湾和秦皇岛外海为重点，建立以人工鱼礁为载体、底播增殖为手段、增殖放流为补充的海洋牧场示范区；开展水产种质资源保护区、自然保护区、濒危物种保护区建设，保护重要水产种质资源和珍稀濒危物种；建立渤海渔业生态修复核心技术研发中心，完善渤海生物资源养护、监测和评价体系；以辽东湾顶部海域、普兰店湾、莱州湾为重点，研究制定地方海水养殖污染控制方案，推进沿海县（市、区）海水池塘和工厂化养殖升级改造；严格执行伏季休渔制度，并根据渤海渔业资源调查评估状况，适当调整休渔期，逐步恢复渔业资源；实施最严格的围填海管控，除国家重大战略项目外，禁止审批新增围填海项目，对合法合规围填海项目闲置用地进行科学规划；按照"一湾一策、一口一策"的要求，加快河口海湾整治修复工程；强化渤海岸线保护，对岸线周边生态空间实施严格的用途管制措施，统筹岸线、海域、土地利用与管理。

2. 黄海

以黄海北部、山东半岛近岸和海州湾为重点，开展碳汇型海洋生态牧场建设，重点开展增殖型人工鱼礁群建设，在适宜区域投放各型鱼礁，发挥规模效应，修复传统渔场；开展海藻场和海草床建设，为鱼类的繁殖和生长营造良好的栖息环境；开展水产种质资源保护区建设，保护重要水产种质资源；建立黄海渔业生态修复核心技术研发中心，完善黄海生物资源养护、监测和评价体系；优化水产养殖生产布局，按照禁止养殖区、限制养殖区和生态红线区的管控要求，规范近海海水养殖，建立以贝藻养殖为主的多营养层次综合养殖示范区并应用推广；加强河口海湾综合整治修复，构建陆海统筹的责任分工和协调机制，因地制宜开展河口海湾综合整治修复。

3. 南海

以粤东、粤西、海南岛和北部湾近岸海域为重点，依托南海北部近岸已建成的资源修复型人工鱼礁区，着重开展海洋牧场建设及其多功能生态目标提升示范工程建设；针对受损自然岸线和人工岸线，开展生态岸线修复与建设，因地制宜进行藻礁岸线（凌晶宇，2015）、贝礁岸线和海草床建设，提升岸线生态功能，为鱼类的繁育和生长营造良好的栖息环境；开展珊瑚礁渔业生态修复工程，恢复生物多样性，重塑珊瑚礁海底雨林渔业生态服务功能；开展水产种质资源保护区规划与建设，大力推进水生野生濒危物种保护行动，切实保护水产种质资源和珍稀濒危物种；建立南海渔业生态修复与评价技术研发中心，完善南海生物资源养护及渔业生态环境监测和评价体系。

4. 东海

以长江口邻近海域、舟山群岛、福建近岸水域和天然海湾为重点，开展综合型海洋牧场建设，修复传统作业渔场的资源和环境（王云龙等，2019）；通过对东海区典型涉渔工程建设项目的调查，分析、评估涉渔工程建设对海洋生态环境影响，提出科学、实用的影响减缓措施，落实相关生态补偿政策；构建人工牡蛎礁，发挥礁体在净化水体、提供栖息生境、促进渔业生产、保护生物多样性等方面的功能；重点开展羊栖菜、马尾藻、鼠尾藻等海藻场建设，修复近岸水域生态系统、防止有害赤潮发生，为鱼类的繁殖和生长营造良好的栖息生境（吴海一等，2010；何平等，2011；陈亮然等，2015）；构建结构合理的立体养殖模式，充分发挥海带和龙须菜等东海区主要养殖大型藻类对营养盐、牡蛎等滤食性贝类对有机颗粒物的去除功能；在东海区特定区域内开展红树林修复，恢复区域生境质量，提高区域初级和次级生产能力；建立水产种质资源保护区、自然保护区，开展濒危物种保护、水生生物资源保护；建立东海渔业生态修复核心技术研发中心，完善东海生物资源养护、监测和评价体系。

第五节 保障措施与政策建议

一、加强对浅海与海湾生态修复科技创新主体的政策支持

建立生态修复投入长期增长机制，保证国家对生态修复科研的稳定投入，特别是对长期性和基础性的科研工作的稳定支持。进一步加大课题经费的支持力度，向支持产学研结合的方向倾斜；对长期性、战略性的产学研合作，国家科技计划给予重点支持；设立产学研结合开发专项计划或基金，支持大学和科研机构的技术成果向企业尤其是中小企业转移。改善生态修复科技投入结构，提高固定性经费拨款比例。

二、促进创新要素集聚，完善人才培养体制

强化研究平台建设、人才培养、国内外学术交流合作等项目，努力争取多边和双边国际科技合作项目和国际科技交流项目，创造并增加学科参与国内外重要学术活动的机会，提高国际竞争力。建立国家生态修复科技人才基金，重点引进和培养杰出的将帅人才，改变目前生态修复科研杰出将帅人才严重不足的局面。

三、鼓励科研院所和高等院校的科技力量主动服务企业

加大大专院校及科研院所为海水养殖企业培养人才、向企业开放的改革力度，充分调动

企业创新主体的积极性，促进科研与产业紧密结合，推动水产养殖绿色发展和生态修复技术研发。支持研究开发类科研院所与企业研发中心联合研发技术、开发产品，加快技术成果向企业转移，促进人才向企业流动。提升大专院校及科研院所的人才培养、技术转移、专业咨询等专业服务能力，加大为国家、区域和行业发展服务的力度，探索和总结大专院校及科研院所服务自主创新的新机制和新模式。

参考文献

包杰，田相利，董双林，等，2008. 温度、盐度和光照强度对鼠尾藻氮、磷吸收的影响 [J]. 中国水产科学（2）：293-300.

陈亮然，章守宇，陈彦，等，2015. 枸杞岛马尾藻场铜藻的生命史与形态特征 [J]. 水产学报（8）：133-144.

陈丕茂，舒黎明，袁华荣，等，2019. 国内外海洋牧场发展历程与定义分类概述 [J]. 水产学报，43（9）：1851-1869.

何平，许伟定，王丽梅，2011. 鼠尾藻研究现状及发展趋势 [J]. 上海海洋大学学报，20（3）：363-367.

姜宏波，田相利，董双林，等，2007. 不同营养盐因子对鼠尾藻氮、磷吸收速率的影响 [J]. 中国海洋大学学报（自然科学版），37（S1）：175-180.

李磊，陈栋，彭建新，等，2019. 不同人工鱼礁模型对黑棘鲷、中国花鲈和大黄鱼的诱集效果比较 [J]. 大连海洋大学学报，34（3）：413-418.

李永振，史赟荣，艾红，等，2011. 南海珊瑚礁海域鱼类分类多样性大尺度分布格局 [J]. 中国水产科学，18（3）：619-628.

林芳，2016. 大型海藻生理生化特性对营养盐和水流交换的响应 [D]. 杭州：浙江大学.

凌晶宇，2015. 大型海藻在人工藻礁建设中的应用及对相关海藻生物学特性的研究 [D]. 上海：上海海洋大学.

马明辉，兰冬东，2017. 渤海海洋生态环境状况及对策建议 [N]. 中国海洋报，2017-08-16（2）.

孟伟庆，胡蓓蓓，刘百桥，等，2016. 基于生态系统的海洋管理：概念、原则、框架与实践途径 [J]. 地球科学进展，31（5）：461-470.

全为民，冯美，周振兴，等，2017. 江苏海门蛎岈山牡蛎礁恢复工程的生态评估 [J]. 生态学报，37（5）：1709-1718.

王云龙，李圣法，姜亚洲，等，2019. 象山港海洋牧场建设与生物资源的增殖养护技术 [J]. 水产学报，43（9）：1972-1980.

吴海一，詹冬梅，刘洪军，等，2010. 鼠尾藻对重金属锌、镉富集及排放作用的研究 [J]. 海洋科学，34（1）：69-74.

杨红生，章守宇，张秀梅，等，2019. 中国现代化海洋牧场建设的战略思考 [J]. 水产学报，43（4）：1255-1262.

章守宇，刘书荣，周曦杰，等，2019. 大型海藻生境的生态功能及其在海洋牧场应用中的探讨 [J]. 水产学报，43（9）：2004-2014.

郑玉晗，2018. 大型海藻养殖区域的遥感监测及其环境效益评估 [D]. 杭州：浙江大学.

Morton B，Blackmore G，2001. South China Sea [J]. Marine Pollution Bulletin，42：1236-1263.

（蒋增杰　房景辉　周　进　黄洪辉）

第六章

CHAPTER 6

岛礁渔业水域生态修复

第一节 概 述

一、岛礁资源状况

我国海域辽阔,岛礁众多。在我国主要管辖的300多万km²的海域中,分布着万余个岛礁,岛礁陆域总面积近8万km²。各个岛礁的面积大小不一:大的数万平方千米,如台湾岛和海南岛,分别约为3.6万km²和3.4万km²;1 000多km²的海岛有崇明岛;200~500 km²的有舟山岛、东海岛、海坛岛、东山岛;100~200 km²的有玉环岛、上川岛、厦门岛、金门岛等9个;50~100 km²的有六横岛、金塘岛等14个;20~50 km²的有石城岛、桃花岛等20多个;10~20 km²的有南长岛、湄洲岛等30多个;5~10 km²的有大鱼山岛、大万山岛等几十个;陆域面积在5 km²以下的占中国海岛的绝大部分。我国岛礁分布在沿海14个省(自治区、直辖市、特别行政区),49个副省级和地级市,168个县(市、区)。全国有居民海岛500余个,无居民海岛近万个。我国海岛分布范围南北跨越38个纬度,东西跨越17个经度,最北端的是辽宁省锦州市的小石山礁,最南端的是海南省南沙群岛的曾母暗沙,最东端的是台湾宜兰县的赤尾屿,最西端的是广西壮族自治区东兴市的独墩。大部分海岛分布在沿岸海域,距离大陆岸线小于10 km的海岛占海岛总数的66%以上;距离大陆岸线大于100 km的远岸海岛约占5%(王明舜,2009;中国海岛志,2013)。

海岛按成因可分为大陆岛、海洋岛和冲积岛。大陆岛是大陆地块延伸到海底并露出海面而形成的海岛。大陆岛历史上是大陆的一部分,是由地壳运动引起陆地下沉或海面上升,部分陆地与大陆分离而形成的岛屿,地质构造同大陆相似或相联系。大陆岛一般靠近大陆,地势较高,面积较大。海洋岛又称大洋岛,是指在地质构造上与大陆没有直接联系,从海底上升露出海面的岛屿。海洋岛又分为火山岛和珊瑚岛。火山岛主要是由海底火山爆发出来的熔岩物质堆积形成的,一般面积不大,海拔较高,山岭高峻,形势险要。火山岛主要分布在太平洋中部和西部、印度洋西部及大西洋东部。珊瑚岛是由珊瑚虫遗体堆积而形成的岛屿,一般面积较小,地势低平,结构较复杂。珊瑚礁有三种类型:岸礁、堡礁和环礁。冲积岛又称堆积岛,集中在江河入海口处,是由江河冲积物堆积而成的岛屿,地势低平。中国的第三大岛——崇明岛就是典型的冲积岛,所在的地方曾经是长江口外的浅海,由长江携带泥沙日积月累逐渐在此堆积形成,现仍在不断向北扩大。中国绝大多数海岛都属于大陆岛,约占海岛总数的93%;冲积岛次之,占4%左右,主要分布在渤海和一些大河河口;珊瑚岛数量较少,占2.5%,主要分布在台湾海峡以南海域;火山岛最少,主要分布在台湾岛周边,包括钓鱼岛及其附属岛屿。从海岛分布形态来看,多呈链状或群状分布,大多数以列岛或群岛形式出现,如舟山群岛、长山群岛、庙岛群岛、南日群岛、万山群岛、西沙群岛、南沙群岛、韭山列岛、鱼山列岛、礼是列岛、澎湖列岛、中央列岛等。按物质的组成可以分为基岩岛、沙泥岛和珊瑚岛三大类；按面积的大小可分为特大岛、大岛、中岛和小岛四类；按所处位置可分为河口岛和湾内岛两类；按有无常人居住可分为有人岛和无人岛两类（王明舜，2009）。

从各海区的海岛分布来看，东海海岛数量最多，约占 66%，仅浙江沿海就有 3 000 多个，而且分布比较集中。大岛、群岛也较多，并沿近海分布，如台湾岛、崇明岛、海坛岛、东山岛、金门岛、厦门岛、玉环岛、洞头岛等大岛和舟山群岛、南日群岛、澎湖列岛等群岛。只有钓鱼岛、赤尾屿等几个小岛分布于东海东部。南海海岛数量次之，约占 25%，其中绝大部分靠近大陆，主要大岛和群岛有海南岛、东海岛、上川岛、下川岛、大濠岛、香港岛、海陵岛、南澳岛、涠洲岛和万山群岛，只有属于珊瑚岛群的南海诸岛远离祖国大陆。黄海海岛数量居第三位，只有 500 多个，主要分布于黄海北部、中部的中国大陆一侧和渤海海峡，多为陆域面积在 30 km² 以下的小岛，并主要以群岛形式分布。渤海最少，只在沿岸有零星的分布，面积更小，主要有菊花岛、石臼坨、桑岛。分布格局上，在山地、丘陵海岸及河口附近较多，在平原海岸外很少有岛屿存在。从各省（自治区、直辖市、特别行政区）海岛分布来看，浙江海岛数量最多，约占全国海岛总数的 41%；其次为福建，约占 21%；往下依次为广东、广西、山东、辽宁、海南、台湾、香港、河北、江苏、上海、澳门、天津（王明舜，2009；中国海岛志，2013）（表 6-1）。

表 6-1　中国海岛在沿海各省份分布情况

（王明舜，2009）

地区	海岛总数	有人居住海岛数	海岛陆域面积（km²）	岸线长（km）
辽宁	265	31	191.54	686.7
河北	132	2	8.43	199.09
天津	1	0	0.015	0.56
山东	326	35	136.31	686.23
江苏	17	6	36.46	67.76
上海	13	3	1 276.19	356.13
浙江	3 061	189	1 940.39	2 492.73
福建	1 546	102	1 400.13	2 804.3
广东	759	44	1 599.93	2 416.15
广西	651	9	67.1	860.9
海南	231	12	48.73	309.05
台湾	224	—	247	—
香港	183	—	311.5	—
澳门	3	3	23.5	—
全国	7 412	436	7 287.225	10 879.6

注：1. 除台湾以外，其他各省份海岛的数量统计中，海岛面积均在 500 m² 以上。2. 有人居住岛的总数量不包括台湾和香港。3. 海岛陆地面积总数中不包括台湾本岛。4. 岸线长度统计中不包括台湾、香港和澳门。

我国海岛非金属矿产资源相对丰富，特别是建筑材料矿产资源分布广，储量大，主要分布在广西、广东、海南、福建、浙江和河北等省份的海岛，其中，海南岛、福建省的海坛岛和东山岛、河北省的曹妃甸诸岛等海岛的矿产资源占有重要位置，优势矿种是型砂、标准砂、玻璃砂、建筑砂、钛铁矿，石油、天然气、煤炭、花岗岩、黏土等（冀渊一，2006）。

我国海岛植被资源丰富，森林类型主要有黑松林、油松林、刺槐林、栎树林、水杉林、榆树林、香樟林、马尾松林、相思树林、桉树林、椰林和红树林等。其中红树林是重要的海岛资源，我国海岛共有红树和半红树植物 27 种，占地面积约 2 440 hm²，多分布于海南省，其次是广西、广东、福建、浙江和台湾等省份。海岛药用植物共有 1 000 多种，其中数量较多，并被普遍应用的有 200 种左右，广泛分布于海岛上。在我国海岛植物中，已被列入国家级保护的珍稀濒危植物共有 29 种，其中属国家一级保护的植物有 2 种，即橄榄树和金花茶，均分布在广西；属国家二级保护的植物有 9 种；属国家三级保护的植物有 18 种（冀渊一，2006；王明舜，2009）。岛礁动物资源主要包括珊瑚类、两栖类、爬行类、海鸟类和哺乳类。中国珊瑚礁主要分布在南海诸岛海域和海南、广东、广西、福建、台湾等近岸海域。我国岛礁珊瑚种类有 400 多种，大部分是造礁石珊瑚。珊瑚礁构造中的众多孔洞和裂隙，为习性相异的生物提供了各种生境，为之创造了栖居、藏身、繁育、索饵的有利条件。如超过 1/4 的海洋鱼类种类栖息在珊瑚礁区，构成生物资源的富集地，珊瑚还可用于分离提取有天然活性物质的药物。海岛上的动物以鸟类居多，约有 400 种，个体数量也较多，其中 80% 以上为候鸟和旅鸟，留鸟较少（冀渊一，2006；傅秀梅等，2009）。

二、岛礁渔业概况

我国海岛周边 2 海里内的海域总面积约为 533.88 万 hm²，海岛海域确权用海数据分析得出：我国海岛海域确权用海总面积约为 34.43 万 hm²，其中渔业用海总面积约为 9.52 万 hm²，占全国海岛海域确权用海总面积的 27.65%。我国海岛海域渔业用海利用结构中，主要以开放式养殖为主，其占海岛海域渔业用海面积的 75.82%，而围海养殖用海面积占海岛海域渔业用海面积的 20%（张云等，2014）。海岛大部分紧靠大陆，适宜增养殖的浅海滩涂面积广阔，可供开发利用的大约有 900 km²。这些浅海滩涂极适宜不同种类的鱼、虾、蟹、贝、藻等的增养殖。我国海岛浅海滩涂集中分布在浙江、福建和广东三省，其中以舟山岛群、玉环岛群、洞头岛群、东山岛群、海坛岛群、东海岛群、淇澳岛群、海陵岛群等滩涂较多，发展岛群海水养殖的条件良好。例如，福建省的闽江口至东山岛海域潮间带生物多达614 种，其中生物种类最多的是南日岛，多达 307 种，有经济价值的种类为 150 多种。目前，在海岛周围的浅海滩涂进行大规模养殖的种类主要有牡蛎、泥蚶、蛤仔、竹蛏和海带、紫菜、中国对虾、长毛对虾、日本对虾、石斑鱼、鲈、鲷等。发展海水养殖业的先决条件是繁育苗种，广东、浙江、山东、辽宁等省份人工育苗技术发展很快，一些海岛已经形成了大面积自然海域苗种采集场，辽宁省的海洋岛、大长山岛和獐子岛周围海域建成了扇贝、牡蛎、魁蚶等自然海区采苗场，1991 年采苗 40 亿枚，经济收入近千万元（冀渊一，2006）。

渔业资源是岛礁生态系统最为重要的资源，与人类的生活息息相关。主要有：

① 鱼类资源。大体可分以下 4 种生态类型：a. 洄游性鱼类，是中国传统的高经济价值的种类，如大黄鱼、带鱼、鲥、鳗等；b. 近岸性鱼类，一生栖息于海岛近岸浅海水域，如鳀、沙丁鱼等；c. 河口性鱼类，常年栖息于河口附近的浅海水域，如鲈、梭鱼、黄姑鱼等；d. 岩礁性和底栖性鱼类，栖息于岛礁周围或海底，如真鲷、石斑鱼、鳎类等。在中国近岛海域中，鱼的种类较多，组成复杂，资源相当丰富。

② 海珍品资源。中国众多海岛及其周围岩礁区，是诸多海珍品生物生长、繁殖的优良场所，近岛海域中的海珍品种类繁多，资源相当丰富，仅海参类就有 22 种，鲍类 5 种，龙虾类 5 种，还有马蹄螺、扇贝类等。

③ 其他虾、蟹、贝、藻等资源。虾类有对虾、毛虾等；蟹类以梭蟹为主；贝类有贻贝、牡蛎、蛤蜊、螺等。此外，还有经济藻类和药用水产资源，如紫菜、海带、石花菜、鹿角菜和章鱼等（王明舜，2009）。

对远海的南海西沙群岛、中沙群岛和南沙群岛的渔业资源进行分析。据估计，20 世纪80 年代末期，在南沙群岛岛礁水域的渔获量为：中国台湾 20～50 t（贝类）、中国香港 20～50 t（鲹科鱼类为主）、菲律宾 370～380 t（梅鲷科为主）（陈国宝等，2005）。而广东和海南两省在南沙群岛岛礁水域作业的渔获量从 1991 年的 1 385 t 发展到 1999 年的 5 317 t。根据初级生产力估算，南沙群岛大陆架以外水域的潜在渔获量为 21 万～35 万 t，西沙渔场的潜在渔获量为 23 万～34 万 t。目前西沙群岛、中沙群岛附近海域已进行了开发，而南沙群岛岛礁渔业作业的水域面积仅约 1.68 万 km²，不超过可作业水域面积的 65%，主要是广东、广西、海南三省（自治区）及港澳流动渔船前往作业（陈国宝等，2005）。南海众多岛礁海域珊瑚礁区域广阔，各种珊瑚礁鱼类、大型石斑鱼、鲷科鱼类资源十分丰富，东沙群岛、西沙群岛和中沙群岛、南沙群岛分别记录鱼类 514 种、632 种和 548 种（李永振，2010）。据估算，南沙群岛岛礁水域鱼类的年生产量不低于 2.1 t/km²，以年生产量的 50% 估算，潜在渔获量不少于 5.5 万 t（李永振等，2004）。南海的海参资源也很丰富，据统计，分布于南海岛礁海域的可食用海参种类有 24 种，资源量较大的包括梅花参、玉足海参、图纹白尼参、蛇目白尼参、黑海参等，其中，又以黑乳参、糙海参、梅花参、花刺参、图纹白尼参、乌皱辐肛参和白底辐肛参经济价值较高（王红勇，2006），资源开发潜力巨大。除此之外，重要的资源种类还包括砗磲等各种贝类以及甲壳类等。

三、岛礁的生态功能

（一）岛礁生产力极高，是海洋渔业资源的重要发源地

我国岛礁众多，在我国主张管辖的 300 多万 km² 的海域中，分布着 11 000 多个岛礁，岛礁陆域总面积近 8 万 km²。岛礁由于能够形成天然的上升流渔场，是海洋初级生产力和生物多样性极高的生态系统，不仅是礁栖鱼类终年依赖的关键生境，也是各种洄游性鱼类幼鱼趋于季节性集中利用的重要栖息地，是我国重要渔业生物种质资源的天然宝库，对维系岛礁渔业物种多样性和保护重要渔业资源群体具有十分重要的生态作用。岛礁为大洋和深海渔业生物提供了天然的产卵场、孵育场，是海洋渔业资源种群补充的重要发源地。

（二）岛礁生物资源丰富多样，具有重大的渔业开发价值

岛礁独特的生境为海洋渔业生物提供了高度异质性的栖息空间，我国的岛礁水域形成了众多重要渔场，我国水产种质资源保护区和《水产种质资源保护区规划》中重点保护的渔业水域中，岛礁水域占 65 个，具有突出的渔业支持功能。岛礁渔业生物多样性十分丰富，尤其是珊瑚型岛礁，全球约有 110 个国家拥有珊瑚礁资源，其总面积占全部海域面积的 0.1%～0.45%，但已记录的海洋生物数量占总数的 30%。据《南海珊瑚礁鱼类资源》估计，我国南海的西沙群岛、中沙群岛、南沙群岛和东沙群岛的珊瑚礁鱼类有 3 000 多种，超过《中国海洋生物多样性》记载现有中国海洋鱼类种类数的 80%，丰富多样的岛礁渔业资源，具有

重大的开发利用价值。

（三）岛礁渔业资源的利用，是维护国家海洋权益的根本保障

岛礁是海陆兼顾的重要海上国土，在维护我国海洋政治、经济、权益和安全方面，在经济与社会可持续发展以及生态系统建设方面具有重要的地位和特殊的价值。但20世纪70年代以来，南海周边多个国家觊觎南海显要的战略地位，无视我国传统疆界线的客观存在，先后派出军队非法侵占了多个岛礁，南海呈现"岛礁被侵占、海域被分割、资源被掠夺、渔民被袭扰"的局面。在渔业方面，越南、菲律宾等国家与日、韩等合作，组织渔船进行资源调查和捕捞，大肆掠夺我国南海渔业资源。党中央和国务院历来高度重视南海严峻的态势，先后做出"主权属我，搁置争议，共同开发""开发南沙，渔业先行""突出存在"等重大战略决策。"渔权即海权"，维护我国的海洋权益，必须首先依靠我国的海洋渔业产业。因此，开展渔业资源养护与生境修复，提高岛礁渔业资源补充能力，可以极大促进岛礁渔业资源的可持续利用，是维护我国渔业渔权的根本保障。

（四）岛礁栖息生境类型多样，是海洋生物资源的摇篮

我国岛礁分布于南北跨越38个纬度、东西跨越17个经度的广阔海域中，是集中了上升流、岩礁、藻礁、珊瑚礁、海草床、红树林等各种渔业生物栖息地的综合体，生境类型非常多样，物种极为丰富，是我国乃至全人类的重要种质资源库。丰富的生境不仅是渔业资源的聚集区，也是许多珍稀濒危物种饵料生物的孕育场，岛礁水域也是斑海豹、中华白海豚、玳瑁、绿海龟等重要海洋珍稀物种的栖息地，据《2017年海岛统计调查公报》，我国已建成涉及海岛的各类保护区194个，其中国家级保护区70个，生境类型多样的岛礁成为许多重要海洋生物的栖息地，是海洋生物资源的摇篮。

第二节　存在问题

目前，我国岛礁生态系统及科学规划管理等方面还存在一系列问题，制约了岛礁生态系统与资源的可持续利用，主要表现为：

1. 岛礁生态环境恶化，岛礁渔业资源衰退

近年来，沿海地区排放入海的污染物激增，大江大河携带的陆源污染物最终流入海洋，海上油田开发和船只携带石油等污染物泄漏，使近海海洋和海岛环境遭到严重污染。近年来人类对海岛生物资源掠夺式的开发利用以及外来物种的引入等原因，使海岛生物资源正面临着比以往任何时期都严重的威胁。目前已经开发利用的无居民海岛普遍缺少规划。一些地方随意在海岛上开采石料、破坏植被，损害了海洋自然景观和海上天然屏障；某些海岛珍稀生物资源滥捕和滥采情况十分严重，致使资源量急剧下降，甚至濒临枯竭。岛礁渔业资源衰退尤为明显，鱼类数量及密度减少，渔业渔获量大大减少，鱼类品种和质量都明显下降。在黄渤海区，渔业生态系统的食物网结构趋简单化，渔获物营养级持续下降，本土物种多样性降低、种质资源退化；在东海区，主要岛礁经济种类产量大大降低，渔获种类出现低值化，马鞍列岛海域记录鱼种由1970年的210多种下降到2010年的110种，主要的岩礁经济种褐牙鲆、褐菖鲉和黑鲷等的渔获量下降，稀有种宽带石斑鱼和青石斑鱼等已难见踪迹；在南海珊瑚岛礁区，由于珊瑚礁的退化加速，渔业资源呈现了更为迅速的衰退趋势，珊瑚礁鱼类种群结构失衡，小型珊瑚礁鱼类占优势，珊瑚礁经济性鱼类和特有鱼类减少明显，西沙七连屿浅

水礁区珊瑚礁鱼类平均密度由 2005 年的 3.10 尾/m² 下降到 2013 年的 1.23 尾/m²，珊瑚礁鱼类平均体长在 6.00~10.00 cm 的中小规格，石斑鱼和鹦嘴鱼等珊瑚礁鱼类关键种和特有种逐年衰退（李元超等，2017）。

2. 岛礁渔业用海条件千差万别

全国分布着万余个岛礁，东海海岛海域内确权渔业用海面积最大，为 45 599.56 hm²，占全国海岛海域内确权总面积的 47.89%；渤海次之，为 22 722.01 hm²，占全国的 23.87%。东海拥有的海岛数约占我国海岛总数的 66%，且近岸较大的海岛水域与红树林接壤，为许多经济鱼类的稚鱼提供了生境，成为重要的鱼类生产地；渤海、黄海海区海岛数量虽少，但因众多大陆河川的注入，近海区域水深条件适宜，水动力平缓，为渔业发展创造了较好的发展环境条件和资源优势，故渔业发展较南海好；南海拥有的海岛数量仅次于东海，但因小面积海岛数量较多，不足以形成鱼类生存的条件，故渔业确权面积最小。我国四海区岛礁渔业用海自然条件千差万别，需要根据岛礁自然条件，采用适宜的岛礁渔业产业模式。

3. 岛礁渔业开发条件有待提升

岛礁距离陆地有一定距离，这也成为制约岛礁渔业产业开发的瓶颈。岛礁距离远会造成一系列的问题，首先是运输成本高，诸如基建材料、设备、物资、苗种、海产品等均需要长途运输才能到达，继而提高了岛礁渔业产业的建设与运营成本。长途运输也会造成海产品的鲜度下降，运输过程中的保鲜技术要求更高。另外，往返岛礁时间久、船期少、海途颠簸、条件艰苦，劳务人员都很难招到，会造成用工荒，制约了岛礁渔业产业的建设与运营。距离远也会造成岛礁渔业建设运营过程中的监控和管理难度加大。此外，部分岛礁的淡水、供电、通信、生活物资、蔬菜、粮食等生活条件不足，岛礁渔业的建设需求难以满足，正常的经营管理更是难以为继。

4. 岛礁渔业应对极端环境和自然灾害能力需加强

岛礁是自然灾害频发、造成后果严重的地区，尤其是台风及台风风暴潮灾害频繁，它是台风及台风风暴潮最早的必经之地，遭受海洋灾害破坏程度最大。远离陆地的岛礁人工建设设施对台风、台风风暴潮、强海浪等抵御能力弱。台风对岛礁渔业的影响主要是直接摧毁陆地、水面以及浅水区域水下的增养殖设施，也会使水下投放的人工鱼礁出现移位，从而影响礁体布局，甚至会影响到航道的安全。此外，高湿高盐环境，对岛礁渔业相关的设施、设备性能影响极大，如造成混凝土强度降低，内部钢筋的锈蚀加速，制作的礁体寿命缩短；高湿高盐环境也会使得各种机械设备发生严重腐蚀，难以正常运转，一些电子监控设备也会出现各种故障，造成性能下降。

5. 岛礁保护的相关法律体系尚不成熟

相较我国而言，国外一些海岛众多且开发较早的国家已经建立了相对成熟的海岛管理体制，例如，印度尼西亚建立了海岛管理规划制度——《印度尼西亚共和国海岸带和小岛管理法》；美国建立了海岛资源开发许可证制度，如《美国罗得岛州海洋许可证发放规定》；日本、澳大利亚、美国等建立了海岛监督检查规定，如《日本小笠原诸岛振兴开发特别措施法》《诺福克岛法》等；韩国建立了海岛的分类保护制度，如《无人岛屿保护和管理法》等；有些国家还建立了特殊用途海岛保护制度，如加拿大的《爱德华王子岛自然保护区法》，美国佛罗里达州的《威顿岛的保护方案》等。我国海岛法律主要有《中华人民共和国海洋环境保护法》《中华人民共和国海岛保护法》等，管理政策方面主要有国家层面的《无居民海岛保护与利用管理规定》等、省级出台的《浙江省无居民海岛开发利用管理办法》《山东省无居民海岛使用审批管理方法》等。整体相较而言，我国在海岛管理制度方面进展缓慢，制度体系不完善、不成熟。

第三节　科技发展趋势和需求

一、我国岛礁生态修复研究现状

目前，我国海岛保护工作取得了一定的进展，保护规划方面已初步建立全国、省域、区域性规划管理体系。国家层面上，《中华人民共和国海岛保护法》《全国海岛保护规划》等相关海岛保护法律法规均已颁布实施，在大层面、大方向上为地方及区域性规划的制定和实施方向提供了法律基础。在省域和区域性层面，截至2015年12月，辽宁省、山东省、浙江省等的9个省级海岛保护规划均已获省级人民政府批准并实施，治理效果良好。以辽宁省为例，辽宁省位于黄渤海地区的重要位置，海岛密集，是我国北方主要的海岛分布区域，海岛共计636个，总面积达到505 km²，全省大约有30%的海岛分布在距离陆地不到10 km的近陆区域，有一个海岛县——长海县。辽宁省实施沿海经济带建设以来，陆续建立了辽西海岛综合旅游功能区、大连北部海岛港口建设功能区、大连南部海岛生态保护区、长海县海岛海洋牧场建设区和黄海北部海岛湿地生态保护和科普教育示范区，形成了以特色海岛为中心的综合开发布局。再如山东省，2013年山东省政府通过了《山东省海岛保护规划》，对山东省海域内的海岛进行多级分类管理，在此规划的基础上，青岛市结合自身发展需求，出台了《青岛市海岛保护规划》，先后建立了青岛西海岸国家级海洋公园、灵山岛省级自然保护区和大公岛岛屿生态系统省级自然保护区等各类保护区，对海岛生态系统、海洋生物资源和鸟类及其栖息环境等展开保护。对遭受破坏的海岛积极开展修复工作，2010年以来，相继开展了灵山岛、竹岔岛的整治修复工作，对海岛生态保护、改善海岛居民生产生活条件起到了积极的作用。

截至2016年，全国海洋牧场建设资金的投入已超过80亿元，其中，中央财政投入近7亿元，全国人工鱼礁建设总空方量已达2 000万 m³，礁区面积超过11万 hm²（阙华勇等，2016）。2015—2017年，农业部先后审核通过了3批共计64个国家级海洋牧场示范区（农业部公告第2321号、第2476号、第2605号），推动了以海洋牧场建设为主要形式的区域性渔业资源养护、生态环境保护和渔业综合开发，但其中位于热带海域的仅有9个，而且处在用海十分紧张的广东和广西近海，海南岛周边以及西沙、中沙和南沙广阔的热带岛礁海域尚无成熟的示范区入选（许强等，2018）。

二、岛礁生态修复发展趋势

（一）海岛生态保护已成为海岛开发和利用的基本主题

海岛及其周边海域作为我国领土的特殊部分，蕴藏着巨大的生物、旅游、风能、矿产等资源，对我国政治、经济、军事及科研等将产生巨大影响，在当前海洋强国战略对我国海洋事业发展提出更高要求的前提下，海岛在国家权益维护和国民经济发展中的地位显得越发重要。目前对海岛的过度开发和利用再加上并未采取有效管理措施，导致一批海岛生态严重破坏，功能严重退化，对海洋事业的发展和海岛整治修复带来了极大的挑战，事实表明，在海岛开发和利用过程中，在充分尊重海岛自然属性的前提下，结合当前社会经济发展的需求统筹推进海岛开发利用和生态保护，将成为未来海岛健康发展的最佳之路和必然选择。

（二）全面提高对海岛的认知水平是海岛科学管理和保护的前提

海岛因其独特的地理位置和自身属性使得海岛本身不仅具有巨大的经济价值，同时也蕴藏有巨大的生态、军事、科研等价值，因而全面提高对海岛的认知水平将为海岛科学管理提供更全面的认识和决策。当前我国对海岛的开发和利用主要偏重于经济价值，开发过程中缺乏相应的科学指导，造成盲目开发、过度开发，最终导致以牺牲环境换取经济效益的局面。我们应以最科学、合理的方法建立完善的海岛价值评估体系，如当前已建立的海岛生物多样性评估体系等，加强海岛生态、军事、科研等知识科普，探索海岛对社会发展的影响，构建全方位、立体化、多角度的海岛价值评估体系，为海岛科学有效的管理提供依据。

（三）海洋权益的保障对海岛综合治理提出了更高的要求

我国拥有 300 万 km² 的管辖海域，海岛总面积达到 8 万 km²，丰富的海岛资源在未来我国海洋发展竞争中扮演着极其重要的角色。当前世界上有很大一部分国家是海岛国家，它们受限于岛上狭小的陆地面积，将未来的发展方向指向了海洋，因而未来海洋发展中，国与国之间的竞争将会更加激烈。例如当前，我国与邻国常常发生海洋权益的争端，这类争端多聚焦于海岛问题，如钓鱼岛问题。近些年来，随着经济不断发展，我国在世界舞台上的地位越来越高，党中央领导集体在外交和国土权益维护方面展现出坚定的态度和立场。未来，我国将进一步加强海洋权益维护和海上执法巡查，坚守原则和立场，同时将海岛保护和规划提升至国家战略层面，进一步提升海洋综合竞争力。

（四）海岛特色服务业将成为海岛开发新方向

随着全球经济化不断深入发展，环境保护和可持续发展理念日渐深入人心，我国社会生产结构发生改变，产业格局也发生深刻变革。传统的农牧渔业已不适应当前海岛的发展，取而代之的是以旅游、运输、金融为代表的一大批新型海岛产业，这也是当前世界海岛发展的共同契机。新型海岛产业的兴起必将更加关注海岛生态状况，也势必会加大对海岛保护的投入力度。

（五）海岛综合治理体系将成为海岛保护的最终态势

海岛保护牵涉领域广，涉及领域宽，是一项综合性、长期性的巨大工程。海岛保护不仅要考虑到海岛自身特性，还要考虑到海岛治理项目审核、资金投入、工程实施状况、治理效果评估等相关问题，未来将进一步简化流程，提高效率，在全国范围内建立起海岛综合治理体系，加快推进我国海岛保护进度，从而更好地为社会经济的发展提供强劲动力，也为海洋生态文明和社会可持续发展作出更大的贡献。

三、国内外岛礁生态修复及存在的问题

（一）海岛生态修复研究方向

通过了解国内外岛礁生态修复研究工作发现，国外研究工作主要是基于生态系统的修复，主要包括海岛外来物种入侵控制、原始物种引入、调整种群和群落间的相互关系等。如Towns（2002）通过生物地理学等方法移除岛上外来物种，重新引入岛上原有物种，对新西兰科拉普基岛屿的生态系统进行修复，同时对缇里缇里马塔基岛实施有针对性的生态修复项目，主要包括物种保护、植被恢复等，对修复过程数据进行跟踪评估用于判断修复结果；美

国东海岸部分堰洲岛通过实施岛陆护坡、沙滩修复等工程达到生态修复；位于所罗门群岛西部省区的泰特帕雷岛，为防止该岛渔业资源过度捕捞和对该岛进行适应性管理，当地管理部门通过采集大量数据确定资源开发者来源和高频开发区域，同时采取永久禁渔区和禁渔期等相关措施对该岛进行适应性和综合性整治。另外，国外对于某些海岛周边珊瑚礁、海草床等生态系统的修复也进行了一定的研究，如 Pretch（2006）主编的《珊瑚礁生态修复手册》以及 van Katwijk 等（2009）提出的"海草床生态修复导则"等。

相比于国外的海岛生态修复研究，我国海岛生态修复的研究起步较晚，目前研究较多的为海岛植被修复和海岸、沙滩修复等，对基于生态系统的修复研究相对较少。如：植被覆绿最常用的陆域生物修复技术，在广东南澳岛、澳门离岛等生态修复中取得了良好的效果；以人工鱼礁、人造沙滩、人工海藻场等工程为代表的潮间带工程修复技术促进了岛屿潮间带生态系统的发育；2007 年福建针对无居民海岛生态修复的工程，通过移植、水文环境改善等措施对受损的红树林、珊瑚礁、海草床等生态系统进行整治，以求恢复其生态功能，对沙滩等进行集中整治，在海岛周围适宜海域投放人工鱼礁及开展贝类、藻类等渔业资源的人工放流增殖，并取得了一定的效果；针对南麂列岛开展的铜藻场生境修复工程，在铜藻修复再生方面取得了巨大的成功（庄孔造等，2010）。

（二）自然保护区建设

印度尼西亚政府为保护多元生态系统和珍稀物种，将韦岛西北部及附近海域构成的 60 km² 的韦岛区域划定为韦岛海洋公园野生动物保护区，使得该海域保持了最原始、最完整的水下生态系统；美国 1975 年开始在岛礁水域建立海洋保护区，已相继在夏威夷群岛、佛罗里达群岛等建立了多个保护区；澳大利亚为保护珊瑚礁，建立了世界上最大的海洋生态系统保护区——大堡礁保护区；菲律宾政府为制止渔民采用非法手段酷捕鱼类资源和滥采珊瑚礁资源，在阿波岛附近海域建立了海洋保护区。我国的海洋保护区建设，最早可追溯到 1963 年在渤海海域划定的蛇岛自然保护区，其后大规模建立自然保护区是在 1990 年国务院批准建立大洲岛、三亚珊瑚礁、南麂列岛等自然保护区以后，目前已有许多保护区属于海岛类型保护区，如南麂列岛保护区，保护贝类 340 多种、底栖藻类 170 余种以及其他一些珍稀物种。相比较国外，我国海岛自然保护区整体规模较小，在保护效果、管理及执行力度方面存在一定的问题，是我们今后需要改进的方向。

第四节　创新发展重点方向

一、建设岛礁渔业生态保护与修复技术标准体系

我国海岛数量众多，岛体受损情况不尽相同，要深入实施调查，对岛体破坏严重的实施严格的生态红线制度，规划红线保护区域，实行分类、多级保护制度。建立健全海岛监测系统，随时掌握海岛形态变化、资源开发和环境监测状况，完善海岛应急管理措施。开展海岛资源环境承载力深度调查研究，建立海岛资源环境评价指标体系和监测预警系统，对超出环境承载力的部分实行严格限额管理措施。开展岛体周围水域水生生物多样性调查，深入研究不同生物有效管理和保护措施。保护海岛生态系统，保护水资源、滩涂等自然资源，维护海岛及周边海域的生态平衡。

科学、细致、全面的建设标准是岛礁渔业生态保护与修复高规格建设的重要保障。体现

在岛礁渔业保护与修复的选址及规模、礁体设计及投放准则、增殖种类选择、管理制度、维护体系、效果评估等方面。以选址为例，在不同海域岛礁的选址和类型应当有所区别，因此需要有针对性地对不同海域进行研究，确定建设位置和适宜建设的渔业养护类型，同时还需进一步梳理可能对岛礁渔业构成潜在风险的环境因子。

二、打造生态化、产业化的三维立体岛礁渔业产出新模式

在开发建设岛礁渔业时，必须研究当地的环境容量、生态特点、资源结构，协调各部分的比例关系，高效利用岛礁空间资源充分开发海洋三维空间，使养殖渔业向多样化、立体化、精养高产的方向发展。可实行贝、藻、鱼、海珍品多品种间养、混养、轮养和阶梯式养殖，在岛礁周围大量增殖各种海藻，采取海底投石、裙带菜人工采苗、海带育苗等技术在岛礁周围潮间带、潮下带打造海底藻类"森林长廊"，形成一个上中下水层综合利用，贝、藻、鱼、海珍品多层次的生态立体养殖模式，通过利用养殖品种的生态互补性，使海岛养殖走向生态良性循环模式。

三、创新开发岛礁渔业方式，加快发展岛礁休闲渔业布局

在保护岛礁生态环境的前提下，根据海岛的面积、离岸距离、海岛风光、资源气候等条件，充分利用岛礁空间、岛陆空间多层次多类型的特点，开发岛礁休闲渔业，突出"海"字，在休闲垂钓的基础上，配合开发观海、听涛、旅游、潜水、避暑、疗养、度假等休闲游乐项目。发展休闲渔业不仅对渔业资源恢复有利，还开辟了巨大的渔业潜力，而且还能够将其打造成一个海岛经济大产业。

四、建立信息化、智能化的岛礁渔业生态保护与修复管理系统

利用卫星遥感、GPS定位、地理信息系统、物联网和人工智能技术，构建立体监测平台和数字化决策与管理平台，对岛礁渔业生态系统进行实时监管。通过整合部门信息资源，利用海洋预报减灾、海洋环境监测等体系建设，构建岛礁渔业保护与修复"一张图"信息服务平台，融合相关产业的共有资讯。

五、推进海岛保护区建设，实施生态岛礁工程

因海岛自身的特殊性，海岛保护区可分为海岛自然保护区和海岛特别保护区两类。对有代表性的自然生态系统、珍稀濒危物种集中分布区、生物多样性丰富的海洋生物分布区以及具有保护价值的海岛及其周边海域建立海岛自然保护区。对有特殊地理位置、生态系统以及海岛开发利用对区域有特殊需要的海岛及其周边海域建立海岛特别保护区。深入了解海岛功能属性，对海岛进行区域功能划分，依据其不同的自然属性、生态状况及功能将海岛划分为不同保护区域从而进行分类管理和保护。如辽宁省先后建立的海洋类型保护区、海洋自然保护区、海洋特别保护区、海洋渔业保护区等对辽宁省海洋资源保护、海岛管理等方面发挥了重要作用。

生态岛礁工程是推进我国海岛事业发展的又一重大举措。具体来说，生态岛礁建设包含保育工程、修复工程、权益维护工程、绿色产业工程和宜居工程等内容。对具有重要生态价值且尚未受损的海岛如珊瑚礁分布集中和周边渔业资源丰富的海岛实施保育工程，保护海岛生物多样性和生态系统的完整性；对人类活动或自然作用导致岛体、植被、沙滩、珍稀濒危

和特有物种及其生境等受损严重的海岛采取重点修复工程，依据不同修复对象采取不同修复措施，确保生物多样性和生态服务功能得以恢复；对我国领海基点所在海岛和其他重要的权益类海岛实施权益维护工程，保障权益海岛安全等。

第五节　保障措施与政策建议

一、提高海岛开发和保护意识

当前，我国对海岛开发和保护的意识逐渐加强，然而更多的是停留在政府层面，公众对海岛的生态价值和经济价值的了解还处于空白状态，导致政府出台的一系列管理措施在实施过程中收效甚微。要实现海岛保护工作高效、有序进行和海岛生态环境的可持续发展，务必要加强执法部门和社会民众的环境保护意识。日本在海岛保护方面的表现堪称优秀，一方面原因是日本上至国家、政府，下至普通民众都具有很高的环保意识，政府层面专门的海岛管理部门和民间的非营利性组织使得日本的海岛管理工作井然有序，效果明显，因而培养和提高社会各界的环保意识对我国海岛的管理和保护有重要意义。

二、完善岛礁资源保护与修复法规和制度

坚定推进《中华人民共和国海岛保护法》的实施，加强配套法律法规的制定和实施，不断完善地方海岛开发和保护制度的制定，构建完善的海岛开发与保护法律体系。在法律实施过程中，要以《中华人民共和国海岛保护法》和《全国海岛保护规划》为依据，重点加强省、市海岛管理和保护法律的制定，不断推进地方海岛保护法律建设，构建国家、省（区）、市、县四级海岛法律运行体系。同时加强各执法部门执法力度，构建完善的海岛管理运行机制，保护海岛及其周边海域不受破坏，维护国家安全，促进社会健康、可持续发展。

由于岛礁一般面积狭小，地域结构简单，其中生态系统食物链层次少，复杂程度低，生物多样性指数较小，生物物种之间及生物与非生物之间关系简单，生态系统十分脆弱，稳定性差，易遭到损害，任何物种的灭失或者环境因素的改变，都将对整个岛礁生态系统造成不可逆转的影响和破坏，而且其生境一旦遭到破坏就难以恢复或根本不能恢复。在中国岛礁的开发利用过程中，应加强岛礁管理，加强岛礁的环境保护。然而，加强岛礁管理需要以建立一套完整、系统的岛礁开发、利用和保护的法律规范为基础。在岛礁管理和处理岛礁问题中海洋行政主管部门是起主导作用的，但岛礁问题具有综合性，不是海洋行政主管部门一个部门就能全部解决的。在岛礁问题的综合性和管理体制上的分工协调，需要统一立法。

三、加大岛礁渔业发展的政策与金融扶持力度

岛礁渔业产业前景广阔，需要积极推动，政府可以在岛礁海域规划、相关审批、政策扶持和资金投入等方面加大支持力度；同时积极争取地方政府和有关部门的支持，对岛礁渔业建设给予地方财政配套，并在减免海域使用费用、简化环评手续，以及信贷、税收、保险等方面予以政策倾斜。

四、明确岛礁渔业生态功能区划

在调查全国岛礁渔业种质资源的基础上，根据渔业种质资源分布特点，有选择地划定各

种类型的珍稀与濒危动物自然保护区、原始自然生物多样性保护区等，进行规划保护，以求保留、保存天然的海洋自然风貌，改善海洋生态过程和生命维持系统，促进渔业种质资源的恢复、繁衍和发展。按照保护区保护管理规定，分区分类管理，限制在保护区的人类活动，保护海洋种质资源，维护海洋生态平衡，促进生态良性循环，丰富海洋生物多样性。

五、控制外源污染

陆源污染的排放，近海养殖业的肆意发展，滨海旅游业的人为污染，围海造地的房产开发，还有港口码头的新建扩建、船舶工业的转移扩张、海洋矿产及油气开采等大项目的建设等，严重污染和破坏了港口、河口、海湾和城市沿海环境，造成沿海近岸海洋环境污染严重，而且污染破坏现象仍在持续。然而，我国大部分海岛分布在沿岸海域，距离大陆岸线小于 10 km 的海岛，占海岛总数的 66% 以上。在近海海洋污染严重的情况下，很难保障岛礁渔业养殖环境，需要国家加大对近海海洋环境的治理和修复，从源头上遏制陆源污染的数量，严格控制入海污染的总量，逐步改善近海海洋环境。

六、促进人才队伍建设，提升科技创新能力

当前我国海洋事业发展迅猛，对人才的需求大幅提高。作为海洋建设发展过程中最重要的资源，人才无疑在海岛生态修复中扮演了至关重要的角色。政府应当制定优惠配套政策，优化人才运行模式，提高工资待遇，改善人才环境建设，建立长效激励机制，为吸引和利用优秀人才创造优越条件。同时，加大科技投入，建立一批专业化、高水平科技创新平台，结合当前最新科研成果，依托海岛建设一批海岛修复示范基地和海洋高新产业园区，提高科研成果转化率，推动海洋产业健康发展。

七、开展岛礁渔业资源保护与修复技术研发

现有的渔业资源养护所采用的研究方法、分析手段和评价方法还不完善，选址工作科学依据不足，缺乏有效的评价手段，导致选址决策主观性、随意性、片面性现象较严重。需要在岛礁渔业增殖放流苗种的成活率、人工鱼礁建设的科学性、海域环境的实时在线监测与预警预报等关键技术开展系统研发，在典型海洋牧场进行产业链技术的集成与示范，构建针对不同类型岛礁渔业的产业技术体系。特别在鱼礁材料研制方面，大力开展绿色环保、亲生物性的鱼礁材料的开发与利用研究，探索再利用如高炉矿渣等规模工业副产品，关注高固碳性礁体材料的开发，建设具有自我生长和自我修复能力的礁体；重点突破大型人工鱼礁关键技术，包括其设计、制作、拼装、运输和投放等一系列技术，开展海上各类人工设施的生态环境资源化利用技术研究，开发抗风浪能力卓越、适合我国各类深水海域的多功能浮鱼礁，加强在浮鱼礁结构和强度设计等方面的研发工作，部署深水多功能浮鱼礁的研发工作，为我国开发离岸岛礁海域提供技术保障。

参考文献

陈国宝，李永振，2005. 南海岛礁渔业可持续利用的探讨 [J]. 海洋开发与管理，22（6）：84-87.
傅秀梅，王长云，邵长伦，等，2009. 中国珊瑚礁资源状况及其药用研究调查Ⅰ. 珊瑚礁资源与生态功能

［J］. 中国海洋大学学报，39（4）：676 - 684.

冀渤一，2006. 海岛环境资源的利用与保留——论海岛保护型开发原则［D］. 青岛：中国海洋大学.

李永振，陈国宝，袁蔚文，2004. 南沙群岛海域岛礁鱼类资源的开发现状和开发潜力［J］. 热带海洋学报，23（1）：69 - 751.

李元超，吴钟解，陈石泉，等，2017. 永兴岛及七连屿浅水礁区珊瑚礁鱼类多样性探讨［J］. 海洋环境科学，36（4）：509 - 516.

阙华勇，陈勇，张秀梅，等，2016. 现代海洋牧场建设的现状与发展对策［J］. 中国工程科学，18（3）：79 - 84.

王红勇，2006. 海南岛及东、南、西、中沙群岛海参资源现状与保护策略［J］. 北京水产（1）：46 - 49.

王明舜，2009. 中国海岛经济发展模式及其实现途径研究［D］. 青岛：中国海洋大学.

许强，刘维，高菲，等，2018. 发展中国南海热带岛礁海洋牧场——机遇、现状与展望［J］. 渔业科学进展，39（5）：173 - 180.

张云，张建丽，宋德瑞，等，2014. 我国海岛海域使用渔业用海现状与发展趋势分析［J］. 海洋环境科学，33（2）：327 - 330.

中国海岛志编纂委员会，2013. 中国海岛志：广东卷［M］. 北京：海洋出版社.

庄孔造，余兴光，朱嘉，2010. 国内外海岛生态修复研究综述及启示［J］. 海洋开发与管理，27（11）：29 - 35.

Pretch W F，2006. Coral Reef Restoration Handbook［M］. Florida：CCR Press.

Towns D R，2002. Korapuki Island as a case study for restoration of insular ecosystems in New Zealand［J］. Journal of Biogeography，29：593 - 607.

van Katwijk M M，Bos A R，Jonge V N D，et al.，2009. Guidelines for seagrass restoration：Importance of habitat selection and donor population，spreading of risks，and ecosystem engineering effects［J］. Marine Pollution Bulletin，58：179 - 188.

（李纯厚　柳淑芳　吴　鹏　全为民　刘　永　王　腾　刘　胜）

第七章

CHAPTER 7

滩涂渔业水域生态修复

第一节 概 述

一、滩涂资源状况

滩涂主要是指沿海滩涂,狭义上的滩涂指潮间带,广义上除了包括潮间带,还包括潮上带和潮下带可供开发利用的部分(杨宝国,1997;彭建,2000)。滩涂是动态变化的海陆过渡地带,泛指连接大陆和浅海的广阔区域,是人类最早成功开发利用的海洋地域,是滩涂资源的生态基础,海洋初级生产力高,在维护渔业资源、保护珍稀物种资源、保持生物多样性、降解环境污染、提供旅游资源、防洪以及维持区域生态平衡等方面起着重要的作用。

我国滩涂面积广阔,沿海 11 个省份(不包括港澳台)滩涂总面积超 240 万 hm²,其中渤海约占 26%,黄海 29%,东海 26%,南海 19%。其中苏北沿岸、黄河三角洲、辽河口等地区为中国滩涂面积较大的地区。全国潮间带生物约 1 500 种,以软体动物居首位(500种),其次为甲壳动物(300 种)和藻类(200 种)。各海区潮间带生物资源的组成和数量与海洋环境因素有密切的关系,其中滩涂底质特性起决定性作用。滩涂底质主要分为岩礁、沙滩、泥沙滩等,我国滩涂按照地理位置划分,从北到南可分为渤海区、黄海区、东海区和南海区,不同区域生物资源分布差异较大。

渤海区滩涂面积约为 50.5 万 hm²,是中国毛蚶和文蛤的主要产区,毛蚶尤为著名,资源相对丰富。由于每年 11 月至翌年 2 月有长期的结冰期,滩涂资源受到影响。因此,分布在中、高潮间带的贝类较少。

黄海区可分为北黄海区和南黄海区。北黄海区滩涂面积 15.6 万 hm²,底质以泥沙为主,淤泥较少。辽东半岛东侧滩涂区资源较丰富的滩涂贝类有菲律宾蛤仔、文蛤、魁蚶、毛蚶等,胶东半岛滩涂区是刺参、泥蚶、皱纹盘鲍、菲律宾蛤仔、褶牡蛎主要产区。南黄海区滩涂面积 39.1 万 hm²,主要经济生物多是以含沙滩涂为栖息生活条件的种类,如文蛤、四角蛤蜊、青蛤、西施舌、大竹蛏、缢蛏、泥螺等。文蛤为南黄海区的绝对优势种,分布广,产量高,居全国之首。南黄海区存在着大面积的辐射沙洲,是滩涂贝类增殖的重要区域,另外,江苏地区滩涂非常适合紫菜养殖。

东海区滩涂类型独特,根据底质类型进行划分,可以明显分为两类:泥砂质滩涂和淤泥质滩涂,其中江苏海域的滩涂以泥砂质滩涂为主,福建和浙江海域的滩涂以淤泥质为主。滩涂养殖模式主要包括潮间带滩涂底播养殖、滩涂筑坝蓄水养殖和低坝高网滩涂养殖,围塘养殖以混合养殖为主,即以底栖贝类为主,混养虾、蟹或鱼。按照位置可以分为长江口,闽、浙沿海和台湾沿海 3 个区。长江口滩涂区面积 6.1 万 hm²,但河口沙洲不断淤积,透明度不足 20 cm。天然分布的经济生物有缢蛏、牡蛎、四角蛤蜊、中国绿螂、锯缘青蟹、中华绒螯蟹等，由于紧靠城市，污染严重。闽、浙沿海滩涂区面积为 43.2 万 hm^2，海湾较多，水质肥沃，风浪较小，适于养殖，是中国主要的滩涂养殖区。缢蛏、泥蚶、菲律宾蛤仔和牡蛎被称为中国传统的四大养殖贝类，历史悠久，采苗、育苗经验丰富，紫菜也是闽、浙沿海滩涂的主要养殖对象之一。

南海沿海滩涂地跨热带、亚热带气候区域，作为由陆地生态系统向海洋生态系统的过渡地带，海岸生境多样，因其独特的地理位置，复杂的气候特征，多变的生态环境，具有丰富的生物多样性，是重要的海洋生物多样性资源宝库，红树林海岸和珊瑚礁海岸是南海区特有的海岸生境。南海区可以分为两广沿海、南海诸岛 2 个区。广东省沿海滩涂面积为 25.3 万 hm^2，广西壮族自治区滩涂面积约 10 万 hm^2，海南省滩涂面积近 2 万 hm^2。沿海滩涂包括海岸潮间带和海岛潮间带两类，分布有淤泥滩、红树林、岩岸和沙滩等多种生态类型。20 世纪 80—90 年代的调查结果显示，南海区海岸潮间带生物共出现 341 科 1 545 种，海岛潮间带种类共出现 201 科 763 种，种类组成具有明显的热带、亚热带种群区系特征，是我国宝贵的物种资源。其丰富的物种种类和多样的底质类型为鸟类、鱼类和底栖动物等提供了重要的觅食及繁殖场所。此外，南海区滩涂是我国分布最广、面积最大和种类最丰富的红树林资源分布区以及重要的文蛤、菲律宾蛤仔、毛蚶、泥蚶和方格星虫等经济物种的养殖区，该区域滩涂养殖近江牡蛎、泥蚶已有悠久的历史，鱼塭养殖较普遍。南海诸岛养殖区包括海南岛、东沙群岛、西沙群岛、中沙群岛和南沙群岛，海南岛底质为沙砾或珊瑚礁，珍稀动物较多，如紫色裂江珧、多棘江珧、夜光蝾螺、花刺参、梅花参等。

二、滩涂渔业概况

根据《2018 中国渔业统计年鉴》，2017 年我国海水养殖总面积为 208 万 hm^2，海水养殖总产量 2 000 万 t，其中滩涂养殖总面积 66 万 hm^2，滩涂养殖总产量 620 万 t。我国目前滩涂养殖的总利用面积率仅为 27.5%。

滩涂养殖主要分布在河北、辽宁、江苏、浙江、福建、山东、广东、广西和海南等省份。其中山东、江苏和辽宁滩涂养殖面积较大，滩涂养殖面积为 45.8 万 hm^2，约占总养殖面积的 69.4%。滩涂养殖种类主要包括蛤、蚶、蛏等滩涂贝类和紫菜等大型藻类，2017 年滩涂贝类（蛤、蚶、蛏）养殖产量为 539.3 万 t，占贝类养殖总产量的 37.5%，其中山东、辽宁和福建产量较高，分别占滩涂贝类总产量的 29.7%、25.5% 和 12.9%（图 7-1）。紫菜是滩涂养殖的主要大型藻类，2017 年紫菜产量为 4.19 万 t，福建、浙江和江苏是紫菜养殖产量较高的省份。

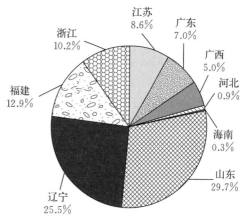

图 7-1　沿海省份滩涂贝类产量分布情况

（数据来源于《2018 中国渔业统计年鉴》）

三、滩涂的生态功能

(一) 滩涂是滨海湿地的重要组成部分

滩涂区域分布有众多的滨海湿地，分潮上带淡水湿地、潮间带滩涂湿地、潮下带近海湿地和河口沙洲离岛湿地 4 个子系统及若干型（陆健健，1996）。湿地有"地球之肾"的美誉，是水圈和地圈界面上的特殊生态系统的重要组成部分。中国滨海湿地拥有极其丰富的生物多样性，不仅支撑着具有国际意义的东亚-澳大利西亚鸟类迁飞路线上的数百万迁徙水鸟，还孕育着丰富的渔业资源、红树林和海草床，是全球生物多样性的重要组成部分，同时也为中国沿海经济发达地区提供了天然的生态屏障。

(二) 滨海湿地碳通量排放及对全球气候变化的影响

滨海湿地是介于海洋与陆地之间的一种特殊的生态系统。滨海湿地对全球气候变化的影响较为敏感，其对气候变化的影响引发了人们的高度关注。大量研究表明，湿地是大气中 CH_4 的最大的天然来源。而滨海湿地 CH_4 排放通量已经占到全球 CH_4 排放总量的 20%～39%。滨海湿地作为海洋和陆地过渡区的重要组成部分，承接着人类活动输入的大量含碳物质，具有较高的碳储量，其 CH_4 排放规律及其与大气环境变化的关系正日益受到人们的重视，如 Chauhan 等（2015）研究了印度东部沿海热带红树林 CH_4 和 N_2O 排放时空变化的影响因素；Hirota 等（2007）研究了日本沿海潟湖对 CH_4、CO_2 和 N_2O 的通量的影响；Burgos 等（2015）在西班牙瓜达莱特河河口对 CH_4 和 N_2O 排放的人为影响进行了研究。由于植被、底物类型和硫酸盐含量等环境因子的不同，滨海湿地与其他类型湿地之间 CH_4 产生途径存在显著差异。滨海湿地 CH_4 的排放主要涉及 CH_4 的产生、氧化和传输 3 个部分，它们构成了 CH_4 排放的基本过程。全球滨海湿地 CH_4 总排放量的估算仍存在较大问题，一方面来自 CH_4 排放野外监测结果的不确定性；另一方面，由于人类活动、植被、土壤理化性质等生物和非生物因子的差异，使得滨海湿地 CH_4 排放有较大时空差异，对全球 CH_4 总排放量估算造成影响。目前，关于滨海湿地 CH_4 的源和汇的认识并不统一，可能主要由于滨海湿地因地域、环境条件及研究方法等影响因素的不同而导致观测结果有所差异。因此，判断滨海湿地生态系统是 CH_4 的源和汇仍需长期监测，对全球气候变化影响做出合理评估。

(三) 滩涂的生态修复功能

滨海湿地在净化环境、减轻灾害、保护海岸线和维持生物多样性中发挥着重要作用。鉴于滨海湿地特殊的地理位置和作用，世界各国日益重视其保护研究工作。美国 2001 年提供 300 万美元给国家海洋渔业服务团体（National Marine Fisheries Service Community）用于海岸恢复工程。我国在《全国湿地保护工程规划（2004—2030 年）》中也指出，滨海湿地建设重点之一要以生态工程为技术依托，对退化海岸湿地生态系统进行综合整治、恢复与重建。

湿地利用基质-微生物-植物复合生态系统的物理、化学和生物三重协调作用来实现对污染物的有效净化，因而被誉为"地球之肾"。湿地处于水、陆生态系统之间的交互地带，受水陆共同作用，物质循环非常活跃，因而逐渐受到国内外研究者的重视。早在 1981 年，Klump 等就计算了湿地系统中沉积物-水界面的氮、磷通量。Mitsch 等（2001）研究表明，只要建立或恢复占密西西比河流域面积 0.7%～1.8% 的湿地，就会显著削减进入墨西哥湾的氮负荷。Arheimer 等（2002）对瑞士南部流域的研究表明，恢复占流域面积 0.4% 的 40

块湿地能够减少 6% 氮素进入海岸带。Sondergaard 等（2003）研究表明，湿地底泥磷库一般比上覆水高出 100 倍以上，外源削减后上覆水浓度显著地受制于泥-水界面的反应。此外，Morrice 等（2008）综述了人类活动对湿地水化学中氮磷转化的影响动力学；Brevik 等（2004）建立了南加州湿地 5 000 年的碳封存记录；Steinman 等（2012）探讨了湿地系统中沉积物-水界面的营养盐交换规律。与国外相比，国内的相关研究起步相对较晚。向万胜等（2001）对江汉平原四湖地区湿地农田土壤磷素的含量分布、形态、有效性、磷素循环及施肥效应进行了研究。席宏正等（2008）利用洞庭湖水文观测站、环境监测站和实地考察资料，分析了洞庭湖湿地总氮、总磷输入与滞留净化效应。陈如海等（2010）研究了西溪湿地不同深度底泥中氮、磷和有机质的分布规律。李兆富等（2012）综合利用遥感、GIS 技术和野外水质监测、实验室分析等方法对天目湖流域湿地的氮、磷输出及其影响因素进行研究。陈小娇等（2010）采用室内培养和 Tessier 化学逐级连续浸提方法研究了外源重金属在珠江河口湿地土壤中的化学形态转化及其影响因素。侯雪景等（2012）以青岛胶州湾大沽河口滨海湿地为研究对象，通过对浅表层短柱状样的分析测试，研究了自然湿地碳埋藏量及影响因素。尽管国内外研究者在湿地中污染物的分布、形态、转化与净化等方面进行了大量研究，但对滨海湿地结构与净化功能之间的关系了解还不够明确，对不同形态污染物在湿地中的迁移、转化过程认识还不够深入。

第二节　存在问题

我国有广阔的滩涂资源，滩涂面积 200 多万 hm^2，但目前利用率不足 30%，已用于养殖的水体，大多处于自然增殖状态，养殖效率不高，品种单一。山东、辽宁、浙江、江苏、福建、广东等多个沿海省份都开展了经济贝类的底播增殖举措，但贝类增殖的理论和技术研究有待进一步加强。滩涂贝类增养殖是健康生态养殖系统中的重要组成部分，但是其生态功能尚未得到较好关注。

目前我国滩涂利用面临严峻的挑战，主要威胁因素包括环境污染、过度捕捞和采集、围垦、外物种入侵和基建占用等。高强度的人类活动已经对湿地结构与生态功能产生了不可逆的影响，给湿地生态环境造成潜在威胁。如生态系统生产力降低、生物多样性下降、调节和恢复功能衰退等。以围填海为例，原国家海洋局《海域使用管理公报》显示，1993—2010年，全国累计确权围填海造地面积 9.84 万 km^2，其中，"十一五"期间，累计围填海面积 6.72 万 km^2，年均围填海造地面积 1.30 万 km^2。大规模围填海活动在产生巨大社会经济效益的同时也使得滨海湿地面积不断减少。据统计，全国大规模围填海造地使滨海滩涂湿地累计损失约 219 万 km^2，相当于沿海湿地面积的 50%（关道明，2012）。

1. 围垦活动导致滩涂范围大幅缩减

海岸带为陆海交互作用的过渡地带，是典型的生态交错带和脆弱区，也是人类开发利用强度最高的区域之一。海岸带开发不断干扰滨海湿地生态系统，破坏其自然生态环境，土地覆被发生着剧烈变化，人地关系也随之改变。随着我国沿海地区经济的快速发展，沿海用地矛盾日益突出，填海造地用于码头、电厂、临港工业区等海洋工程，侵占了大量的滩涂面积；1985—2010 年，我国海岸带地区围垦海岸带湿地超过 7 500 km^2，其中江苏、浙江的围垦规模最大。

2. 外来物种入侵导致适养区域功能丧失

部分沿海地区滩涂植物生物入侵严重，目前广西北海沿海滩涂已有物种入侵的报道，导致原有滩涂贝类、底栖动物的生存空间被侵占，使滩涂丧失原有的生态功能。互花米草是滩涂主要入侵种之一，它对气候、环境的适应性和耐受能力很强，从亚热带到温带均有广泛分布，对基质条件也无特殊要求，在黏土、壤土和粉砂土中都能生长，并以在河口地区的淤泥质海滩上生长最好。目前在浙江、福建、江苏、山东、河北等沿海地区，已经广泛分布，造成了传统滩涂养殖区的功能丧失。

3. 人类活动对滨海生态系统的服务功能影响

伴随着沿海地区社会与经济的高速发展和城市化进程的加快，滨海生态系统的可持续产出功能受到制约。据统计，2007 年我国滨海湿地面积为 693 万 hm^2，比 1975 年自然湿地面积减少 65 万 hm^2，其中潮间带湿地面积减少 55 万 hm^2，减少 52%。同时滨海生态系统受到围填海、码头堤坝建设、海洋油气田开发等海洋工程建设的威胁，使得海湾水域空间减少，生态服务功能下降，生境改变甚至丧失。围垦造地、油田开发、港口码头建设等影响渔业资源的项目工程都属于建设项目的范畴。建设项目对渔业资源影响的方式大体可归纳为两类：一是通过占用渔业水域，引起鱼卵、仔稚鱼、渔业生物、底栖生物及浮游生物栖息地的丧失；二是通过改变渔业水域生物、化学及物理环境，进而影响渔业生物的生长、发育及繁殖。围垦造地可以分为两类：第一类与大陆海岸相连，或是孤悬浅海中形成人工岛，如天津市滨海新区围海造田工程，是目前国内最大的城市围海造地工程；第二类为人工岛的建设，如辽东湾油田开发工程中的围海造地。围垦造地的正面效应是补充土地资源、有效防治自然灾害袭击、减轻人口压力和减轻开山造地压力等。同时围垦造地也会使湿地面积锐减，导致海湾和河口纳污能力减弱、环境质量降低，侵蚀海岸、致使海底冲刷与淤积等，从而引发各种生态问题，包括引起赤潮，引发洪灾，改变海岸带的自然景观，破坏生态平衡，导致生态环境改变、破坏或消失，影响海洋生物资源的生长、发育及繁殖等。围填海对渔业资源的直接影响主要表现在：①占用渔业水域，造成部分渔业水域服务功能丧失，渔业生物生境缩小；②围填海区域内因栖息地丧失，红树林、海草、底栖生物和潮间带生物完全毁灭，并可能导致某些海洋珍稀水产品及特色渔业生物资源永久性消失等；③围填海项目实施过程中，造成周边海域悬浮物含量升高，导致海洋渔业生物不能正常生长、繁殖；④由于围填海工程一般在近岸实施，因此造成海岸线平直化较为严重（曲克明等，2016）。

4. 生态环境面临多重污染

沿海滩涂污染严重，随着滨海地区经济和工业化的迅速发展，大规模工业建设、滩涂及毗邻湿地的池塘养殖活动带来的工业污染、农业污染、生活污染、养殖废水污染、港口船舶污染等典型污染，导致近海环境污染日趋严重。滩涂贝类的栖息场所是滩涂贝类自然种群繁衍、扩增的根本，滩涂贝类的栖息地受多重环境因子的影响显著；河口区咸淡水、复杂的水动力对底栖生物种类组成和数量分布具有较大影响，大面积围垦也对滩涂生态系统产生较大影响；环境污染是影响滩涂贝类自然种群繁衍扩增的最主要因素；油类、有机质及重金属等对贝类的分布影响较大；农业生产中使用的农药、化肥、除草剂的残留物，生活污水，入海河流带来的其他陆源污染物等，最终导致有毒物质的积累、生物多样性的降低、食物网的简化等，降低了生态系统的调节和恢复功能。

我国主要江河入海的污染物总量显著增加，众多污染物在我国沿海，特别在入海口附近水域发生富集或沉积，严重影响了我国沿海水域的环境质量。养殖环境中积累的有机质、硫化物、油类、总氮、总磷、重金属、难降解有机污染物以及细菌病毒等会导致贝类污染，进而对食品安全造成威胁。

5. 资源量下降，产能严重不足

我国潮间带滩涂面积广阔，多数地区适合滩涂贝类生长，但是由于近十几年的过量采捕，加上土地资源滥用和环境污染，对土著贝类资源产生了重要影响，滩涂贝类栖息地破坏严重，自然苗种补充不足，滩涂贝类资源和产量呈现下降趋势，如果不采取有力措施，将影响整个区域贝类产业的发展。如何因地制宜，在典型滩涂养殖区开展合理、可持续的增养殖及生境修复工作，是亟待解决的问题。

以辽宁盘锦蛤蜊岗为例，16 万亩* 的泥质滩涂，以盛产文蛤著称。近年来，在过度采捕、围海造田、港口建设、化工废水污染等因素的影响下，加上文蛤的"红肉病"暴发，该滩涂的文蛤产量锐减（图 7 - 2）。文蛤的聚集区也遭受打击，幼虫的自然附着、补充过程受阻。

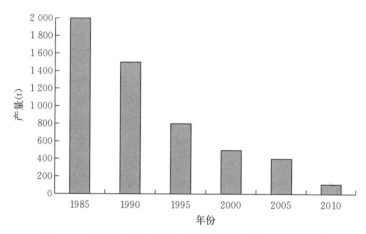

图 7 - 2　蛤蜊岗文蛤起捕量的变化情况（1985—2010 年）

文蛤的大量死亡已给文蛤养殖业和区域经济的发展造成了重大损失，为从根本上解决该问题，促进文蛤养殖业健康持续发展，在养殖过程中，应该培育健康的苗种，规范苗种培养技术和养殖技术，完善苗种的中间培育技术体系。并从养殖生态环境调控、健康养殖模式、种质及养殖环境容量或免疫抗病等综合防治方面寻求有效的技术解决途径。

6. 机械化水平低，劳动强度大

由于传统养殖业属于劳动密集型，从业人员的劳动强度大，收入相对较低，因此，当前从业人员年龄结构呈现老龄化，滩涂养殖面临着劳动力短缺的问题。

传统滩涂养殖区以养殖埋栖型贝类、紫菜、牡蛎等种类为主，滩涂养殖种类较为单一，养殖方式粗放，养殖产品优质度不高。培育优良养殖品种和开发机械化生产方式势在必行。

---

*　亩为非法定计量单位，15 亩＝1 hm²，下同。——编者注

第三节　科技发展趋势与需求

一、滩涂渔业科技发展现状

（一）滩涂增养殖科技发展现状

1. 滩涂贝类增养殖种类种质培育和规模化苗种繁育获得突破

滩涂增养殖种类的规模化人工繁育和良种培育技术创新发展，改变了长期依赖采捕天然苗种的生产方式，使部分滩涂贝类自然资源得以恢复。20世纪90年代以前，滩涂贝类养殖所需苗种全部依赖于海区自然苗种或半人工采苗，由于过度采捕，泥蚶、文蛤等自然苗种资源衰退严重。20世纪90年代，浙江省率先突破了泥蚶工厂化人工育苗技术，至今已先后解决了青蛤、文蛤、缢蛏、毛蚶、彩虹明樱蛤等主要滩涂贝类的苗种工厂化生产技术。

泥蚶、缢蛏和文蛤等滩涂贝类优质大规格苗种培育技术集成与示范成效显著。先后开展了优质饵料的高效培育、幼虫高效培育及采苗工艺优化，改进了单胞藻高效培育、高效采苗、无附着基集约化苗种培育、疏苗分级培养、与土池相结合的优质大规格苗种培育等技术工艺优化，实现了泥蚶等贝类优质苗种培育稳产高产的预期目标，示范企业取得较好的经济效益。

2. 滩涂增养殖生物基础研究不断加强

近年来，滩涂贝类的生理生态学、生长发育调控、免疫机制、分子生物学等研究不断加强。测定了魁蚶、缢蛏、长牡蛎等滩涂贝类的基因组，研究了基因在贝壳形成中的作用及与环境之间的互作关系，基因在文蛤壳色形成和生长发育调控等过程中发挥重要调控作用，可作为分子标记育种研究和高产良种选育的重要基础。采用双列杂交方法对菲律宾蛤仔进行了研究，以壳长生长为指标分析基因型与环境互作遗传效应，得出了不同基因型的壳长增长率对环境的响应方法，为蛤类遗传育种工作提供了参考依据。通过转录组学方法研究了沟纹蛤仔的免疫学谱，揭示了146个与免疫相关的基因，基于蛋白质结构域组织鉴定的10种Toll样受体（TLR），只有3个与其他双壳类物种中已知免疫功能的TLR具有直系同源性（Batista et al.，2019）。

泥蚶IGF1R基因（Tg-$IGF1R$）在成体不同组织及幼体不同发育时期均具有广泛的组织表达性，推测其以信号分子的形式参与多种组织细胞的生命过程，并且可能在早期发育阶段参与器官的形成；魁蚶C型凝集素基因在肝胰腺、血淋巴、鳃、外套膜、闭壳肌、斧足中均有表达，菌刺激表明，魁蚶Sb-$Lec1$基因在机体免疫防御方面发挥重要功能。缢蛏GRB2（Sc-$GRB2$）基因与生长发育有关，为筛选生长相关候选基因和研究生长调控的分子机制奠定了基础。

3. 滩涂新型养殖模式开发不断深入

生态友好型养殖模式成为研究的热点，如虾-贝生态养殖模式如今已广泛应用于我国苏浙闽沿海水产养殖，它利用了各养殖品种生态习性的互补原理，放养品种中以滩涂贝类（缢蛏、青蛤、泥蚶）为主，各品种互利共生。不仅能充分利用池塘的滩涂与水体，而且通过贝类滤食水体中过多的浮游生物和虾类的残饵及排泄物，有效改善了养殖水质和池塘生态环境，从而确保海水池塘养殖的低风险、多产出、高效益。例如象山县形成的较为成熟的"梭子蟹-缢蛏-脊尾白虾"生态健康养殖模式，单位面积利润稳定在6万元/hm² 以上（刘长军等，2018）；盘锦市二界沟开展的菲律宾蛤仔-海蜇-斑节对虾生态综合养殖，起捕规格及品质均良好，提高了养殖的经济效益；盘山县三道沟进行的海蜇与菲律宾蛤仔、对虾和鱼耦合养殖研究表明，5 月中旬放养的个体质量 10～15 g 的幼蜇经 45～50 d 的饲养，个体质量可达 5～7 kg/头；红鳍东方鲀与三疣梭子蟹、中国对虾、菲律宾蛤仔池塘生态养殖试验，两年平均利润可达 12.97 万元/hm^2；唐山地区有大面积的盐田晾水池，2014—2017 年开展南美白对虾-杂色蛤混养的生态养殖模式，累计推广面积 66 万 hm^2，养殖效果和经济效益明显。

4. 滤食性贝类参与水体氮循环的相关研究为养殖尾水处理带来了新思路

研究表明，双壳贝类具有很好的生态作用（Suzanne et al.，2018），菲律宾蛤仔和美国东海岸硬壳蛤两种蛤类养殖对氮循环有积极贡献（Murphy et al.，2018），蛤类养殖可促进氮循环，对反硝化或异化硝酸盐还原为铵（DNRA）没有直接影响。光滑河蓝蛤对大棚对虾养殖尾水也具有较好的净化效果，1.0 ind/L 处理净化效果最佳，硝酸盐的去除率为 62％±15.06％，氨氮的去除率为 48％±9.41％，总磷去除率为 99％±17.78％，总氮的去除率为 60％±3.74％，养殖排放水通过复合利用模式系统净化后氨氮降低 29.62％、底质硫化物降低 36.11％。菲律宾蛤仔、中国对虾、鼠尾藻、刺参等生长健康，生物学特征正常、无病害发生，净化养殖池塘对养殖排放水水质净化效果显著，经净化处理后的养殖排放水水质达到国家二级排放水水质要求。

5. 滩涂大型藻类养殖

滩涂主要养殖大型藻类为紫菜，目前世界上人工栽培的紫菜仅有 3 种，分别为条斑紫菜、甘紫菜及坛紫菜，99.99％ 产于中国、日本和韩国。在开放水域的栽培方式主要包括固定撑杆式（fixed pole）、半浮筏式（semi-floating raft）及全浮筏式（floating raft）。海藻养殖技术在过去 70 年间已经在亚洲得到迅速发展，最近在欧美也取得了一些进展。目前，养殖技术改进的重点在于坚固设施和低成本设施的研发，干露可控的栽培系统开发，发展新材料、新工艺，运用自动化装置，实现实时监控（Kim et al.，2017）。受全球气候变暖的影响，条斑紫菜栽培北移现象明显，也有部分养殖企业进行小规模翻板式栽培模式的试验。采用翻板式-酸处理-全浮流综合栽培方式，将条斑紫菜栽培生产空间从潮间带推向深水区。近年来，江苏连云港地区科研人员和养殖企业正在积极探索改进紫菜栽培模式及减少栽培密度，条斑紫菜栽培面积增加明显，多数采用玻璃钢撑杆。

6. 滩涂其他经济种类养殖

近年来，滩涂养殖星虫的技术逐渐成熟，效益良好。可口革囊星虫的高密度养殖和高潮区滩涂进行青蛤与可口革囊星虫的混合养殖都获得较好的效果，放养规格为 400 粒/kg 的青蛤苗种 80 万粒与规格为 1 667 条/kg 的可口革囊星虫苗种 408 万条，经过 11 个月左右的养殖，共收获青蛤和可口革囊星虫 15.66 t。平均产值为 1 400 元/hm^2，平均利润 753 元/hm^2，投入与产出比为 1∶2.2，经济效益显著。

（二）滩涂生境改良技术研究

1. 贝类养殖区底质硫化物的去除及修复

底质是滩涂贝类赖以生存的空间，是贝类滤食和栖息的重要场所，滩涂底质环境的优劣会直接关系到滩涂贝类养殖的成功与否。贝类是一种滤食性动物，具有很强的滤水能力，滩涂贝类的养殖活动增强了环境中的生物沉降活动，导致水体中有机颗粒加速向底层搬运和积累，使底质硫酸盐还原反应得以加强，底质中硫化物的含量增加，并引起生态环境的恶化，甚至使养殖贝类大量死亡。

采用滩涂现场实验与室内模拟实验相结合的方法，运用物理修复方式（翻耕与压沙加翻耕）和投放不同密度双齿围沙蚕的生物方式对滩涂文蛤养殖环境的底质进行硫化物修复，旨在探明不同修复手段作用下底质硫化物含量的变化过程及去除效果，为进一步研究贝类养殖环境中硫化物的去除机制及大规模的沿海老化滩涂底质环境修复奠定一定的理论和实践基础。

现场修复实验于 2012 年 4—8 月在江苏省启东市沿海滩涂文蛤养殖区开展，采用翻耕和压沙加翻耕两种物理修复方法。实验区域总面积约 1.42 hm^2，其中翻耕区翻耕深度为 30 cm，面积为 1 hm^2；压沙加翻耕区先压沙 3 cm，再翻耕 30 cm，面积为 0.33 hm^2；对照区不翻耕、不压沙，保持原貌，面积为 0.09 hm^2。实验区四周用围网间隔，防止文蛤逃逸。

实验期间，翻耕和压沙加翻耕 2 个修复组底质硫化物含量均呈现先急剧下降、后缓慢降低的变化趋势，硫化物去除率分别为 21.82% 和 26.29%，对照组硫化物含量相对变化较小，呈现小幅上升趋势，硫化物增加率为 9.16%。翻耕组和压沙加翻耕组硫化物去除效果较对照组均达到显著性水平（$P<0.05$），且压沙加翻耕组硫化物的去除效果优于翻耕组。

双齿围沙蚕是典型的沉积食性底栖动物。相关研究表明，双齿围沙蚕对养殖底质污染具有一定的修复效果。在本实验中，各沙蚕处理组底质硫化物含量均持续降低，表现出了良好的硫化物去除效果，其中 0.14 kg/m^2 和 0.21 kg/m^2 沙蚕组的硫化物去除效果更佳，均达到了显著性水平。其原因是沙蚕能大量摄食贝类养殖环境中的生物残体和排泄物，减缓底质中有机物的累积速度；同时，沙蚕会积极将呼吸所需的水中溶解氧抽到沉积物中，增加底质中的氧含量，并通过掘穴活动增大水中溶解氧与底质的接触面积，促进有机质的矿化分解。另外，沙蚕的觅食掘穴活动引起的生物扰动使沉积物被垂直搬运和混合，加速微型、小型生物对有机质的分解、代谢和矿化，从而达到去除底质硫化物的目的。

2. 滩涂景观型盐地生态修复

该案例位于江苏盐城国家级珍禽自然保护区，保护区所在地为典型的沿海淤泥质滩涂湿地。保护区总面积为 284 179 hm^2，其中核心区 21 889 hm^2、缓冲区 55 682 hm^2、实验区 206 608 hm^2，其主要保护对象为丹顶鹤等珍稀濒危鸟类及沿海典型的淤泥质湿地生态系统。在滩涂宽阔、人类干扰程度小的沿海海岸段，从海边向陆地方向过渡生态类型依次为无植被的光滩、碱蓬滩、獐茅草滩、白茅草滩或芦苇滩。盐城滨海湿地植被演替层次也十分明显，从海域到陆地的演替次序为海岸盐沼先锋植物群落碱蓬、海岸潮上带及堤内滩地獐茅或白茅、河口半咸水盐沼，而芦苇的出现则标志着盐沼发育达到了成熟阶段。但自从米草引种到滩涂种植后，滩涂生态逐渐发生了变化，互花米草植株高度通常在 115 cm 以上，生长稳定期盖度可达 100%，不再适宜鸟类的栖息和繁衍，并且互花米草对潮流有强烈阻挡作用，潮水的自然蔓延受到影响，抑制了滩涂原生态植被的演替，进而影响碱蓬群落的盖度和高度。近 30 年来，保护区内碱蓬面积较原来减少 1/3 以上。

盐地碱蓬是一种叶肉质化真盐生植物，种子二型性：棕色种子发芽快，幼苗耐盐能力强，可能在种子成熟后的来年春天群落的建成中起主要作用；黑色种子耐贮藏、耐逆境，可能在环境不利情况下的群落持续建成中起一定作用。盐地碱蓬在土壤含盐量为 25.0 g/kg 的滨海盐渍土上能够正常生长，耐盐极限为 35.0 g/kg 左右。水文干扰、旱盐互作、氮肥运用对盐地碱蓬生长都会产生效应。盐渍环境中种子的萌发与出苗是盐生植物生长的关键和敏感阶段。试验证明：盐地碱蓬具有很强的盐渍适应能力，在盐碱地区大面积栽培利用是完全可行的。该基地建设种源采用滩涂野生群落中采收的盐地碱蓬或者"沿海碱蓬 1 号"繁殖种。2016 年 4 月底耕翻播种，5 月中旬齐苗，7 月、8 月分别进行 1 次田间水蒲和芦苇除草，9 月群落清杂，种植技术中包括播种前清茬整地、泡土增盐、适时播种、出苗后水控株型和清洁田园。最终基地群落指标达到 200 株/m² 以上，株高 30～40 cm，秋冬在环境因子调控下形成红化植株群落。

3. 滨海湿地生态修复

近年来，世界各国都非常重视滨海湿地修复技术的研究，与物理、化学污染修复技术相比，生物修复技术因其具有成本低、无二次污染及处理效果好等优点而备受关注，成为现代环境技术的缩影。针对滨海滩涂湿地的退化现状，通过技术减缓和改善滨海滩涂湿地生态系统服务功能退化现状是该领域的研究重点，尤其强调以自然恢复为主配合人工修复的技术手段。国内外就滨海滩涂湿地不同种类生态系统服务功能的恢复和提升技术做了一定的探索，滨海湿地恢复的理论基础主要包括岛屿生物地理学理论、生态位理论、种群理论和营养级理论。在退化湿地的恢复过程中，还可应用演替理论、入侵理论、河流理论、洪水脉冲理论、边缘效应理论和中度干扰假说等理论作指导。生态修复是今后湿地环境修复的发展方向，近年来国内外研究者在湿地生态修复的理论研究方面取得了大量成果，并积累了许多实践经验。然而，生态修复所产生的长期生态学效应仍没有引起人们足够的关注，如转基因工程菌和转基因植物的生态安全问题、生物强化物质的二次污染问题以及螯合剂的环境相容性问题等。另外，许多修复技术目前处于实验室或中试阶段，没有或缺乏野外实验的验证。还有就是缺少相应的行业标准以对相关产品和技术进行规范，影响了国际间的交流合作。

4. 人工湿地构建与污染物净化技术

人工湿地（constructed wetland）是指人工建造的，将天然净化与人工强化相结合的复合工艺，通过对湿地生态系统中的物理、化学、生物协同作用进行设计，用于污染水体的直接处理或间接处理。人工湿地技术兴起于 20 世纪 70 年代末，到目前为止已被世界各地广泛应用于污水处理。由于人工湿地除氮工艺具有投资少、处理效果好、维护方便、环境友好以及生态服务功能突出等优点，可作为传统的污水除氮技术的一种有效改进方案。因此，人工湿地是目前研究应用较多的污水处理方式之一。人工湿地对氮类污染物去除效果主要受植物、基质、微生物、底栖动物等因素的影响。其中，植物作为人工湿地的基本组成部分，是决定湿地降解污染物、发挥净化功能的因素之一；微生物在有机物的降解转化方面发挥着重要作用，硝化、反硝化是氮类污染物去除的主要方式之一，是人工湿地脱氮的关键步骤和前提条件；基质是人工湿地中动物、植物和微生物的主要载体，通过截留、吸附、沉淀和沉积等作用直接去除污染物；碳源作为反硝化过程的电子供体，是影响人工湿地反硝化过程的主要因素，外加碳源可以显著提高人工湿地的脱氮能力；底栖动物在人工湿地生态系统的物质循环和能量流动过程中发挥着重要作用，是保持湿地结构稳定、高效运行的重要因素之一。人工湿地脱氮效率除了受到以上因素影响外，环境因素对其影响也是不容忽视的，环境因素包括温度、pH、水力停留时间等，为生物的生长繁育提供必要的环境保障。

二、科技和产业需求

（一）长期连续监测技术需要进一步提升

滩涂处于海陆过渡地带，具有面积大、分布集中、区位条件好、农牧渔业综合开发潜力大的特点，是重要的后备土地资源（杨晓焱等，2010）。随着城市建设和经济的快速发展，人工围垦造陆、航道疏浚、水利工程等建设，工业污水、城镇生活废水和农业面源污染，全球气候变暖和海洋酸化等因素，破坏了滩涂渔业生物的产卵场和生境，造成渔业生态环境衰退。此外，突发的渔业水域污染事故和频发的生态灾害也是滩涂渔业水域生态保护与修复的制约因素（崔正国等，2018）。长期连续监测对滩涂渔业水域保护与修复至关重要，具体表现在：

① 长期连续监测是滩涂渔业绿色发展的基础和前提。人类活动日趋频繁和全球及区域性气候异常及污染的影响，改变了滩涂渔业生物的繁育和生存条件，使其传统的"三场一通道"被破坏，许多重要的渔业生物资源严重衰退，一些滩涂渔业水域生态环境退化也日趋严重。长期连续监测数据的缺失，使得全面客观评价渔业资源环境现状和生态修复的依据不足，预测预警的能力不够，对突发事件提供快速决策和采取有针对性措施的支撑能力较弱。因而，建立全面系统的滩涂渔业水域长期定点监测技术体系，积累长期观测数据资料，对认识和分析滩涂渔业水域生态环境现状和演变趋势，制定科学有效的生态修复措施有重要意义，这也是落实建设生态文明、美丽中国，推进水产养殖绿色发展的重要体现。

② 滩涂是我国渔业水域监测的边缘地带。我国的海洋渔业资源与环境调查始于 20 世纪 50 年代末 60 年代初的中国近海海域综合调查，这次较为全面、系统的调查，为渔业生产和渔业管理提供了重要的科学依据。我国渔业生态环境监测起步于 20 世纪 70 年代末，1985 年成立了农业部渔业生态环境监测中心，制定并不断优化了《渔业环境监测规范》，渔业生态环境监测体系建设逐步完善，检测和监测技术实力不断增强，并于 2001 年，农业部和环境保护总局联合发布首个《中国渔业生态环境状况公报》（1999—2000 年）。目前，我国已经具备检测和监测渔业环境水质、底质、生物体及生物质量等方面 200 多种污染物与农渔药的技术能力，组建了拥有 47 个监测站的全国渔业生态环境监测网络，对全国 166 个重要渔业水域 500 多个监测点进行水质、沉积物、生物等 18 项指标的连续监测，监测总面积约 1 600 万 hm²（唐启升，2017）。然而，略显不足的是，目前《中国渔业生态环境状况公报》只涉及海洋、江河、湖泊、水库和重点增养殖区等重要渔业水域，对处于水陆交叉地带的滩涂渔业水域则缺少监测。

③ 新技术的发展对渔业水域长期连续性监测提出更高的要求。目前我国渔业资源环境监测网络并非建设在长期性定位监测基础上，存在"典型监测水域覆盖不够、监测指标不全、监测手段单一"等突出问题；遥感、智能监测技术也未广泛应用；对渔业环境污染的生态效应研究还不够深入，缺乏科学系统的量化评估方法。另外，在监测数据管理、统计分析、评价应用等方面也未有统一的信息化平台系统。这些都在不同程度上限制了我国渔业资源环境安全预警业务化运行。因此，将现场定点监测与遥感监测相结合，建立规范的多点、多指标全国典型渔业水域渔业资源环境监测评估网络体系，建立基于智慧渔业的渔业生态环境数据管理、综合分析评价和预警应用的大数据系统，为渔业资源环境科学管理提供长期、规范、全面、系统的数据和技术支持，是我国渔业资源环境监测评估技术领域亟待解决的重

要技术问题，对科学有效地保护、管理和利用滩涂渔业水域具有重要意义。

（二）滩涂海岸带管理技术需要加强

生境是生物个体、种群或群落栖息的场所，是其能够完成生命周期所需的各种生态环境因子的总和（Hirzel et al.，2006）。适宜的生境不仅能够为物种提供良好的寄宿、丰富的食物等优良生存条件，也为物种繁衍后代、育幼等提供可靠的空间基础（Law et al.，1998）。由于人类活动、气候变化、物种入侵等因素的影响，适宜原有物种生存的环境条件逐渐退化和丧失，形成的不适宜生境将原有生境分割成大小不一的斑块状，这一过程称为生境破碎化（Fahrig et al.，2003）。生境破碎化导致生态群落格局发生变化，适宜性生境面积逐渐减少，阻隔了种群间的交流、扩散和分布。为了有效缓解和解决生境破碎化加速带来的问题，对生境的保护、管理和修复是维系生态系统正常运转的必要途径，而对物种生境适宜性进行评价是制定生境保护和管理措施的前提。

目前，主要运用物种分布模型（SDM）预测物种的潜在分布区。经过多年的研究和开发，不同算法的 SDM 被运用到预测和分析生境适宜性的研究中。其中生态位因子分析、广义可加模型、广义线性模型、环境包络模型、随机森林模型、人工神经网络模型、最大熵（maximum entropy，MaxEnt）模型等被广泛应用于物种潜在适生分布区预测研究（杨晓龙等，2017）。其中，运用最大熵模型是基于 Jaynes（1957）提出的最大熵理论，认为通过已知部分对未知分布最客观的判断就是符合随机变量最不确定的推断，即熵最大时的推断。最大熵模型是根据目标物种现实分布点的地理坐标和分布区的环境变量分布特征经过运算得出约束条件，探寻此约束条件下最大熵的可能分布，以此来预测目标物种在研究地区的生境分布。最大熵模型近年来被广泛用于物种生境适宜区的预测和评价，且提供了自检验功能，最大优势在于对物种生境进行评价与预测时，只需物种"出现点"的数据，数据量越大，预测精度越高。一般认为，相较于规则集遗传算法模型等其他生态位模型，最大熵模型的预测结果较为保守，能使预测结果更加精确，减少假阳性的概率（崔相艳等，2016）。介于上述原因，今后在进行生态位模型分析的时候，应尝试多种模型，并把预测结果与实际分布情况进行比较，对不同模型的预测结果进行综合评价与分析，而不能仅基于训练集（training data）AUC 值评判模型的优劣，这样能够减少由于假阳性和假阴性造成的错误预测。

（三）承载力评估技术需要不断深入

水产养殖承载力及水产养殖资源环境容纳量，是指在水产养殖生物生长性能和生态环境不受损害的前提下，渔业环境资源所能支持养殖生物或排放污染物的最大负荷量。水产养殖环境承载力是一个受养殖系统理化特征、养殖品种、养殖模式以及自然条件等诸多因素影响的多元函数。目前，估算特定水域范围的水产养殖承载力，国际公认最科学有效的方法是以数学建模技术建立该系统的生态系统模型，通过模型演算获得该生态系统对特定养殖品种的最适养殖规模和排放物的最大负载能力，即承载力。

养殖生态系统模型是以系统内各养殖生物的个体生长和群体动态模型、养殖水环境各环境因子（光照、水温、溶解氧、营养盐等）的动态模型、水动力模型，以及生物与环境因子之间的相互作用为基础，经过多级嵌套耦合而成的系统动力学模型，它以环境因子、水动力和养殖管理活动等因素为驱动，可以通过特定时间区间养殖生物和环境因子以及经济变量的数值，经多次演算，确定最优值，即养殖承载力（Zhu et al.，2003）。其主要步骤包括：①养殖水域养殖现状和生态环境调查与评估；②水文特征调查及水动力建模；③养殖生物个体及群体动态建模；④养殖生态系统动力学模型的构建及演算，确定养殖环境资源承载力。在以生态动力学模型估算水产养殖资源环境承载力研究方面，最近的项目实例包括欧盟 FP6 的 SPEAR 项目（2004—2008）、美国 NOAA - EPA 的 REServ 项目（2012—2014），以及中国广东的流沙湾马氏珠母贝可持续养殖容量及优化调控研究项目（2011—2014、2015—2017），都是生态系统动力学建模技术应用于养殖资源环境承载力评估的典型案例。

（四）多营养层次综合养殖技术是滩涂增养殖的发展方向

多营养层次综合养殖是一种以贝、藻等低营养级生物为主的非顶层获取收获策略。研究表明，较低营养层次（营养级较低）的物种，生态转换效率相对较高；而较高营养层次（营养级较高）的物种，生态转换效率相对较低。这意味着营养级较低的物种具有更高的资源产出效率，生态系统的资源生物量也会相对增加。对于关注从生态系统中获得更多食物产出的中国而言，自然就会选择非顶层获取的收获策略，由于顶层获取的收获产出量相对较低。由于这种养殖系统包含了较低营养层次的种类，其整体的产出效率相对较高。但目前的综合养殖多在浅海开展，滩涂多营养层次综合养殖的研究较少。

滩涂多营养层次综合养殖需要进一步研究，包括：滩涂主要养殖生物生境适宜性评价；增养殖区的生态容量评估，建立大宗增养殖种类空间功能优化配置技术；滩涂低坝高网等多营养层次复合操纵技术。

（五）滩涂贝类机械化采收装备需要较大提升

贝类是滩涂养殖的主要品种，目前贝类的采收主要靠人工，效率低、成本高。目前我国研发了部分滩涂贝类的采收装备，如滩涂养殖文蛤的机械化采收工艺与装置、智能滩涂文蛤采捕小车、多功能浅海滩涂采贝车、滩涂多功能采蛏车、滩涂翻耕车等，但这些装备大都是在试验阶段。

设施与装备是现代水产养殖、滩涂种养殖发展的重要保障，与世界先进水平相比，我国相关设施与装备还处于相对落后的状态，应当通过装备技术升级与工程化应用，促进生产方式转变，为实现与自然生态系统协调可持续发展的环境友好型浅海滩涂区育种、增养殖技术提供装备保障。滩涂浅海贝类养殖是我国海水养殖业的一大产业，滩涂作业的机械化程度还处于很低的水平，进一步提高滩涂作业车、贝类采捕机等装备技术水平，有助于提高人工作业的工作效率，降低劳动强度。

第四节 科技发展思路与重点方向

一、科技创新发展思路

（一）滩涂生态修复策略与方法

1. 物理修复

通过利用机械翻耕的方法改善滩涂底质的通气性和透水性，创造耗氧有机物被氧化的环境，达到降低污染物含量的目的。

2. 生物修复

即引入多毛类（如沙蚕等）、特异性的微生物种群以及大型海藻、海草和红树林等，并辅以相应的管理措施。

3. 发展生态渔业

对于毗邻滩涂湿地的池塘养殖综合环境按承受能力严格划分禁养区、限养区和适养区，同时重点发展渔农结合的生态种养模式，开展滩涂毗邻区池塘-草场或红树林原位种养、池塘-草场或红树林异位种养等模式，以渔养草，以渔促草。此外，随着近年来不少耐盐水稻新品种的推出（如池塘稻、海水稻等），为沿海滩涂及其毗邻区低盐和海水养殖池塘系统的结构优化提供了有利条件，具有重要的栽培价值和利用潜力。

（二）滩涂生态修复思路

选择典型滩涂类型，实现重要滩涂渔业水域的生态现状评估与保护。开展重要滩涂渔业水域生态环境与经济贝类、鱼类等栖息地的基础性调查，通过长时间系列监测数据资料的整理与分析，掌握重要滩涂渔业水域的生态环境与贝类和鱼类栖息地的变化趋势，评估滩涂水域生态、环境、资源状况，识别滩涂水域的重要贝类、鱼类产卵场和栖息地，诊断退化滩涂渔业水域的主要胁迫因子，提出重点滩涂渔业水域的生态修复策略，选择适合不同类型滩涂的生态修复技术，并对修复区进行长期监测、评价，实时反馈修复效果，调整修复策略，最终实现典型滩涂水域的生态修复目标（图7-3）。

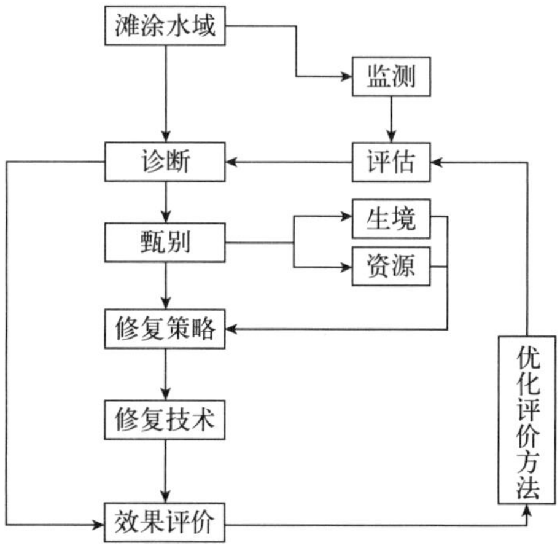

图7-3 典型滩涂水域生态修复思路框架

二、重点方向

（一）重要滩涂生境生态修复

1. 退化滨海盐沼湿地生态修复

识别滨海湿地生态脆弱性影响的主要因子，构建滨海湿地生态脆弱性监测与评估的指标体系，建立滨海湿地生态脆弱性评估技术方法体系。重点开展多因子作用下滨海湿地退化的过程与机制研究、滨海湿地退化状态评价与健康评价、滨海湿地生态恢复标准与目标、滨海湿地水文过程的恢复与调控、退化滨海湿地植被恢复的理论途径与技术、珍稀物种栖息地的生境恢复与保护、生物入侵对被入侵滨海湿地的生态影响与经济影响及其防治技术等。

开展滨海盐沼湿地生态修复工程，通过移植方式复壮土著盐沼植物群落，发挥盐沼湿地净化水体、维持生物多样性、提供鱼类栖息地生境和碳汇等生态功能，改善滩涂渔业水域生态环境，提高鱼类育幼场和索饵场生境质量。

2. 滩涂湿地生态修复

针对滩涂养殖导致滩涂湿地"老化"的现象，如沉积物中有机碳及硫化物浓度增加，使滩涂湿地生产力、生物多样性和生境质量均显著下降，采用原位生态修复手段降低滩涂湿地沉积物污染物浓度，提高滩涂湿地的生境质量，为经济鱼类幼鱼的庇护和索饵提供良好的条件。

3. 潮间带牡蛎礁生态修复

针对牡蛎礁的退化现状，开展潮间带牡蛎礁生态修复工程，通过原位增殖和异地附苗技术扩增活体牡蛎种群，增加牡蛎礁面积，改善与修复潮间带牡蛎礁生境，提高生物多样性和鱼类生境质量。

4. 滩涂互花米草区高值化利用

针对互花米草等入侵生物，探索综合性开发利用技术。调查滩涂沿岸互花米草、大米草等生物入侵种的分布及变化趋势，阐明米草入侵的机制，研究米草生物入侵防治技术，并提出防治策略。研究互花米草区滩涂生态系统的物质循环与能量流动特征，解析互花米草区特殊生境中的食物有效供给和食物网结构，研究食物网中关键物种的生态位，通过对互花米草区的生态改造，建立以拟穴青蟹等经济种类为主体的养殖模式，并探索建立互花米草区低值贝类的增殖技术，最终建立蟹-低值贝-草生态增养殖模式。

5. 红树林生态修复

研究红树林生态系统对气候变化与人类活动的响应，阐明红树林生态系统的环境要素与生物多样性演变机制，提出生态保护策略；针对红树林这一陆海过渡带渔业生态功能受损、湿地生态系统渔业资源关键物种衰退等问题，研发红树林人工生境营造、水体富营养化修复、重要渔业功能恢复和资源养护关键技术，阐明红树林生态系统对富营养化水体净化的过程和作用机制，探究红树林生态系统初级生产力和渔业资源产出的作用途径，揭示其对主要鱼类幼体及底栖性渔业资源保育的作用过程。通过技术集成，综合构建"红树林恢复-关键渔业生物养护"的红树林生态修复技术体系，实现红树林湿地渔业生态功能的恢复和提升。

（二）不同区域重点任务

1. 黄渤海区

（1）典型滩涂生境变迁、生物多样性响应以及重要生物资源修复

重点以辽河口和黄河口为研究区域，研究其滩涂生态系统的生物多样性对人类活动和气候变化的响应，分析重要生物资源的退化原因及生物多样性变化对重要贝类资源产出的影响；研发和集成重要经济贝类的资源修复关键技术并进行资源修复示范区建设，研究人工干预对重要经济贝类遗传多样性的影响；研究典型滩涂贝类群落的演替机制及驱动因素；研究滩涂经济贝类苗种的产生、附着和迁移规律；探讨大规格稚贝中间培育技术，研发滩涂贝类规模化苗种中间培育及资源补充技术；研发受损经济贝类产卵环境养护及修复技术。研究贝类资源修复的环境生态效应及其与环境的相互作用，阐明人类活动对渤海主要滩涂生态系统结构和功能的影响，以促进近海重要经济生物资源的稳定产出和可持续开发利用。

（2）生态修复效果评价技术体系集成与应用

研究不同类型渔业生态系统的物质和能量循环途径，摸清主要功能群和关键控制种功能特征；明确不同受损水域的环境、生物特征，研发适合不同类型水域健康评价的指标体系；集成现有的环境评价指标，建立环境和生物主导的多参数生态系统健康评价体系。

（3）黄渤海滨海湿地及牡蛎礁资源调查监测与风险评估

针对黄渤海区滨海湿地资源现状认识不清的问题，进行滨海湿地资源调查监测及环境补充调查，开展滨海湿地环境风险与生态风险评估研究工作，明确滨海湿地的面积、范围及演变趋势，掌握滨海湿地资源现状，评估滨海湿地环境风险和潜在生态风险，建立滨海湿地环境风险评估系统和信息管理系统，为沿海滨海湿地的保护与管理提供数据支持和技术支撑。分析近江牡蛎保护区资源环境现状，制定近江牡蛎礁恢复和修复策略；开展基于滩涂水域的贝类立体生态养殖技术研究，探索滩涂贝类增养殖新模式。

（4）海岸带生境生物综合修复技术研发与示范

针对黄渤海区近岸入海河流、滨海湿地、海湾等典型生境退化区域，研发河流水生植物、动物和微生物"三元耦合"生态修复技术；筛选污染净化能力强，经济效益、观赏价值显著的湿地耐盐植物，培育耐盐、生态修复能力强的高效微生物，研发滨海湿地复合生物联合修复技术；基于海湾容纳量，充分利用贝、藻的碳汇功能，研发海湾贝藻生态修复技术；选择典型河口、湿地、海湾，开展综合生物修复技术的应用与示范；针对突发性海洋污染事故，集成生物资源损害定量评估与生物修复技术，研发典型区域生态修复效果评估技术，构建山东近岸退化生境生物综合修复管理应用平台。

2. 东海区

（1）东海区重要滩涂渔业水域的生态现状评估与保护

重点开展东海区重要滩涂渔业水域（江苏辐射沙洲、长江口和杭州湾）生态环境与鱼类栖息地的基础性调查，通过长时间系列监测数据资料的整理与分析，掌握东海区重要滩涂渔业水域的生态环境与鱼类栖息地的变化趋势，识别东海滩涂水域的重要鱼类栖息地，诊断退化滩涂渔业水域的主要胁迫因子，提出重点滩涂渔业水域的生态修复策略。

（2）东海区滨海盐沼湿地生态修复关键技术研发及示范

研发土著盐沼植物繁殖体人工扩繁技术、建立湿地沉积物中繁殖体库的检测与保育技术；研发土著盐沼植物繁殖体移栽技术及移栽后的生境调控技术，建立土著盐沼植物群落的重建和复壮技术。

（3）东海区退化滩涂湿地及牡蛎礁生态修复关键技术研发及示范

筛选原位生态修复的关键生物，建立亲本培育和苗种繁育技术；研发构建老化滩涂湿地原位生态修复技术模式。筛选潮间带牡蛎礁修复的附着基材料类型，研发三维礁体构建技术，建立牡蛎苗繁育及稚贝培育技术，形成潮间带牡蛎礁生态修复技术标准。

3. 南海区

（1）新型池塘综合养殖模式

珠江口滩涂是我国农业种植和渔业养殖的重要经济区。针对该区域传统养殖模式饲料利用率低、尾水中营养盐含量高、面源污染严重、水质调控难度大等问题，开展鱼菜共生、渔稻复合种植等新型高效养殖技术研究，充分利用池塘水资源和空间，实现鱼、虾、蟹等多品种或高密度混养，推进资源节约型和环境友好型渔业建设。

养殖尾水中营养盐大量过剩，常常是直接排放到环境中，面源污染严重。另外，土池老化率高，养殖投入大，水质调控难度大，养殖成功率逐年降低，养殖风险持续升高，病害频发给养殖户造成极大损失，产业信心低迷，严重影响产业的可持续性。在这种情况下，池塘种养模式应运而生。池塘种养模式更能集中发挥水产品的价格优势，可实现鱼、虾、蟹等多品种或高密度混养，充分利用了池塘水资源和空间。目前，已发展形成了池塘鱼菜共生、渔稻复合种养模式等养殖方式，并且在低盐和纯淡水环境下，已初步实现金目鲈、花鲈、罗非鱼、凡纳滨对虾、罗氏沼虾以及禾虫的渔-池塘稻及渔-海水稻的生态种养，为逐步推进资源节约型和环境友好型的生态渔业建设开创了新的局面。

（2）典型河口-滨海湿地-浅海系统中营养要素的交换机制与通量估算

针对河口富营养化、营养盐失衡、生物群落结构异常、河口产卵场退化等突出生态环境问题，研究河口-滨海湿地-浅海复合生态系统中氮、磷等营养要素迁移、转化关键过程及相互作用机理。系统研究氮、磷在河口-滨海湿地-浅海复合系统中的输入、输出途径,揭示氮、磷迁移转化的关键生物地球化学过程;深入探讨复合系统中氮、磷等营养要素的环境行为及其与毗邻生态系统的交换机制,并估算其交换通量;最终通过构建生态动力学模型对复合系统中氮、磷的迁移、转化与归宿进行数值模拟、验证。

第五节　保障措施与政策建议

一、保障措施

(一)滩涂渔业政策

2016 年农业部印发《养殖水域滩涂规划编制工作规范》和《养殖水域滩涂规划编制大纲》,各地积极行动,持续推进养殖水域滩涂规划编制发布工作。根据《2018 年渔业渔政工作要点》(农办渔〔2018〕10 号)部署要求,2018 年底前,养殖水域滩涂面积超过 1 万亩或养殖年产量超过 3 000 t 的水产养殖重点县(区、市)要全面完成规划编制和政府发布工作。2018 年 6 月 1 日,农业农村部印发了《农业农村部关于进一步加快养殖水域滩涂规划编制发布工作的通知》(农渔发〔2018〕17 号)。

截至 2018 年 10 月,全国 1 172 个水产养殖重点县(区、市)已完成规划编制工作,规划编制完成率 76%;全国 487 个水产养殖重点县(区、市)已完成规划政府发布工作,规划发布完成率 32%。其中,规划发布完成率超过 75% 的省份(含计划单列市)有 4 个,分别是宁波(任务数 6 个,规划发布完成率 100%)、甘肃(任务数 2 个,规划发布完成率 100%)、海南(任务数 18 个,规划发布完成率 94%)、湖南(任务数 102 个,规划发布完成率 89%)。规划发布完成率超过 50% 的省份除前文所列之外有 3 个,分别是安徽(任务数 83 个,规划发布完成率 69%)、浙江(任务数 73 个,规划发布完成率 58%)、四川(任务数 109 个,规划发布完成率 56%)。除此之外仍有一些省份规划编制发布工作明显迟缓,规划编制完成率较低。

(二)滩涂湿地保护政策

党的十八大报告中明确提出大力推进生态文明建设,努力建设美丽中国;2013 年中央 1 号文件也将湿地保护作为推进农村生态文明建设的一项重要内容。因而,加强滨海湿地系统中主要污染物迁移转化过程与净化机理的研究,对于发挥滨海湿地的生态调节功能,修复海湾生态环境和恢复渔业资源具有重要的理论和现实意义。

2016 年 11 月 1 日,中央全面深化改革领导小组审议通过了《湿地保护修复制度方案》。确立了中国湿地保护与管理的总体目标:"对湿地实行湿地面积总量管控,到 2020 年,全国湿地面积不低于 8 亿亩,其中,自然湿地面积不低于 7 亿亩,新增湿地面积 300 万亩,湿地保护率提高到 50% 以上。"

2016 年 12 月,国家海洋局印发《关于加强滨海湿地管理与保护工作的指导意见》(以下简称《意见》)。《意见》提出,力争到 2020 年,我国实现对典型代表滨海湿地生态系统的有效保护;新建一批国家级、省级及市县级滨海湿地类型的海洋自然保护区、海洋特别保护区(海洋公园);同时,开展受损湿地生态修复,修复恢复滨海湿地总面积不少于 8 500 hm²。《意见》要求,各级海洋部门要紧紧围绕党中央、国务院关于生态文明建设的总体部署以及"十三五"发展规划纲要对我国海洋生态环境保护提出的新要求,以坚持生态优先、自然恢复为主，分类管理，合理利用、协调发展为基本原则，科学、规范、有序地开展滨海湿地保护与开发管理工作。

2017 年 3 月 28 日，国家林业局、国家发展和改革委员会、财政部共同印发了《全国湿地保护"十三五"实施规划》（林函规字〔2017〕40 号）。要求加强组织领导，落实国务院关于湿地保护工作的部署，要求各级各部门多措并举增加湿地面积，实施湿地保护修复工程。

二、政策建议

（一）加强滩涂资源的科学规划

面对海洋经济高速发展的历史机遇，中国已经将希望的目光投向了海洋经济领域，并为此在《全国海洋经济发展规划纲要》中具体确定 11 大海洋经济区，作为国家推进海洋经济开发的主要区域对象。因此，实施"科技兴海"战略，推动产业结构调整，强化生态保护措施，促进海洋资源可持续利用是擘画南海北部海洋经济区发展蓝图的战略出发点与着眼点。为此，相应区域的广西、海南及广东各省（自治区）先后出台了《广西壮族自治区海洋功能区划（2011—2020 年)》《海南经济特区海岸带保护与开发管理实施细则》和《广东省海岸带综合保护与利用总体规划》等相关或专门文件，将南海滨海滩涂生态保护和开发作为重点工作。

南海沿海滩涂在保护珍稀物种资源、保持生物多样性、降解环境污染、提供旅游资源、阻止或延缓洪水以及维持区域生态平衡等方面起着极其重要的作用。南海沿海滩涂气候特征复杂，生态环境多变，生物多样性丰富，是我国的生物多样性和物种资源宝库，是鱼类和底栖动物重要的繁殖和索饵场。

但是由于多方面原因，目前滨海滩涂的开发利用出现了众多问题，主要表现为：①统筹不够。海陆分治、海陆脱节，海岸带规划功能不清；缺乏陆海统筹的总体空间布局、产业布局、环境保护等规划；尚未有综合的海岸带法律法规或规章，缺乏强有力的协调机制，未能高效保护与利用海岸带。②开发粗放。填海造地侵占大量滩涂，海岸带开发利用方式粗放低效，海岸线低效占有、无序圈占浪费较为严重。随着我国沿海地区经济的快速发展，沿海用地矛盾日益突出，填海造地用于码头、电厂、临港工业区等海洋工程侵占了大量的滩涂面积；一些地方不合理的开发挤占了沙滩、湿地、防护林，部分地区低效开发，导致局部景观碎片化；有些岸段建筑物密度过高且离岸过近，不仅影响了景观的协调性，而且损害了海岸带功能的正常利用。③环境破坏。沿海滩涂污染严重，海洋特色生态系统和渔业资源衰退。随着滨海地区经济和工业化的迅速发展，大规模工业建设、滩涂及毗邻湿地的池塘养殖活动带来了工业污染、农业污染、生活污染、养殖废水、港口船舶污染等典型污染。从而导致近海环境污染日趋严重，局部区域生态系统功能下降，海岸带生态环境压力日益增大。如广东南海北部大陆架底层渔业资源密度已不足 20 世纪 70 年代的 1/9，红树林、珊瑚礁、海草床等典型海洋生态系统衰退严重，约有 21.6% 的海岸线遭受不同程度的侵蚀，部分功能退化丧失，风暴潮、赤潮等海洋灾害频发。④生物入侵。部分沿海地区滩涂植物生物入侵严重，比如目前广西北海沿海滩涂已有物种入侵的报道，导致原有滩涂贝类、底栖动物的生存空间被侵占，使滩涂丧失原有的生态功能。

上述问题对南海区域的滩涂渔业水域的生态带来了极大破坏，严重影响了渔业的安全和可持续发展，因此急需制定合理的滩涂土地利用战略与指导原则，即以科学发展观为指导，坚持节约资源和保护环境的基本国策，坚持在保护中利用土地；应严格保护基础性生态用地和景观用地，大力推进国土资源综合整治，创建环境友好型土地利用模式，确保土地资源可持续利用；坚持节约集约利用土地，转变土地利用方式，加快各类各业各区域用地由外延扩张向内涵挖潜、由粗放低效向集约高效转变，提高土地节约集约利用水平和土地利用效益，推动产业结构优化升级，促进经济发展方式转变；坚持协调利用土地，协调各类各业各区域用地矛盾，优化土地利用结构和布局，合理引导人口和产业集聚，推进工业化、城镇化发展进程，促进城乡和区域协调发展。

具体而言则应从以下四个方面对滩涂渔业用地进行统筹规划。第一，为了适应经济高速发展、社会信息化等特点，在区域一体化和经济全球化的影响下，以现代化为主要思想来引导滩涂渔业发展。第二，改变渔业经营粗放型的方式，进行经济的规模化和集约化重组，实现渔业经营产业化。依托水产品养殖捕捞发展水产品精细加工产业等多产业的海洋产业园，从单一的水产品养殖向加工、物流等多个领域扩展，依托优美的海岸线发展休闲旅游渔业。第三，产业发展集约化，防止土地的粗放性经营，完善基础设施，采用集约化的产业布局，针对不同产业特点设立不同的产业园，实现区域内的多经济功能叠加。第四，环境是现代渔业可持续发展的关键因素，在进行区域内规划建设过程中应注意环境保护，包括海岸线保护、海洋环境保护、旅游资源保护等。

（二）优化滩涂贝类养殖模式，开展生态养殖

1. 潮间带滩涂底播养殖

浙江省滩涂贝类养殖历史悠久，缢蛏和泥蚶养殖已有 500 余年的历史。传统的滩涂贝类养殖方式为潮间带滩涂底播养殖。一般选择在内湾中潮区（干露时间一般不超过 4～5 h）中下层，选择养殖的滩涂面需要翻耕、平整，使滩涂面变得松软以利于蚶、蛏苗潜居，建成宽度为 6～8 m，长度不等的畦状的蚶田、蛏田。这种养殖方式由于受环境因子影响较大，饵料生物量有限，放养密度不宜过高，养殖产量不高，养殖周期也相对较长。

2. 滩涂筑坝蓄水养殖

滩涂筑坝蓄水养殖是 20 世纪 90 年代以后发展起来的滩涂贝类养殖新模式。在内湾的高、中潮区一带，根据地形和养殖种类围成大小不等的蓄水池，根据需要池内保留一定体积的海水。池内平涂整畦后筑坝，一般泥坝高为 50 cm 左右。此法利用了原来不宜养蚶的高潮区，大大扩展了养蚶面积，且高潮区潮流较小，敌害生物相对容易控制，养殖贝类能受到更好的保护，成活率很高；此外，由于池内经常存水，贝类摄食时间长、生长也较快。此法的缺点是退潮后池内存水不够多，故也不宜高密度养殖。滩涂筑坝蓄水养殖已成为浙江贝类养殖的主导模式之一，基本取代了传统的滩涂底播养殖模式。

3. 围塘蓄水综合养殖

1992 年起，由于对虾病害暴发，全国对虾养殖业陷入困境，浙江温州地区率先开展了围塘底播养殖缢蛏、泥蚶、文蛤等滩涂贝类与四周环沟养殖对虾、青蟹及鱼类的围塘综合养殖技术试验。对池塘结构进行改造，四周和中间挖沟，建成环沟和纵沟，在占池塘总面积约 1/3 的中央底部平涂整畦，即利用池塘四周环沟水体养殖虾、蟹、鱼，池塘底部涂面播养贝类。养殖池中的虾、蟹、鱼的残饵及排出的粪便，可起到肥水作用，促使塘内浮游生物繁生，给贝类提供丰富的饵料；而贝类通过滤食，又起到净化水质的作用，使两者在同一水体

中互相促进，共同生长，达到了提高综合经济效益的目的。由于这种围塘蓄水养殖贝类技术模式取得了较好的经济效益，因而得到了迅速发展和推广，形成了具有浙江地方特色的技术模式和产业结构。

4. 低坝高网养殖

低坝高网养殖是在潮差较小、潮流和缓、流水畅通的港湾高潮区用低坝和网围成养殖区进行鱼、虾、贝养殖的一种新养殖方式。低坝高网养殖因其成本低、结构简单、修建容易、管理方便、养殖品种多样、经济效益明显等众多特点，近几年在宁波市发展极为迅速，已成为宁波市沿海群众"科技兴海""科技致富"新的热点和养殖经济新的增长点。重点要解决的关键技术如下：

（1）低坝高网区域选择及空间布局优化技术

综合现场调查与历史数据，分析传统低坝高网区养殖空间利用及功效；基于生境适宜性评价模型，结合养殖区环境特征及调查数据，选择适合开展低坝高网养殖的滩涂海域；基于生态系统评估模型，确定养殖区面积、种类选择与搭配比例，提出低坝高网的空间优化布局方案。

（2）低坝高网区生境改良与贝类自然增殖技术

针对低坝高网区生境特色，采用垒坝、挖沟和拦网等手段，营造低坝高网区的增养殖环境；利用底质翻耕、整涂和填充附着基等方法，控制底质粒径，优化和改良低坝高网区栖息地生境；根据低坝高网区贝类生物学特性，基于原生态贝类栖息地环境需求，培育优质天然饵料，建立原生态贝类自然苗种增殖技术。

（3）低坝高网"贝-虾（蟹)-藻"多营养层次增养殖技术

筛选适合低坝高网区的增养殖种类，开展低坝高网区不同养殖生物的增养殖模式研究；分析养殖生态系统不同生物之间营养层级关系、物质流动规律和能量转换效率，建立针对不同地域生态环境特征的"贝-虾（蟹)-藻"多营养层级耦合的增养殖模式，评估综合养殖模式的生态和经济效益。

参考文献

陈如海，詹良通，陈云敏，2010. 西溪湿地底泥氮、磷和有机质含量竖向分布规律 [J]. 中国环境科学，30（4）：63-68.

陈胜林，李金明，刘振鲁，2006. 文蛤潮间带移动规律的研究 [J]. 水产科技情报，33（3）：112-113.

陈小娇，李取生，杜烨锋，等，2010. 外源重金属在珠江河口湿地土壤中的形态转化 [J]. 生态与农村环境学报，26（3）：251-256.

崔相艳，王文娟，杨小强，等，2016. 基于生态位模型预测野生油茶的潜在分布 [J]. 生物多样性，24（10）：1117-1128.

崔正国，曲克明，唐启升，2018. 渔业环境面临形势与可持续发展战略研究 [J]. 中国工程科学，20（5）：63-68.

关道明，刘长安，左平，等，2012. 中国滨海湿地 [M]. 北京：海洋出版社.

侯雪景，印萍，丁旋，等，2012. 青岛胶州湾大沽河口滨海湿地的碳埋藏能力 [J]. 海洋地质前沿，28（11）：17-26.

李兆富，刘红玉，李恒鹏，2012. 天目湖流域湿地对氮磷输出影响研究 [J]. 环境科学，33（11）：

3753 - 3759.

刘长军，蒋一鸣，龚小敏，等，2018. 梭子蟹、缢蛏与脊尾白虾稳产高效养殖技术探讨 [J]. 科学养鱼 (9)：29 - 31.

陆健健，1996. 中国滨海湿地的分类 [J]. 环境导报 (1)：1 - 2.

彭建，王仰麟，2000. 我国沿海滩涂的研究 [J]. 北京大学学报（自然科学版），36（6）：832 - 839.

曲克明，陈碧鹃，崔正国，2016. 海洋水产种质资源保护区损害评估理论与实践 [M]. 北京：科学出版社.

唐启升，2017. 环境友好型水产养殖发展战略：新思路、新任务、新途径 [M]. 北京：科学出版社.

席宏正，康文星，2008. 洞庭湖湿地总氮总磷输入与滞留净化效应研究 [J]. 灌溉排水学报（4）：106 - 109.

向万胜，童成立，吴金水，等，2001. 湿地农田土壤磷素的分布、形态与有效性及磷素循环 [J]. 生态学报，21（12）：2067 - 2073.

杨宝国，王颖，朱大奎，1997. 中国的海洋海涂资源 [J]. 自然资源学报，12（4）：307 - 316.

杨晓龙，杨超杰，胡成业，等，2017. 物种分布模型在海洋潜在生境预测的应用研究进展 [J]. 应用生态学报，28（6）：2063 - 2072.

杨晓焱，高华喜，倪俊，等，2010. 浙江省滩涂资源现状及开发利用对策探讨 [J]. 中国水运（下半月），10（04）：62 - 63.

Arheimer B，Wittgren H B，2002. Modelling nitrogen removal in potential wetlands at the catchment scale [J]. Ecological Engineering，19（1）：63 - 80.

Batista F M，Churcher A M，Manchado M，et al.，2019. Uncovering the immunological repertoire of the carpet shell clam *Ruditapes decussatus* through a transcriptomic - based approach [J]. Aquaculture and Fisheries，4（1）：37 - 42.

Brevik E C，Homburg J A，2004. A 5000 year record of carbon sequestration from a coastal lagoon and wetland complex，Southern California，USA [J]. Catena，57（3）：221 - 232.

Bricker S B，Ferreira J G，Zhu C B，et al.，2018. Role of Shellfish Aquaculture in the Reduction of Eutrophication in an Urban Estuary [J]. Environmental Science & Technology，52（1）：173 - 183.

Burgos M，Sierra A，Ortega T，et al.，2015. Anthropogenic effects on greenhouse gas（CH_4 and N_2O) emissions in the Guadalete River Estuary（SW Spain）[J]. Science of the Total Environment，503 - 504：179 - 189.

Chauhan R，Datta A，Ramanathan A L，et al.，2015. Factors influencing spatio - temporal variation of methane and nitrous oxide emission from a tropical mangrove of eastern coast of India [J]. Atmospheric Environment，107：95 - 106.

Fahrig L，2003. Effects of habitat fragmentation on biodiversity [J]. Annual review of ecology，evolution，and systematics，34（1）：487 - 515.

Hirota M，Senga Y，Seike Y，et al.，2007. Fluxes of carbon dioxide，methane and nitrous oxide in two contrastive fringing zones of coastal lagoon，Lake Nakaumi，Japan [J]. Chemosphere，68（3）：597 - 603.

Hirzel A H，Le Lay G，Helfer V，et al.，2006. Evaluating the ability of habitat suitability models to predict species presences [J]. Ecological Modelling，199（2）：142 - 152.

Jaynes E T，1957. Information theory and statistical mechanics [J]. Physical review，106（4）：620.

Kim J K，Charles Y，Hwang E K，2017. Seaweed aquaculture：cultivation technologies，challenges and its ecosystem services [J]. ALGAE，32（1）：1 - 13.

Klump J V，Martens C S，1981. Biogeochemical cycling in an organic rich coastal marine basin—Ⅱ. Nutrient sediment - water exchange processes [J]. Geochimica et Cosmochimica Acta，45（1）：101 - 121.

Law B S，Dickman C R，1998. The use of habitat mosaics by terrestrial vertebrate fauna：implications for conservation and management [J]. Biodiversity and Conservation, 7 (3): 323 – 333.

Mitsch W J, Day J W, Gilliam J W, et al., 2001. Reducing nitrogen loading to the gulf of Mexico from the Mississippi River Basin: strategies to counter a persistent ecological problem [J]. Bioscience, 51 (5): 373 – 388.

Morrice J A, Danz N P, Regal R R, et al., 2008. Human Influences on Water Quality in Great Lakes Coastal Wetlands [J]. Environmental Management, 41 (3): 347 – 357.

Murphy A E, Nizzoli D, Bartoli M, et al., 2018. Variation in benthic metabolism and nitrogen cycling across clam aquaculture sites [J]. Marine Pollution Bulletin, 127: 524 – 535.

Sondergaard M, Jensen J P, Jeppesen E, 2003. Role of sediment and internal loading of phosphorus in shallow lakes [J]. Hydrobiologia, 506 – 509 (1 – 3): 135 – 145.

Steinman A D, Ogdahl M E, Weinert M, et al., 2012. Water level fluctuation and sediment - water nutrient exchange in Great Lakes coastal wetlands [J]. Journal of Great Lakes Research, 38 (4): 766 – 775.

Zhu C B, Dong S L, 2013. Aquaculture site selection and carrying capacity management in China [M]//Ross L G, Telfer T C, Soto D, et al. Site selection and carrying capacity for inland and coastal aquaculture. Rome: FAO: 219 – 230.

（毛玉泽　崔正国　朱长波　王云龙　焦海峰　刘　永）

第八章

CHAPTER 8

河口渔业水域生态修复

第一节 概　　述

河口是河流的终点，即河流注入海洋、湖泊或其他河流的地方。河口处断面扩大，水流速度骤减，常有大量泥沙沉积而形成三角形沙洲，称为三角洲。河口在我国的渔业发展中具有举足轻重的作用。河口渔业（estuarine fisheries）是利用河口区充沛的过境水量，开发和利用沿海及地下丰富的半咸水资源，保护和发掘河口区丰富的渔业资源，立足水产养殖业，积极发展水产品深加工，利用区域特色开展健康水产产业、特色餐饮业、旅游业等下游服务产业，进行适度捕捞、高效养殖、精深加工、标准化生产、多层次产业链开发的特色渔业产业。受江河冲淡水和海流影响，河口水域营养盐充足，存在大量的悬浮饵料，为许多鱼类和无脊椎动物提供了适宜的生存环境，渔产潜力巨大，形成了著名的渔场，如长江口附近的长江口渔场、舟山渔场和吕泗渔场等。

从生态学的角度而言，河口生态系统是位于河流、海洋和陆地之间的生态交错带上的特殊的生态系统，是一个融合淡水生态系统、海水生态系统、咸淡水混合生态系统、潮滩湿地生态系统、河口岛屿和沙洲湿地生态系统为一体的复杂系统，是地球四大圈层交汇能量流和物质流的重要聚散地带。同时，河口又是许多重要渔业生物的重要产卵场、育幼场和索饵场，也是诸多洄游性渔业物种溯河或降海必经的洄游通道，具有"三场一通道"重要生态功能，对我国流域和近海渔业资源的可持续发展具有重要贡献。

河口地区生物资源丰富、水资源丰沛、土壤肥沃，通常具有发达的农业和渔业，是人类早期的文明中心之一。时至今日，许多河口区域依然是人类活动频繁、经济富裕、社会发达的地区。同时，河口作为海洋、陆地和河流三大生态系统的交汇处，是生态系统物质流、能量流和信息流的重要通道和密集区域。但随着人口的迅速增长和经济的高速发展，河口生态系统所受到的压力日益增大，资源衰竭、生态退化和环境污染等问题逐步显露并日益严重，已成为全球生态和环境问题研究的热点区域。鉴于河口生态系统的重要性，为了避免其生态环境进一步恶化，世界各地的政府都开始重视河口生态系统的保护和管理评价工作。

河口作为独特的生态系统，环境复杂多变，基础饵料丰富，是众多渔业生物的产卵场、索饵场和育幼场，对渔业生产发挥了重要作用（陈渊泉，1995；李建生等，2005；蒋玫等，2006）。

第二节　存在问题

一、具体表现

河口生态系统独特而又复杂，它对全球气候变化和人类活动的响应最为敏感。河口地区是人类活动最为频繁、环境变化最为剧烈的区域，对渔业资源持续产出的影响最为深远。总体来说，河口渔业持续发展存在的主要问题表现在：

（一）水体环境污染

由于干流的累积效应，大量营养盐、有机物及有毒有害物质都汇集于河口，造成河口污染严重。对河口渔业生物产生重要影响的污染源主要分为两大类：一是过量的氮、磷等营养盐和有机物。这类污染物可导致水体出现严重的富营养化，在我国南方河口尤为严重。河口水域富营养化常常导致藻类大量繁殖生长，生物量急剧增加，赤潮或绿潮等大量暴发。继而，在河口区形成了大面积的低氧区或缺氧区，致使浮游植物种类的丰富度下降，导致底栖生物种群的大量死亡，以及河口群落结构和营养动态的显著变化。另外，富营养化导致的有毒有害藻类的暴发往往会降低光照强度，这种遮阴效果会导致沉水植物的面积和分布减少，从而使生境由草型系统向藻型系统转化。二是有毒有害物质污染物质。主要包括卤代烃化合物、多环芳烃（PAHs）和重金属等。卤代烃化合物（包括 PCBs、DDT 和非 DDT 杀虫剂等）会导致渔业生物繁育异常、内分泌失调、发育异常、病变或癌变等；多环芳烃类污染物容易导致底栖鱼类和贝类产生肝肿瘤、癌变和其他疾病，还会造成一系列亚致死效应，表现为生物化学、行为、生理和病理学上的变异，这些变异可能导致河口渔业物种群落结构发生变化；重金属同样对河口生物有害，高浓度时会引起生物生殖和发育异常，河口水域底部沉积物中重金属的浓度比上覆水域高出 3～5 个数量级，底栖生物最容易受到影响。

（二）渔业资源衰退

过度的选择性捕捞可能是造成渔业资源衰退的重要因素之一。过度捕捞是指捕捞量超过生物种群本身的自然增长能力，导致资源量不断下降，捕捞对象的自然补充量也不断下降，进而引起资源衰退。对河口区某些重要经济种类，如长江口中华绒螯蟹等的过度开发利用，致使河口经济渔业生物种群急剧减少，导致渔业资源面临崩溃，进而产生了巨大的生态系统变化。

（三）栖息生境丧失

人类活动对河口的破坏性影响最严重的是对渔业生物栖息地的剧烈破坏或直接侵占，这将直接导致渔业生物关键栖息生境，如产卵场、育幼场、索饵场等丧失。这些影响可能发生在河口潮下带水域内，例如航道的疏浚和疏浚材料处置、航运作业和水产养殖等；也可能发生在河口的沿岸，例如滩涂围垦、修建码头、涉水工程等。然而，对于河口更为严重的影响则是对沿江、沿海流域，特别是毗邻湿地的影响。例如，不透水表面的开发和建造会侵蚀土地径流，从而可以显著地改变河口的水质、水文和盐度；大规模的岸线开发加速了自然栖息地的破碎化，从而对水生动物的索饵和洄游形成障碍。

（四）外来物种入侵

外来的生物物种会被偶然或有目的地引入河口水域，当引入的物种能够适应被引入的河口环境时，它们就能够超越和排斥本地物种，促进群落结构和营养级关系的转变。一些极端的情况下，河口生态系统的平衡可能会受到严重的威胁。适应物种引进栖息地通常缺乏自然的控制，使这些物种能迅速地占领本地植物和动物群落的栖息地，从而导致本地物种群落结构发生改变。河口水域通常都是著名的"黄金水道"，繁忙航运带来的压舱水经常会带来一些外来生物物种；干流沿线的养殖逃逸近年来也时有发生，对河口水域渔业生物群落结构产生了深远的影响。

二、分类表现

我国大陆海岸线长达 18 000 km，分布着众多河口，仅大中型河口就有 17 个，每个河口的地理位置、生境特征和生物组成均具有不同的特征，受到的影响因素各异。

（一）长江口

长江口是中国第一大河——长江的入海口，滩涂辽阔，食源丰富，拥有丰富的湿地资源，是长江流域生物多样性最丰富、生产力最高和最具生态价值的自然景观类型之一。长江口是我国最大的河口渔场，盛产凤鲚、刀鲚、前颌间银鱼、白虾和中华绒螯蟹等，素有长江口五大渔汛之称。长江口水域的经济鱼类有 50 余种，海洋性种类包括大黄鱼、小黄鱼、带鱼、绿鳍马面鲀、日本鲭、鲕、灰鲳等；咸淡水性种类包括刀鲚、凤鲚、棘头梅童鱼、前颌间银鱼、中国花鲈、鲍、鲻、鳗、鲀等。

但由于长江三角洲人口密度高，社会经济发展迅速，生态环境压力巨大。人们对能源、活动空间等需求日益增加，大型水利工程建设、滩涂围垦等成为获取能源、拓展空间的重要手段。这些大型工程对江河湖泊的水文、底质及生活在其中的水生生物均产生极大影响，最突出的是直接造成大量水生生物的栖息地遭受破坏，致使产卵场、索饵场等丧失，严重影响生物群落结构的稳定和多样性，甚至威胁整个区域的生态平衡。

滩涂湿地过度围垦、湿地生物资源过度利用。目前长江口湿地受到围垦的严重威胁，而且围垦的速度越来越快，据统计，自 20 世纪 50 年代到 20 世纪 90 年代末已围垦的滩涂面积达 785 km²，相当于上海市陆域面积的 12.4%。围垦首先破坏作为初级生产者的湿地植物，导致该生境下的水禽、两栖动物、爬行动物以及鱼类的栖息地、觅食地和繁殖场所的减小或丧失，导致生物的种群数量减少甚至濒临灭绝。潮上滩和高潮滩是生物多样性最集中、资源量最丰富的滩涂地段，其中，高潮滩是组成食物链的主要区域，是生物进行物质循环和能量流转的地区。潮上滩和高潮滩的缺失，势必影响该区域的生物多样性，导致湿地的其他功能丧失。过量过度地围垦滩涂湿地，对湿地生态系统的破坏和干扰是极其严重的。长江口滨海湿地区位偏远，部分湿地资源利用存在过度的现象，如当地牧民放牧大量的耕牛、肉牛和其他牲畜，过度放牧破坏了湿地的植物资源，部分滩地被牛群踩踏成寸草不生的"泥浆地"；当地居民对潮滩的贝类、螺类无节制的挖掘，使鸟类的食物蓄积量锐减。长江口的"鳗苗大战"、蟹苗捕捞以及鸟类偷猎行为等都严重影响了湿地生物资源的贮量，对长江口湿地生态平衡产生威胁。

长江口独特的咸淡水交汇区域孕育了丰富的水产资源，根据种群的生态属性，长江口水域鱼类可分为 4 种生态类型，即淡水型、海水型、咸淡水型和洄游型，上海市渔业捕获量主要来自长江口地区，上海市渔业捕获量一定程度反映了长江口水生生态系统的变化情况。根据统计资料分析，上海市渔业捕捞产量整体趋势呈波浪式下降，除 20 世纪 90 年代后期略有上升外，其他各年份产量均低于平均产量，整个长江口水域渔业资源量呈现全面衰退的趋势，只是近年来衰退趋势逐渐趋于缓和，但产量仅在低水平上平稳，主要原因是近 20 年来不断加强的渔业管理措施发挥了作用。

生物多样性指数降低，生态环境质量呈衰退迹象。目前长江口生物多样性的指数已明显降低，生物物种减少。监测到的种类中，1998 年与 1982 年相比，浮游生物种类减少 69%。底栖生物也明显减少，1998 年与 1992 年相比，底栖生物种类减少 54%，底栖生物量减少

88.6%，饵料基础衰退。一些国家级保护动物如白鲟、白鳖豚、淞江鲈等濒临灭绝，历史上重要经济鱼类前颌间银鱼资源几近枯竭。总体上长江口地区湿地生态系统的环境质量呈衰退迹象（操文颖等，2008）。

（二）黄河口

黄河口地处山东省东营市垦利区境内，北靠渤海湾，东靠莱州湾，与辽东半岛隔海相望。黄河千年的流淌与沉淀，成就了中国最广阔、最年轻的湿地生态系统，特殊的地理位置和大量的淡水注入，造就了黄河口区域独特的湿地生态环境和得天独厚的自然条件，生物多样性十分丰富。据资料记载，黄河三角洲地区重要的经济鱼类和无脊椎动物有50余种，而分布于滩涂的贝类资源达40余种，其中经济价值较高的贝类有10余种，属于国家一级保护动物的有达氏鲟、白鲟两种；这里也是鸟类的栖息地，鸟类主要有丹顶鹤、白头鹤、白鹳、中华秋沙鸭、金雕、白尾海雕等多种国家一级重点保护鸟类，国家二级保护鸟类有30多种。因此，黄河口区域是莱州湾和渤海湾重要的生态功能区，也是生态环境保护的主战场。

然而，随着社会经济的快速发展，气候变化和人类活动对黄河口生态系统产生了深远的影响。一是气候变化明显。黄河流域近60年来气温明显升高，降水整体减少，实测径流量呈显著减少趋势。二是围填海发展迅速。研究发现，1976—2008年，人工盐田以及养殖池塘等围填海工程使现代黄河三角洲人工湿地总面积增加了70.7倍，天然湿地面积明显减少，湿地功能急剧转变。三是工程建设突飞猛进。阻隔了滩涂湿地与渤海正常的物质和能量交换，使滩涂湿地的面积出现萎缩或碎片化，影响植被的正常演替过程。四是环境污染日趋严重。黄河口邻近海域环境污染主要来自陆源工业生产和城镇生活污水排放，以及种植业和畜禽养殖业面源污染。研究表明，近年来湿地入海河流水体污染逐步加剧，对近岸海域的影响较为明显。五是捕捞压力居高不下。渔业捕捞强度过大，导致渔业资源量下降，捕食关系改变，进而造成补充群体和生殖群体的失衡，同时导致生物群落结构向生命周期的"小型化"生态效应演变，严重影响生态系统稳定。六是浅海养殖方兴未艾。黄河口水域贝类增养殖面积已超过7万 hm^2，主要从事文蛤、菲律宾蛤仔、毛蚶、四角蛤的底播养殖和其他种类的护养；湿地中华绒螯蟹养殖和浅海贝类筏式养殖也正快速发展，改变了黄河口水域的自然生境。

由于上述种种影响，黄河口生态系统出现了诸如自然湿地减少、生态需水量不足、海底荒漠化、生境缩小或碎片化、主要鱼类产卵场退化或丧失、渔业资源衰退以及生物多样性下降等严重生态问题，最终将影响生态系统的结构和功能。

（三）珠江口

40余年来，珠江口环境与生态系统、生物种群结构及鱼类资源等产生了显著的变化：物质源汇过程加剧、赤潮暴发频率和规模加剧、河口低氧区范围扩大、生物种群结构异化、鱼类资源枯竭加剧等，珠江口正面临严重的环境压力和生态安全风险，已经成为全球海岸典型生态脆弱区（Diaz et al.，2008；Doney，2010）。

作为全球经济最发达的区域之一，珠江口的高强度人类活动不可避免地致使大量持久性有机污染物被释放到珠江口海域。随着欧美等发达地区对持久性有机污染物造成的环境问题的重视，一些高毒性持久性有机污染物在发达地区被禁止生产和使用，其生产从欧美地区转移到中国，从而使珠江口成为全球污染最严重的海域之一。

珠江口鱼类面临复杂的环境压力：填海及大型海上工程等直接造成各种群核心栖息地表

失，渔业过度捕捞导致珠江口鱼类食物链不完整，而陆地上工业、农业生产排放的污染物经海洋食物链汇集到鱼体内，会造成免疫、内分泌及繁殖方面的毒性效应，严重威胁渔业资源可持续性发展。珠江口沿岸经济发展迅速，给海洋环境质量带来巨大的污染负荷，陆源污染物逐年增加，水域生态环境持续恶化。陆源污染物的大量输入导致珠江口部分区域水体富营养化严重，已成为我国富营养化问题最突出的海域之一，由富营养化引起的赤潮灾害等环境问题已严重影响了珠江口水域的渔业生产及渔业资源的保护。珠江口水域作为传统渔场，长期存在过度捕捞现象，渔业资源衰退严重。受珠江口水域大规模的围填海等人类活动活动干扰，滩涂、红树林等重要渔业栖息地减少和碎片化，生态荒漠化日趋严重，渔业功能降低显著。

此外，珠江口是世界上航运线路最密集的水域之一，海洋噪声已被证明能够对某些鱼类的生理行为和生殖行为产生直接影响。因此，在周边区域经济高速发展的背景下，逐步实施珠江口水域富营养化生态调控、栖息地生态修复和渔业资源养护等基础和关键技术研究，集成示范并应用，以确保珠江口水域生态系统健康有效地发挥渔业资源"三场一通道"的功能显得十分迫切。

（四）辽河口

辽河中、下游是严重的缺水地区，河口地区没有独立水源，主要依靠辽河中、下游的八大水库供水，近年来由于辽河中、下游的用水量逐步增加，水资源供需矛盾更加突出。辽河口地区可利用的地表水量有限，而地下水的咸水和微咸水所占比率较大，水资源不丰富，现已超量开采，导致该地区现有的供水水源的水量不足，特别是近年来持续干旱，水资源量进一步减少，加剧了水资源短缺的形势，使得工业、生活、农业开发与生态用水争水现象严重，尤其是湿地淡水供应短缺。

近几年由于连续干旱，以及工农业和生活用水量增加，辽河口地区的大辽河、双台子河、绕阳河及大凌河的来水量逐渐减少，河流挟带的泥沙沉积，使河道及河口的泥沙淤积越来越严重。不断淤积的河口使中水河槽过水面积相对减少，造成纳潮量减少，泄洪能力降低。

以大辽河营口段污染最为突出，目前水质为劣Ⅴ类水质，已不能满足使用功能需求。工业废水、生活污水和农业废水（主要污染物为持久性有机污染物、石油、农药、重金属等）的排放及乡镇工业"三废"污染（乡镇工业排放的废水、废气、固体废弃物）对水环境的污染情况也是不容忽视的。水体富营养化严重，赤潮频发。同时水库、近海海域水质也有污染物超标现象，并且污染程度呈上升趋势。

辽河口生物栖息地的状况受到自然过程和人为因素两方面的影响。入海河流携带着丰富的有机物、营养元素和泥沙，为河口区生物提供了充足的食物来源和栖息环境。但由于人为的不合理开发和过度污染，河口生态环境退化，多种生物多样性急剧下降，群落结构趋于简单化，生态系统处于不稳定状态。水利工程的建设等使鱼类"三场一通道"破坏严重。强烈的陆海作用和多年的开发活动致使河口湿地发生局部变化，海岸线下移，河口区域呈现向下"漂移"趋势，碱蓬滩涂面积有逐渐缩减的趋势，植被覆盖度也有一定下降，湿地旱化日益加重，导致区域湿地生态系统质量下降，影响濒危物种的生存栖息。

辽河口海岸线长，资源类型多，涉及水利、水产、海运、油田、盐业、农业等部门，还有国家一级鸟类自然保护区。但是，没有河口开发治理或滩涂管理的地方法规，也没有进行过统一的综合治理规划，使得治理、开发利用和防洪、生态环境保护的矛盾日渐突出。农业用水管理制度不健全，没有实际水权管理。没有建立强制节水机制，也没有从源头上控制总用水量和定额指标，缺乏科学有效的理论指导水资源的管理。

第三节　科技发展现状与趋势

生境和生物资源修复技术是目前国际生态学研究的前沿和热点领域之一。国际恢复生态学会给出的生态恢复的定义是："生态恢复是一个恢复并保持生态系统健康的过程"。具体而言，生态恢复是帮助退化、受损或者毁坏的生态系统恢复的过程，是一种旨在启动及加快对生态系统健康、完整性及可持续性进行恢复的主动行为。20 世纪 80 年代，随着人口的增加及对自然资源需求的增加而对自然生态系统产生胁迫，人类面临着合理恢复、保护和开发自然资源的挑战，恢复生态学应运而生。1985 年国际恢复生态学会成立，推动了生态恢复的研究和实践。

一、国内发展趋势

我国在生态修复方面，逐步把工程治理和生物治理相结合。如污水处理等污染控制工程、人工鱼礁等生境营造工程、水生植被恢复和增殖放流等生物恢复工程以及生态海洋牧场建设、水产种质资源保护区和自然保护区建设等，已成为渔业水域生态修复的主要技术手段和管理措施。

河口水域介于海淡水之间，我国大陆海岸线长达 18 000 km，具有 17 个重要河口和 60 多个河长 100 km 以上的中小型河口。我国在河口水域渔业生态修复方面的研究较少，以往研究中也有涉及，但缺乏科学系统的研究，实践应用更少。最近 10 多年来，河口渔业逐渐得到了国内科研工作者的普遍关注，形成了多支专注于河口渔业研究的科研团队，尤其是在长江口、珠江口和黄海口等大型河口的研究中，取得了一些特色研究成果。例如，长江口中华绒螯蟹资源的恢复是当今国际上水生生物资源恢复的成功范例，通过"亲体增殖＋生境修复＋资源管控"的资源综合恢复模式，近年来长江口蟹苗资源量由每年不足 1 t 恢复并稳定在 60 t 左右的历史最好水平；黄河口地区 2010—2012 年实施生态补水进行生态修复取得很好的效果，过水沿岸的地下水水位得到抬升，植被类型优化，景观破碎度、最大斑块类型指数和边缘密度均有所降低，生物多样性得以增加。但总体来讲，还需要向深度和广度拓展。主要进展和不足如下：

① 河口生态系统健康评价方面。由于河口生态系统的区域性和复杂性，有关河口生态系统健康的定义和内涵尚未形成统一的认识，国内尚未形成一套成熟的指标体系和评价方法，缺乏健康河口的评价标准和参照体系。由于河口为复合生态系统，同时受陆地、海洋生态系统及海陆交互作用的影响，目前国内缺乏对河口生态系统的物理过程和生物过程以及两者间的相互作用的深入和全面的认识，且研究区域局限于河口水域，未涵盖河口区域邻近陆地生态系统以及毗邻的海洋生态系统，完整性不够。

② 河口生态系统动力学方面。河口地区由于自身环境的特殊性，其流场结构、水质、生物种群结构等均具有与其他海区明显不同的特点，因此河口地区生态系统十分独特。能量

流动和物质循环是河口生态系统最重要的两大功能，河口生态系统在海陆交互作用中起到的作用受到越来越多的重视。食物网结构与生态系统营养动力学关系作为海洋科学国际前沿研究领域，营养动力学通道及其变化和营养质量在食物网中的作用是研究的重点内容，但河口生态系统营养动力学的研究相对滞后，国内目前尚无系统研究我国主要河口食物网结构和功能的报道，仅在相关研究中涉及河口食物网部分营养级结构。整体而言，有关河口生态系统动力学相关研究的资料数据过于陈旧且往往比较分散，研究对象也比较孤立，缺乏对整个河口生态系统的量化和综合分析。

③ 河口渔业资源调查评估方面。河口由于其独特生境，渔业资源极其丰富，且极具区域特色，包括淡水种类、海水种类、咸淡水种类和洄游性种类。河口渔业资源调查相对滞后，近几年来在长江口和珠江口等渔业资源调查监测方面积累了多年的调查监测数据，但与海淡水渔业资源调查监测相比，系统性和连续性较差，缺乏统一、标准的调查监测方法，不具备渔业生物学和资源动态方面的长期序列数据，尚无法为河口渔业的科学管理提供系统的科学支撑。但国内在渔业资源研究方面基本与国际接轨，完成了从单鱼种研究向多鱼种、群落和生态系统等方面的多学科交叉融合研究的转变。

④ 河口渔业资源养护与利用方面。河口水域有许多特色渔业资源，如长江口区有中华绒螯蟹、刀鲚、凤鲚、白虾和银鱼等五大渔汛，形成了著名的长江口渔场。然而，由于环境变迁及捕捞影响，目前渔汛基本消失。近年来，以长江口中华绒螯蟹增殖放流为代表的河口渔业资源养护工作取得了突破性的进展，掌握了中华绒螯蟹洄游习性与生态因子需求，建立了系统完善的增殖放流评估体系，通过连续增殖放流，使长江口中华绒螯蟹繁殖群体数量得到有效回升，蟹苗产量达至历史最好水平，是国内水生动物增殖放流的典型成功案例。另外，在河豚、青蟹等增殖放流方面也取得了显著的成果。总体来讲，河口渔业资源养护方面发展还不够均衡，且目前成功增殖的资源仅为单物种或少数几个物种，整体生态水平上的研究还有待进一步加强。另外，河口拥有众多优良水产种质资源可开发应用于养殖业的发展，尽管河豚、刀鲚等资源得到了有效的开发和利用，但相关研究还不够全面，还有许多的水产种质资源待开发利用。

⑤ 河口生态保护与修复方面。目前国内对河口渔业生境评价的研究多侧重于评价生态系统的自然状态，如考虑生物指示种、水质、生境等方面，但已经明显呈现出从单一指标走向对系统、综合要素的评价，评价理论由最初的生物学原理——生物群落及生态系统理论，向系统综合评价理论发展。国内河口生态修复方面的工作主要集中在对生态修复技术措施的研究，且研究多停留在局部区域范围内或集中于某一生物群落或物种，对生态修复的其他环节，如退化诊断、生态修复监测、生态修复效果评估及修复管理等方面的研究相对较少，缺乏从整体生态系统水平的生态修复研究。

二、国际发展趋势

作为国际上著名的大型水域生态修复工程，美国切萨比克湾生态修复是世界河口海湾生态修复最为成功的典范。切萨比克湾是美国面积最大、生物多样性最高的河口海湾。自1950 年以来，伴随人口增长，城市、工业、农场以及道路发展，切萨比克湾环境严重退化，水质严重恶化，鱼类产量不断下降。1983 年切萨比克湾生态修复项目启动，目的是保护和改善切萨比克湾的水质和现有的自然资源。从 1983 年至今，切萨比克湾流域所涉及的州政府、美国环保局等联邦机构部门不断完善项目目标，促进更加广泛的交流，加强合作伙伴关系，经过几十年的治理，切萨比克湾的环境问题已逐步得到治理和解决。

实现切萨比克湾的可持续管理必须通过科学、合理的管理手段，从流域整个生态系统的角度（包括流域、沿岸区、滨海湿地以及浮游带），了解切萨比克湾的情况及其对外界各种变化的反应，这是制定修复目标、实施修复措施的必要条件。

1. 水质及沉积物治理

随着切萨比克流域人口和集约化农业的发展，整个海湾点源和非点源营养输入还将持续增加。治理措施包括建立全流域水质监测站点网络（162 个站点），对点源、非点源（如地下水出流和大气沉降）进行控制；不断地提高污染防治措施，以便争取点源化学污染物零排放；将土地的害虫综合治理和最佳农药喷洒量结合管理。

由于水体富营养化，营养物、重金属和污染物的大量输入，海湾近岸和深水区的沉积物已经变得更加富营养化及污染有毒化。有关沉积物的治理方法有：①减少营养物和污染物的排放；②通过永久性掩埋水体中沉积物的方法加速永久性存储或者减少生物所需的有效营养源；③在小湖、小溪或支流中，通过物理屏障（淤泥和黏土）对底泥沉积物进行密封，或通过化学性阻挡层（明矾）淀积水顶部或刚输入水表的沉积物，有效地减少养分和污染物质再循环。

2. 土地合理利用

切萨比克海湾水体健康与整个流域的土地利用方式息息相关。已有研究显示，海湾的人为富营养化和深水区的缺氧状况与森林滥伐及随后进行的农业和城市用地开发直接相关。此外，土地利用方式及其变化的程度已经深深地改变了进入海湾的淡水排放量和沉积物排放量，这改变了水体中的光照、溶解氧量和盐度，最终导致植物的自养作用、食物网的分布和组成的改变。切萨比克流域土地的治理主要通过对流域的原生土地（森林和农场等）进行永久保存，不进行开发利用，并且沿河岸带大量种植树林。

3. 重要栖息地保护与修复

对重要栖息地的保护与修复主要是通过维持现有的重要栖息地面积以及重建恢复历史面积，例如种植沉水植被、退耕重建湿地和种植河岸带森林带等。这些重要的栖息地除了有阻拦沉积物、减少海岸侵蚀、将整个流域输入的营养源转换为生物量和碎屑并输送到远洋带的功能外，最更重要的是，它们是切萨比克湾生物赖以生存、栖息、觅食、产卵、迁移和育幼的场所，对重要物种生物资源有重要的支撑作用。

4. 生物资源保护和恢复

保护和恢复生物资源是切萨比克湾生态修复的重要目标。由于生物物种及其资源量的分布和大小受到理化、人为、生物因素的综合影响，而切萨比克流域自上游至下游，其城市化水平、地质学、化学、生物学上的异质性呈水平梯度分布，并且海湾水体中光、溶解氧、盐度及可利用的营养呈垂直梯度分布差异。因此，对于保护和恢复切萨比克流域生物资源，实现可持续利用和管理十分复杂，必须在水平和垂直维度上，集成考虑生态系统结构和功能的综合管理方法。切萨比克湾实现保护和恢复生物资源的目标主要实施的措施有：

（1）改善海湾水体缺氧状况

由于水体的富营养化，切萨比克湾已是大西洋中部地区最缺氧的河口。自 1997 年以来，整个海湾已经暴发了多次严重的有害藻类水华。有害藻类水华的暴发导致深海的食物网发生剧烈变化；对于进行垂直迁移的浮游动物来说，由于海湾深水区缺氧加剧，其可以逃避捕食的深水避难所已经荡然无存；底部食碎屑者被迫转移到有氧的、更浅的水域。不仅深水区，近岸及河口区都正在经历大规模的缺氧。

对于广阔的切萨比克流域来说，对源源不断输入的营养源进行大幅的减排，很难一蹴而就。针对切萨比克湾深水区、近岸和河口的缺氧情况，行之有效的方法是采用生物操纵法逆转水体富营养化过程，以改善水体缺氧状况，即通过重组鱼类群落减少生态系统初级生产力的有效性养分，改变深海食物网的结构和生物量。具体方法为通过增加捕食浮游植物的鱼类种群数量，控制浮游植物的过量生长，推动食物网各营养水平间的交互级联作用，最后调整水体的营养结构，从而加速水质的恢复。传递能量的关键物种，如鲱（*Clupea pallasi*）的资源量还持续受到威胁。通过生物操纵方法筛选产生出经济、安全、可食用的鱼类品种，如黄鱼、毛鳞鱼、银鲤、鲢，能有效地控制浮游植物的生物量。

（2）补充关键物种资源量

切萨比克湾在20世纪的灾难性衰退之后，鲱、牡蛎、蓝蟹及其他的经济鱼类如鳗鱼、红鼓鱼的资源量，持续受到威胁。鲱、本地牡蛎和蓝蟹恰好是切萨比克湾主要的食藻者、食腐质者和滤食者，对流域输入的有机物质起转换和存储的关键作用，并且能进一步调节海湾浮游带的群落代谢。

为了保护和恢复这些关键的功能和经济物种，提升其生态服务功能，实施的措施为针对性地开展对这些物种（如蓝蟹）的限制性捕捞和增殖放流，以进行资源量的恢复和补充。例如，通过对蓝蟹基本生物学和生活史的研究，突破蓝蟹的大规模人工繁育技术，发展大规模的孵化养殖场。而后，在考虑切萨比克海湾河口所有环境梯度下，确认野生蓝蟹所有生活史阶段的栖息地所在及在这些栖息地之间的迁移路径，制定科学合理的增殖放流策略：确定蓝蟹在何生活史阶段进行放流、放流蟹的规格、放流规模、最佳季节的放流时间，将放流蟹和野生蟹之间的差异减至最小，将小生境微环境和放流时环境差异减至最小，协调放流站点与位于洄游通道的捕捞压力区，选择放流的大生境和放流站点。通过优化增殖放流策略，提高放流蓝蟹的成活率，增加其资源量。2002—2006年，29万多只标签蟹的幼体被放流入海湾的育幼所栖息地，其对应的野生资源量增加了50%～250%。

（3）引入生态功能替代种

在切萨比克湾区近岸，主要滤食者为本地牡蛎，其通过摄食富营养化所形成的藻类，充当切萨比克湾流域输入有机质的处理器。近年来，其资源的枯竭，导致海湾近岸将悬浮营养物质转变成无脊椎动物生物量的能力大为下降。然而，随着一些高效的滤食性物种被有目的的引入，例如，河蚬（*Corbicula fluminea*）、斑纹贻贝（*Dreissena polymorph*），这些物种的滤食性行为已经部分地填补这一能力，并且在某种程度上，可以完全取代牡蛎的功能。例如，在河蚬高密度分布区域，浮游植物生物量已经显著减少，大型水生植物开始恢复，摄食河蚬的鸭子的数量也在增加。

（4）修复重要栖息地

沉水植被、海草床、湿地、海岸带等大多分布在近岸区，近岸生态系统的生态修复，是确保切萨比克湾修复重要栖息地项目成功的关键环节。对近岸重要栖息地的修复，主要包括对沉水植被（海草床）的修复和对湿地的保护。海草床是多种鱼类和无脊椎动物早期幼体重要的栖息地。在切萨比克海湾，一般通过种植曾经的优势沉水植被对海草床进行修复。例如，在海湾中盐度区的浅滩中，种植曾经的优势种川蔓藻（*Ruppia maritima*）和眼子菜（*Potamogeton perfoliatus*），种植存活率已达 70%，在此，沉水植物物种的重建有效恢复了该区的索饵场功能。在对优势沉水植物进行重建中，为了提高种植植被的成活率，必须考虑当时当地的环境指标。例如，2003—2005 年，切萨比克海湾的波多马克河口种植大约 9 万株鳗草（*Zostera marina*），通过 3 年栖息地情况评估，确认了导致植物高死亡率的环境条件为：水温大于 30 ℃、缺氧（溶解氧 0~3 mg/L），低的有效光利用比（<15%）。植被重建时需要规避这些环境因子压力。湿地作为许多重要物种的育幼场，对其的保护措施主要是确定对关键物种具有承载力更高功能的湿地加以重点保护。例如，野外试验确定蓝蟹幼体偏向聚集在地势更浅、具有流苏形状的湿地，并以此为育幼场。在路易斯安那州，云斑海鲇（*Cynoscion nebulosus*）利用沼泽湿地作为育幼场。这些特殊结构或类型的湿地被设为保护区域加以重点保护。

其他类型的重要栖息地保护和恢复还包括：①鱼类洄游通道的修复。大坝及其他河流中的阻碍物阻碍了切萨比克湾溯河性鱼类（如鲱）进入上游到淡水中产卵或做反向迁移的鱼类（美洲鳗）入海产卵，这是整个切萨比克洄游鱼类种群下降的原因。去除大坝等障碍能恢复洄游性和常栖性鱼类至上游栖息地和产卵区的通道。当去除大坝不可行时，给洄游性鱼类重构至产卵场的鱼道是首选。鱼道是人造的结构设计，使洄游鱼类能够通过水流中的阻碍物。用于切萨比克湾流域的鱼道结构有五个主要类型：竖向槽、涵洞、升鱼机、新的泳道和堰。建造鱼道或去除大坝，是整个流域洄游鱼类洄游通道修复的重点。这些恢复工作的实施，使越来越多的在孵化场繁育的鱼类亲本能返回产卵场。在过去的 10 年，有超过 3.4 亿尾鲱溯河至马里兰、宾夕法尼亚和弗吉尼亚州的支流中进行产卵孵化并返回切萨比克海湾。②人工重建牡蛎礁床并优化。在切萨比克湾，对牡蛎的过度捕捞导致其栖息地牡蛎礁的严重破坏损毁。最新的牡蛎恢复工作已经从基于海湾转向基于支流的重建牡蛎礁策略。这个基于支流的策略是一个更定向、更集中的方法，利于集成恢复牡蛎礁并恢复其提供生态效益的作用。在人工重建牡蛎礁上，舍弃了传统低效的人造贝壳礁，构建优化的人造牡蛎礁结构，使其能提供多层次的、复合结构的生境；能容纳持久的礁石结构、降低捕捞的物理损坏；能容纳足够量的牡蛎（平均 25 g/m² 牡蛎生物量）进行滤食和繁殖；并且当水体底部的缺氧时，能提供庇护所。③海岸线的稳定。稳定的海岸线能提供稳定的近岸栖息地，对其进行防护亦十分重要。岬防浪堤能有效分散潮汐波能量，用于保持岸平面形状，并且其大小和位置可以调整，用于最大化稳定海岸线长度。同时，海岸线长度最大化，能大大增加潮间带和水下环境面积，为近岸栖息地恢复提供灵活的方案。切萨比克湾中栖息地修复中设计创建大约 6.9 万 m² 新的栖息地，包括岸滩、沙丘、潮间带盐沼、灌木丛和沉水植被，其中，额外的 2 000 m² 岩石基底的栖息地是由岬防浪堤结构直接提供。

切萨比克湾生态修复工程是美国最大的生态系统修复工程之一，经过几十年的治理取得了举世瞩目的成效，其治理修复过程中采取的管理手段、修复方法值得思索和借鉴。

第四节　创新发展思路与重点方向

一、发展思路

针对河口渔业资源衰退及生态环境恶化的现状，借鉴国际相关先进研究理论和技术，整合国内河口相关研究技术团队，系统开展河口渔业资源评估与管理、河口生态系统健康诊断与评价、河口生态环境保护与修复等相关基础与应用技术研究，实现我国河口渔业资源的可持续利用与河口生态环境的健康发展。

同时以恢复重要渔业物种资源为重点，针对河口渔业水域生境退化、丧失造成的渔业群落缺口，导致重要渔业物种资源衰退的现象，通过生态修复措施的实施，从基础研究、应用技术研究、平台建设和应用示范研究 3 个层次，进行生态模型的构建，建立河口生境修复与资源养护模式，改善河口渔业水域生境条件，提高生境异质性，恢复生态功能，为重要渔业物种的定居与繁殖提供条件，同时发展生物资源养护技术，从而提高河口渔业水域生境生物多样性和生态系统稳定性，以达到河口渔业水域生境修复及重要渔业物种资源恢复的目标。

二、重点方向

（一）基础性研究方面

1. 我国重要河口水生生物多样性及资源调查监测

聚焦我国典型江河入海口（长江口、珠江口、黄河口等），系统开展河口水域水生生物资源及其栖息生境调查，分析河口水域水生生物群落结构和分布规律以及主要生物功能群的组成，建立我国河口水域水生生物物种、基因资源库和信息数据库，形成河口水生生物资源与功能基因资源储备，为河口渔业资源的合理养护和利用、发挥对流域和近海渔业资源的支撑功能及实现我国渔业持续健康发展提供科学依据。

2. 河口及近海典型生境演变及其生态资源效应

河口及近海岛礁、滩涂等典型生境结构、形成机制及其变动趋势研究；河口及近海岛礁、滩涂等典型生境生源要素循环和补充的关键动力学过程研究；河口及近海岛礁、滩涂等典型生境基础生产力与生源要素的耦合机理研究；河口及近海岛礁、滩涂等典型生境食物网营养动力学研究；河口及近海重要渔业资源产出过程、相互关系及补充机制研究；河口及近海生态安全评估方法及调控机制研究。

3. 气候变化与环境变迁对河口重要渔业资源的生态学效应

气候变化与环境变迁对长江口生态水文、水力学环境的影响；气候变化与环境变迁对长江口珍稀和重要经济水生生物的影响；气候变化与环境变迁对河口区域生态系统结构和功能的影响；气候变化与环境变迁对重要水生生物生态和生理的影响；河口生态区的恢复战略和重要生物种群的重建技术。

4. 河口渔业生态基础与健康评价

对河口及其邻近海域的理化环境（主要生源要素、盐度、水温、pH、DO、浊度、潮与流）、生物环境（叶绿素 a、浮游植物、浮游动物、底栖动物）和渔业生物（鱼卵、仔稚鱼的种类及数量；渔业生物的群体组成、性比、摄食量以及生物量）进行调查与分析，筛选具有河口特性的生物与非生物的敏感物种与指标，以河口生态系统的结构完整、功能完善为目标，建立生态系统健康的指标体系和评价方法，进行河口渔业生态基础与健康的常态化的调查与评价。

5. 河口重要渔业资源种群数量变动机制

重点研究河口水域渔业群落结构及多样性特征；解析营养物质输入、污染物输入和围填海等人类活动对资源优势种交替的影响；研究人类活动下重要渔业种群出生溯源和仔鱼转输与分散、生长繁殖、洄游等，探明重点渔业种群生活史的长期演变过程与适应性机制；构建渔业种群动力学模型，阐明重要渔业种群资源的长期变动规律及响应机制。

6. 河口水域特征污染物和新型污染物甄别与风险评价

研发河口水域特征污染物和新型污染物的甄别与监测技术，开展特征污染物和新型污染物毒性毒理效应研究；建立耦合分析模型，研发特征污染物和新型污染物生态安全主要风险源的筛查和甄别技术；形成不同类型风险源的生态安全评价指标技术，确立生态系统风险等级划分标准，构建生态系统安全预警技术体系。

7. 河口水域渔业环境污染机制与生态效应研究

通过河口水域生态环境长期动态监测数据分析，研究渔场食物链（网）营养关系；探讨海洋物理驱动下渔场生源要素的变动过程；揭示重要生源要素时空演变特征及其对海洋基础生产和渔业资源的产出效应；研究污染物在渔业环境和生物体中的迁移、富集、转化和排泄过程及其影响因素，阐明主要渔业生物对典型污染物的毒性应答机制。

8. 河口渔业湿地生态系统演变机制及健康评价研究

开展珠江口红树林、滩涂等重要渔业湿地生态系统结构调查与功能分析，研究珠江口重要渔业湿地生态系统动态变化过程与特征，探讨生态系统演变的主要影响因素，阐明其演变趋势及机制；科学构建珠江口渔业湿地生态系统结构与功能评估指标体系，初步掌握南海近岸主要湿地生态系统的健康评价等级；根据分区分级诊断结果，对生态系统功能受损和健康等级较低的区域开展针对性修复技术研究。

（二）应用技术研究方面

1. 重要河口水域渔业资源养护与生境修复技术

针对我国珠江、长江、黄河和辽河四大重要河口，以重要经济渔业种类栖息地调查、资源养护与生境修复为抓手，开展资源养护与生境修复：①渔业资源与关键栖息地调查与评估。调查评估我国重要河口水域渔业资源及其关键栖息地现状。渔业资源包括渔业种类组成、优势种，群落结构、数量分布、生物量变化；渔业生物关键栖息地调查包括"三场一通道"分布、生源要素循环和补充动力学特征、基础生产力等，评估并查明重要渔业资源补充过程及其对关键栖息地的选择利用机制。②重要河口水域渔业资源养护与评估。针对南北方不同河口水域特点，研发重要渔业资源亲本或大规格健康苗种的培育、标志放流技术，针对不同的放流对象，确定适合的放流地点、规格及数量；构建亲本/苗种培育及增殖技术规范体系，建立放流群体对生态系统风险评估及效果评价技术体系。③重要河口水域渔业生物关键栖息地修复。根据南北方河口水域特点，针对不同目标研发并建立底栖动物底播、人工鱼巢、漂浮湿地、海洋牧场、牡蛎礁、人工鱼礁、柔性鱼礁等不同生态修复与评估技术，构建关键栖息地生境生态系统的关键恢复技术体系。

2. 长江口渔业生境功能恢复与资源养护技术

调查研究长江口渔业生物产卵场、索饵场和洄游通道等关键栖息地生境特征、分布格局及其受损程度和过程，研发以底质修复、漂浮湿地、人工鱼礁等为核心的替代生境营造技术，恢复长江口重要渔业生态功能；调查研究长江口重要渔业生物功能群的组成结构、变动趋势及其关键成因，研发建立基于种群增殖、群落结构优化与综合管理为一体的资源养护技术体系，养护长江口重要渔业资源。

3. 黄河口退化渔业生境修复与资源养护技术

开展黄河口水域渔业生境退化和资源衰退的过程和机制研究，针对性地研发水生植被恢复、贝床和牡蛎礁重建、潮沟水系营造、幼鱼庇护设施建造、渔业资源增殖等生境修复和资源养护的工程与生态技术，构建黄河口水域渔业生态修复技术体系，重建黄河口水域渔业生境，恢复黄河口水域渔业资源；研发黄河口水域渔业生境适宜性评价与预警技术。

通过对黄河口水域渔业生境退化和重要渔业资源衰退的过程和机制的研究，掌握渔业生境及渔业资源的状况和变动趋势，利用工程技术和生物手段修复黄河口渔业水域生态环境和恢复重要渔业种群，提升黄河口水域的渔业生态功能，为促进渔业陆海统筹（海淡接力）和渔业永续发展提供技术支撑。

4. 辽河口湿地生物栖息地修复技术

针对辽河口湿地环境污染现状和污染成因，在坚持湿地生态保护区域经济发展相协调、保护优先的原则下，提出污染物控制措施。对营养物质实施减排措施是进行生境修复最直接的方法：一是建立全水域水质监测站点、进行排量控制；二是不断地提高污染防治措施，达标后方可排放，争取点源化学污染物零排放；三是加强对赤潮灾害的预测技术、防治技术的研究，以便能及时、准确地做出反应，防止污染物扩散，并进行跟踪监测和群众监督。水域沉积泥沙量大、水体浊度高是导致辽河口缺氧及退化的另一个重要影响因素。针对沉积物营养化和污染采取的治理方法：一是减少营养物和污染物的排放；二是通过永久性掩埋技术，加速永久性存储水体中沉积物或者减少生物所需的有效营养源；三是在小范围水域中，通过物理屏障（淤泥和黏土）对底泥沉积物进行密封，或通过化学性阻挡层（明矾）淀积或刚输入水表的沉积物，有效地减少养分和污染物质再循环。

5. 珠江口典型湿地渔业生态功能恢复与资源养护技术

针对珠江口水体富营养化、陆海过渡带渔业生态功能退化、河口湿地生态系统渔业资源关键物种衰退等问题，以红树林湿地生态系统为对象，研发珠江口典型湿地生境营造、水体富营养化修复、重要渔业功能恢复和资源养护关键技术，阐明珠江口红树林湿地对富营养化水体净化的过程和作用机制，探究红树林湿地对河口生态系统初级生产力和渔业资源产出的作用途径，揭示红树林湿地对珠江口关键鱼类幼体保育及底栖性渔业资源增殖的作用过程，通过技术研发与集成示范，实现珠江口典型湿地渔业生态功能的恢复和提升，促进珠江口渔业资源养护与可持续利用。

（三）创新平台及应用示范方面

1. 重要河口水域渔业生态系统监测评估与预警体系

主要内容包括浮标和潜标重点监测系统的建立、数据采集与传输以及移动终端研制和App开发；渔业资源与环境监测物联网构建；数据中心建设，数据、信息标准化及数据处理。

2. 重要河口水域渔业生态修复协同创新研究中心

以长江口、珠江口、黄河口等重点河口水域的渔业生态修复为方向，以中国水产科学研究院为依托，注重陆海统筹，联合在各重点河口水域从事生态修复相关研究的科研高校和地方研究所，制定协同创新研究目标，成立河口生态修复协同创新研究中心。

3. 重要河口渔业资源与环境野外科学观测研究站

聚焦长江口、珠江口和黄河口等三大河口，建立渔业资源与环境野外科学观测研究站，主要观测内容及解决的科学问题包括三大方面：渔业生态环境监测预警与质量评估、渔业资源监测与养护效果评估、重要渔业生物栖息地监测评估和生态修复。

4. 长江口九段沙湿地生产力修复研究与示范

利用多源高分辨率卫星遥感技术对长江口九段沙生境条件进行监测与评估，开展九段沙潮沟水系营养盐通量的监测，以及大型底栖动物物种多样性与生物量的定位监测，分析研究盐沼初级生产与大型底栖动物次级生产的关系及其作用机制；选择重要土著水产资源，在九段沙湿地适宜生境开展增殖放流与生产力修复示范研究，构建九段沙湿地（次级）生产力修复集成技术体系，并进行示范。

5. 黄河口主要经济贝类资源恢复技术研究与推广

针对黄河口水域贝类种质资源及其生态环境进行系统、全面调查，掌握黄河口水域主要经济贝类的种质资源状况及其生境适宜性；研发黄河口主要经济贝类规模化苗种生产、中间育成、底播增殖以及敌害生物防治等增殖工艺；基于黄河口基础生产力和贝类摄食习性，评估河口水域的贝类增养殖生态容量，甄选优化黄河口增殖贝类的结构，构建贝类增养殖高效产出模式，并示范与推广。

6. 辽河口推广示范类项目

辽河口水域内资源丰富、特色突出，拥有四大特色资源：一是湿地旅游资源。大力发展湿地特色旅游业。二是土地、港口资源。土地资源丰富，未利用土地资源富足，境内拥有49 km海岸线，267 km² 近海滩涂，繁衍着鱼、虾、贝、沙蚕、海参等水产品。域内有三道沟国家一级渔港，沿滨海大道与辽滨港距离仅 65 km，与锦州港距离仅 70 km，为辽河口生态经济区的开发提供了重要的承载平台。三是油地融合资源。辽河油田两大采油厂、六个二级单位坐落境内，境内石油产量占辽河油田总产量的近 1/2，欢喜岭矿区有成型的城市化基础和设施，为本区开发建设提供了有力支撑。四是芦苇资源。境内芦苇资源丰富，年产芦苇35 万 t，为经济区发展造纸产业集群、打造东北最大纸品产业基地提供了重要支撑，具有重要的经济价值。因此，根据盘锦市"十三五"规划纲要的总体安排，辽河口的生态修复与发展将作为生态文明建设的典范，打造生态文化。辽河口要主打"生态"牌，不久的将来，"生态"将是辽河口的一张远近闻名的名片，"生态"也将是辽河口未来的发展之魂。要想生态扎根，就必须着力打造弘扬自然绿色的生态文化。

第五节　保障措施与政策建议

河口是一个结构复杂、功能独特的生态系统。河口地区的人类活动最为活跃，对河口湿地水质、生态环境的影响也是巨大的。主要表现在以下几个方面：工农业生产、生活污水对河口水质、生态环境的影响，河流大型水利工程建设对河口水质、生态环境的影响，滩涂围垦与水产养殖对河口水质、生态环境的影响。由于人类通过种种方式对自然资源过度以及不合理利用，已造成生态环境退化，即生态系统结构破坏、功能衰退，生物多样性减少，生物生产力下降，赤潮频繁发生等一系列生态环境恶化的现象（王现方等，2006；范利平，1998；林帼秀，2006；刘国彬等，2004）。

因此，保护好河口地区生态环境就是保护好人类赖以生存的丰富的资源和广阔的活动场所，也是人类社会经济可持续发展的优越的自然条件。河口生态环境的不断退化，将严重威胁经济社会的可持续发展。因此，必须重视河口生态环境的恢复工作，重建人与自然和谐相处的生态环境，以达到人与自然和谐共存的理想生存环境和同步发展空间（赵秉栋等，2004；张正栋，2005；彭静等，2004）。

通过分析河口渔业水域生态保护和修复存在的主要问题以及国内外科技发展趋势及需求，结合项目研究提出的创新发展思路和重点方向，对河口渔业水域生态保护和修复提出以下政策建议：

1. 建立健全规章制度

科学规范的管理是生态保护和修复顺利实施的关键。要不断完善地方政府领导、渔业主管部门具体负责、有关部门共同参与的生态保护和修复管理体系，建立健全生态保护和修复管理机制与规章制度，提高监管能力。加快制定出台生态保护和修复操作技术规范，为生态保护和修复提供全方位的制度保障。

2. 制定系统发展规划

渔业水域生态保护和修复是一项复杂的系统工程，基于生态优先、绿色发展理念和产业发展战略需求，从国家或行业层面制定"河口渔业水域生态保护和修复"的科学论证发展定位、总体和阶段目标、任务及具体实施步骤和方法，保障我国增殖渔业持续健康发展。

3. 建设专业技术队伍

渔业水域生态保护和修复是一项专业性和技术性很强的工作，如果不是科学的规范修复，不仅不能够起到正面作用，反而会对自然生态系统造成负面影响。在保护和修复实践工作过程中，需要培养一批具有较高专业素养的技术队伍，包括参与其中的基础科研人员、专职管理人员、企业生产人员、质量监管人员等。要培养一定数量的专业技术人员和熟练技术工人组成的技术队伍。

4. 打造先进技术平台

针对当前渔业水域生态保护和修复发展的技术需求，进一步加强增殖放流与生态修复等技术研发。借鉴国外先进人工鱼礁建设的经验与做法，通过设立渔业增殖站、增殖放流示范基地以及人工鱼礁示范区的方式，突破每个环节的核心技术，加强源头技术创新，提升增殖放流和人工鱼礁示范模式技术水平。集中优势资金和力量，以科研院所为基础，在全国高起点、高标准创建一批具有较高科研能力、放流基础扎实、生态修复建设经验丰富、硬件条件好、工作积极性高、社会责任心强的技术平台研发团队。通过技术平台的建立，整合现有技术成果，加强协同创新，完善技术体系，带动我国资源增殖整体科研技术水平的提升。技术平台除完成政府安排的增殖放流和生态修复建设任务外，同时还肩负社会放流放生苗种供应、水生生物资源增殖宣传教育、增殖放流技术孵化、生态修复成果转化示范和协同创新等责任，示范带动全国渔业水域生态保护和修复工作。

5. 强化基础技术研发

积极开展重要河口水生生物多样性及资源调查监测；河口及近海典型生境演变及其生态资源效应研究；气候变化与环境变迁对河口重要渔业资源的生态学效应研究；河口渔业生态基础与健康评价研究；河口重要渔业资源种群数量变动机制研究；河口水域特征污染物和新型污染物甄别与风险评价研究；河口水域渔业环境污染机制与生态效应研究；河口渔业湿地生态系统演变机制及健康评价研究。

6. 强化关键技术研发

重点开展重要河口水域渔业资源养护与生境修复技术研究；长江口渔业生境功能恢复与资源养护技术研究；黄河口退化渔业生境修复与资源养护技术研究；辽河口湿地生物栖息地修复技术研究；珠江口典型湿地渔业生态功能恢复与资源养护技术研究。

参考文献

操文颖，李红清，李迎喜，2008. 长江口湿地生态环境保护研究 [J]. 人民长江，39（23）：43-45，58，137.

陈渊泉，1995. 长江口河口锋区及邻近水域渔业 [J]. 中国水产科学，2（1）：91-104.

崔伟中，2004. 珠江河口水环境的时空变异及对河口生态系统的影响 [J]. 水科学进展，15（4）：472-478.

范利平，1998. 珠江三角洲水污染现状及防治对策 [J]. 水利规划与设计（A1）：59-61.

蒋玫，沈新强，王云龙，等，2006. 长江口及其邻近水域鱼卵、仔鱼的种类组成与分布特征 [J]. 海洋学报，28（2）：171-174.

李建生，程家骅，2005. 长江口渔场渔业生物资源动态分析 [J]. 海洋渔业，27（1）：33-37.

林帼秀，2006. 珠江三角洲城市河流污染及修复维护对策研究 [J]. 水资源保护，22（4）：27-29，46.

刘国彬，杨勤科，许明祥，等，2004. 水保生态修复的若干科学问题 [J]. 中国水利（16）：31-32，40.

彭静，王浩，2004. 珠江三角洲的水文环境变化与经济可持续发展 [J]. 水资源保护（4）：11-15.

王现方，崔树彬，2006. 珠江三角洲城市河涌生物-生态修复工作初探 [J]. 人民珠江（1）：7-9.

张正栋，2005. 珠江河口地区可持续发展评价研究 [J]. 地理科学（1）：29-35.

赵秉栋，赵军凯，宫少燕，2004. 论生态修复在水土保持生态建设中的优化作用 [J]. 水土保持研究，11（3）：105-108.

Diaz R J，Rosenberg R，2008. Spreading dead zones and consequences for marine ecosystems [J]. Science，321（5891）：926-929.

Doney S C，2010. The growing human footprint on coastal and open ocean biogeochemistry [J]. Science，328（5985）：1512-1516.

（赵　峰　宋　超）

第九章

江河渔业水域生态修复

第一节　概　　述

　　我国天然河流总长达 42 万 km，流域面积在 100 km² 以上的河流有 5 万多条，1 000 km² 以上的有 1 580 条，超过 10 000 km² 的有 79 条（吴卫华等，2011）。各大江河共有鱼类 600 多种，是我国淡水渔业的摇篮，鱼类基因的宝库，生物多样性的典型代表区。河流鱼类群落提供了渔业的基础，渔业的出现可追溯到人类在河谷定居时期。河流及其流域不仅用于渔业，而且还可用于其他多种目的，其中有许多用途因改变了河流的水质与水量，并与河中鱼群相互作用，因而使河流受到损害。当河流的利用增多后，为了发展渔业，河流的管理就越来越重要了，渔业本身也需要管理，这种管理可采取直接对鱼类资源的干预，或是对渔民本身用法规与经济的制约来完成（徐大建，2002）。

　　江河渔业在很大程度上受自然环境和所利用的鱼类资源特性的影响，影响江河渔业的因素与湖沼和海洋渔业有很大不同。分散性、季节性和多样性三个因素决定了江河渔业的特点。由于各种因素的影响，江河渔业产量呈继续下降的趋势，有些河段无鱼虾可捕，不少鱼类已濒于绝迹，表现出江河渔业资源明显衰退的特征。产卵场的消失或缩小以及鱼类迟迟不能进入产卵区是物理障碍最显著的影响。大坝可通过封闭溯河通道和降河通道来影响鱼类迁移（谢平，2017）。这类迁移对于部分生活史在河流中度过、部分在海洋或其他大的水体中度过的溯河性和降河性鱼类是非常重要的，同时对于生活史的某一个阶段依赖于水系内的纵向迁移的河湖洄游性种类也是非常重要的。对于力图溯河迁移的鱼类，如果没有通道，大坝会形成一个不可逾越的障碍，而降河性迁移的鱼则处于在涡轮机入口被水流带走和在降河通过期间或伤或死的高度危险之中（Larinier et al.，2001）。

　　加强水生生物资源养护、生态文明建设已经成为全社会的共识。江河渔业开始进行渔业生态保护，尤其针对濒危物种开展了增殖放流、产卵场建设、洄游通道建设等一系列手段（蔡露等，2020）。在流域这个大的系统中，河流只是其组成部分之一。江河中的鱼群，不仅受到河道及其相连水体所产生事物的影响，还受到许多外部事物的影响。因此，江河渔业的生态保护与修复通常会和湖泊渔业、河口渔业统筹兼顾。

第二节　存在问题

一、水域生态环境恶化，渔业结构功能脆弱

　　20 世纪 80 年代以来，随着社会经济的快速发展，废水排放量呈逐年增加趋势。我国主要江河均遭受不同程度污染，其中超过 2 400 km 江段鱼虾绝迹。生态环境部公布的 2019 年全国

地表水质量状况显示，长江、黄河、淮河等七大流域及西北诸河、西南诸河和浙闽片河流中Ⅳ类和Ⅴ类水质断面比例占 17.9%，劣Ⅴ类为 3.0%（图 9-1）。水利部长江水利委员会发布的《长江流域及西南诸河水资源公报》显示，2009—2018 年，长江流域污废水排放总量由 333.2 亿 t 增至 344.1 亿 t（图 9-2），水质状况已严重影响和威胁珍稀特有水生生物的生存环境。

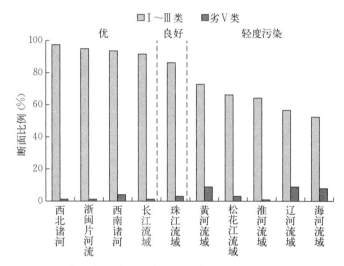

图 9-1　2019 年七大流域和西南、西北诸河及浙闽片河水质类别比例
（生态环境部公布的 2019 年全国地表水质量状况）

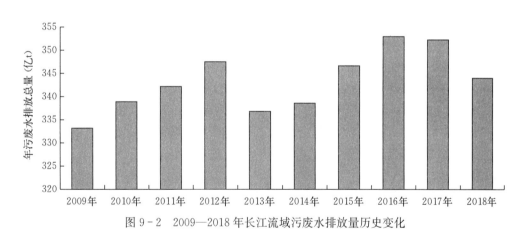

图 9-2　2009—2018 年长江流域污废水排放量历史变化

　　青海作为长江、黄河和澜沧江的发源地，其特殊的地理位置，生态环境的稳定与否直接影响到整个流域的气候与旱涝（贾敬敦等，2004）。由于自然因素和人为破坏，中国三大江河源头地区生态环境仍在持续恶化。长江上游及源头地区受侵蚀面积 10.6 万 km²，占全流域水土流失总面积的 14.3%，每年输入黄河和长江的泥沙超过 1 亿 t（《青海省生态环境建设规划》）。三江源作为世界上海拔最高、江河湿地面积最大、生物多样性最为集中的地区之一（刘敏超等，2005），生态环境正日趋恶化：水源涵养功能退化、湿地萎缩、灾害频繁，生态系统极其脆弱（任广鑫等，2004）。海河水系作为华北地区最重要的水系，由于水资源短缺，目前正面临着有河皆干、有水皆污、湿地消失、地下水枯竭、沙尘暴肆虐等水生态环境危机，如不采取强有力的措施加以遏制并恢复生态系统，流域经济社会就不可能实现可持

续发展，甚至会发生难以想象的后果。因此，遏制海河流域水生态环境恶化已刻不容缓（王志民等，2002）。

二、水生生物资源衰退，资源养护措施不足

人类活动的增加，破坏了水域生态环境，减少了鱼类活动空间。许多重要鱼类的栖息地功能退化，渔业捕捞的能力和水平已超过自然资源的承载力，主要江河水域水生生物链中各个物种特别是珍稀特有物种资源正面临全面衰退，部分珍稀特有物种已灭绝或濒临灭绝，濒危水生野生动植物物种数量急剧增加，濒危程度不断加剧。

长江拥有独特的生态系统，分布有 4 300 多种水生生物，其中鱼类 400 多种，170 多种为长江特有种（曹文宣，2011），是我国重要的生态宝库。受人类活动的长期影响，中华鲟、长江江豚、长江鲟等珍稀濒危物种的自然栖息生境遭到破坏，水生生物保护工作形势严峻。洄游通道阻隔、产卵场消失、过度捕捞、航运、水污染和饵料鱼类资源下降等多重不利因素叠加影响，导致水生生物数量减少，繁殖规模下降，繁殖频次降低，当繁殖活动停止且高龄个体逐步趋近生理寿命后，种群逐步走向衰退（谢平，2017）。

海河流域、辽河流域、松花江流域是我国华北和东北地区的三大流域，孕育了诸多特有水生生物物种。近年来，随着开发建设力度加大，三大流域水生生物资源日益衰退，保护形势严峻。松花江流域曾经是黑龙江省渔业重要产区，鱼类资源丰富，全流域鱼类品种有 79种，但由于各种不利因素的影响，产卵场地遭到破坏，越冬场所逐年减少，洄游通道多被截断，目前鱼类品种不足 40 种，渔业资源呈严重衰退状态。

珠江流域贯穿六省区，珠江三角洲地区水系最为发达。在江河生态环境变迁等因素的综合影响下，珠江流域鱼类总体资源量明显下降，部分种类如黄唇鱼等已呈濒危状态（Wang Y et al.，2009），中华鲟在珠江流域也不见踪影。据调查，全国 800 多种淡水鱼类中有 92种属濒危，华南有 23 种（乐佩琦等，1998）。

三、生态修复创新能力不足，制约水域修复发展

目前，内陆江河鱼类资源保护主要措施为增殖放流和人工鱼巢投放，缺乏工程性技术手段。为保护河流生态系统特别是鱼类资源，必须采取一定的生态修复工程手段，修复鱼类栖息地的结构和功能，创造适合鱼类栖息繁殖的水文条件，提高生态修复水平，以保护珍稀濒危物种和特有物种，维持河道水生态适宜度，保护重要经济鱼类资源和生物多样性（史艳华，2007）。

1990 年以来，针对河流生态问题所进行的研究也涉及了比较大的时间和空间尺度，但实践则主要局限于一些小的区域和河段。实践表明，小尺度下河流生态修复措施对于生态系统状况改善或生物多样性提高的效果是有限的。同时，河流水生态系统易受岸上周边地区影响，包括人类活动和自然过程。因此，应将流域视为一个复合生态系统，将河流生态系统和陆地生态系统的研究结合起来，在流域尺度下进行河流生态修复的研究（李向阳等，2015）。

针对目前江河流域水生态系统的现状，采取的水生态修复措施主要集中在保持河道的生态流量、有序捕捞、增殖放流、种群恢复、加强水土保持等宏观方面的措施。生态修复创新能力不足，示范点相对偏少，严重制约水域修复能力的提升。

四、渔业水域管理创新不足，产业转型升级困难

目前，基于多方利益诉求的珍稀物种养护管理目标存在较大差异。内陆江河是涵盖水利、发电、航运、防洪、生态等多功能的水域，涉及水利、交通、国土资源、环保、渔业等多个部门，由于部门职责的不同，各行业部门具有不同的利益诉求。水利部主要负责江河水资源利用的规划和实施，交通部负责江河航道的大规模综合治理，这些项目规划的实施如果不能结合水域生态保护工作，将会对江河水生生物资源和水域生态环境产生巨大的负面影响（徐菲等，2014）。

农业农村部 2019 年组织制定了《关于实行海河、辽河、松花江和钱塘江等 4 个流域禁渔期制度的通告》，从而实现了我国七大重点流域禁渔期制度全覆盖。此外，实行限额捕捞制度，有利于江河渔业资源的迅速恢复，用行政、经济、法律等手段加以限制和引导，减少捕捞强度。实行禁渔区、禁渔期制度，使亲鱼受到保护，幼鱼得以生长。但江河渔业资源的增殖保护工作是一个系统工程，涉及社会生活的方方面面。因此，需要组建专门的工作班子，加强领导，健全各级保护委员会。

江河渔业实行禁捕措施后，渔民的就业安置问题仍然突出，偷捕行为时有发生，使得禁渔期的实际效果大打折扣。与禁渔期相配套的保障措施、管理措施目前还存在不到位、不兼顾现象。

第三节　科技发展现状与趋势

一、国内外高度重视水域生态修复工作

发达国家从生态系统整体定量开展江河水域修复研究，在鱼道、人工鱼巢的研究方面，结合鱼类生物学需求，重视效果评估，建立了生态水文指标体系，成立了相应的组织管理机构，如美国设立的"密西西比河委员会"。而就国内而言，目前内陆江河特别是长江的珍稀特有物种保护和水域生态环境修复已经成为国家战略，作为国家生态文明建设的重要组成部分，得到了党和国家的高度重视及社会各界广泛关注和支持。长江生态环境只能优化、不能恶化，必须树立尊重自然、顺应自然、保护自然的生态文明理念，把实施重大生态修复工程作为推动长江经济带发展项目的优先选项。

为了保护长江，在过去 30 年里，世界自然基金会（WWF）在长江流域陆续开展了 100 多个保护项目，总计资金投入 3 500 万美元。他们通过与中国政府的合作，推动建立 66 个野生大熊猫自然保护区，使全球 71% 的野生大熊猫和 57% 的大熊猫栖息地得到保护。同时，合作还推动长江中下游 40 个自然保护区建立了湿地保护网络，使 164 万 hm^2 湿地得到有效保护。世界自然基金会还积极倡导流域综合管理，恢复河湖生态，确保饮水安全。其推动建立的长江论坛，为政府、国际组织、学术机构提供讨论长江保护与发展的平台。

2016 年 3 月，中共中央政治局审议通过《长江经济带发展规划纲要》，长江生态保护上升到国家战略高度，保护长江的蓝图开始绘就。2018 年 4 月，在武汉召开的深入推动长江经济带发展座谈会上，习近平总书记系统阐述了"共抓大保护、不搞大开发"和"生态优先、绿色发展"的内涵。2019 年 1 月，生态环境部、国家发展和改革委员会联合印发《长

江保护修复攻坚战行动计划》，围绕长江保护修复攻坚战的一系列行动紧锣密鼓展开，中国长江保护修复攻坚战全面打响。

二、水生生物资源保护是水生态修复的主要内容

"十一五"期间，农业部发出了《农业部办公厅关于加快水产种质资源保护区划定工作的通知》，公布了《水产种质资源保护区划定工作规范（试行）》，先后划定公布了共计 535 处国家级水产种质资源保护区，对我国重要经济水生动植物种质资源的保护发挥了积极的作用。在生态修复方面，水生植被恢复、人工鱼巢投放和增殖放流等生物恢复工程，已成为江河渔业水域生态修复的主要技术手段和管理措施（长江渔业资源管理委员会，2011）。

20 世纪 70 年代以来，我国渔业领域逐渐实行现代化增殖放流活动。2000 年以来开始大规模的发展，主要采用放流、底播和移植等人工方式，向海洋、滩涂、河流、湖泊、水库等自然水域投放亲体、苗种等活体水生生物。这些水生生物通过捕食水环境的天然诱饵从而生长发育，以此来增加渔业生物量，改善和优化水环境的生物群落结构，促使水域生态修复，进而提高渔业经济效益，增加渔民的收入（董继坤，2019）。

为了保护和合理利用生态环境和水产种质资源，建设了一批水产种质资源保护区，将保护对象的产卵、索饵等主要繁殖、生长区域划分出来，进行科学化、规范化的保护与管理。

2018 年以来，为推动保护长江水生生物资源，农业农村部开展了组建中国渔政特编船队，加强内陆渔政执法监管力度，改善和修复水生生物生境，实施中华鲟、长江江豚、长江鲟拯救行动计划，巩固赤水河流域禁捕成果，启动水生生物保护区全面禁捕等一系列生态资源保护修复工作，长江水生生物资源快速下降趋势得到了初步遏制（陶鑫，2019）。

三、加强科技创新能力建设是水生态修复的技术保障

河流鱼类生态通道和栖息地评估、保护、修复的研究还处于起步阶段，范围较小，有关内陆江河人工鱼巢、鱼礁相关研究仅停留在摆放位置、加工材料选择上。在渔业生态环境监测与保护方面，重点研究水产养殖区与重要鱼、虾、蟹类的产卵场、索饵场和水生野生动植物自然保护区等功能水域，尚未形成成熟技术。

第四节　创新发展思路与重点方向

一、基础性工作

（一）江河渔业资源与环境调查

重点围绕黑龙江、黄河、长江、珠江四大主要流域，开展水生生物资源及其栖息生境调查，分析水生生物群落结构和分布规律以及主要生物功能群组成，建立我国江河水域水生生物物种、基因资源库和信息数据库，形成江河水生生物资源与功能基因资源储备，为渔业资源的合理养护和利用、发挥对内陆淡水渔业资源的支撑功能及实现我国渔业持续健康发展提供科学依据。

（二）江河渔业生态环境修复工程

在黑龙江、黄河、长江、珠江四大主要流域，全面开展国家水产种质资源保护区底形扫描与测绘，建立保护区水下地形数据库。进行产卵场功能要素构建、内陆人工鱼礁建设、地

形优化塑造、生态河漫滩构建，研究、探索有针对性的生态保护措施和工程技术手段，修复生态环境，保护渔业资源与珍稀物种。

二、重点研发任务

（一）基础性研究

结合不同水域的生态特征和生境特点，针对主要鱼类产卵场功能衰退、生境多样性下降等问题，开展产卵场功能要素机制、鱼类对人工通道的生态学反应机制等基础研究，掌握内陆江河鱼类栖息生境生态要素和生态学原理，形成恢复与重建的技术理论。

（二）共性技术研究

开展生态水文需求的产卵场功能保障技术、栖息地修复重建技术、生态工程修复技术等研究；实施进行中华鲟、达氏鲟、四大家鱼等鱼类产卵场恢复工程；开展濒危珍稀物种和区域性特有物种的就地保护、迁地保护等技术研究；开展重要淡水水产资源栖息地评价技术研究，进行水产种质资源种群资源分布、资源量、种质特征、群落结构、种群纯度、开发潜力的研究和评估，建立水产种质资源多元评价体系。重点开展产卵场功能评估与修复关键技术、洄游鱼类鱼道关键技术等研究。

（三）应用与示范

在黑龙江流域建设冷水性鱼类生境建设技术示范区，在黄河流域建设黄河鲤栖息地修复工程技术示范区，在长江流域建设珍稀特有鱼类栖息地修复工程技术示范区，在珠江流域建设河流连通、广东鲂产卵场功能修复示范区。

三、创新平台

重点建设黑龙江、黄河、长江、珠江流域渔业生态修复功能实验室。

第五节　保障措施与政策建议

一、加大渔业法律法规的宣传力度

《中华人民共和国渔业法》是指导渔业生产的根本大法，渔政监督管理部门要在日常执法工作中把《中华人民共和国渔业法》等渔业法律法规送到渔民手中，提高渔区人民的法制观念，使渔民懂得《中华人民共和国渔业法》赋予他们的权利和义务；懂得违反《中华人民共和国渔业法》的严重后果；懂得保护江河渔业资源是为了渔民的长远利益，而不保护江河渔业资源，受害的是渔民自己的道理。

二、实行捕捞许可证制度

捕捞许可证制度是落实《中华人民共和国渔业法》的一项重要管理制度，通过捕捞许可证管理，能够有效控制渔船数量、捕捞从业人数和网具数量。通过发放和审检捕捞许可证和渔业船舶检验证等证照，可以较好地完成捕捞渔船的检验工作，收取渔业资源增殖保护费，更好地保护江河渔业资源。

三、实行限额捕捞制度

限额捕捞制度就是根据江河渔业资源增长量大于总捕捞量的原则，限制捕捞渔船的数量和网具数量，规定作业种类和作业范围，规定禁捕鱼类品种及可捕标准，限制幼鱼比例等的制度。

限额捕捞制度的实行有利于江河渔业资源的迅速恢复，可以通过行政、经济、法律等手段加以限制和引导，减少捕捞强度。如通过增收渔业资源增殖保护费使捕捞从业人数减少，从而使江河渔业资源恢复正常水平，达到限额捕捞的目的。

四、实行禁渔区、禁渔期制度

禁渔区是国家禁止或限制捕捞水生动物的水域，即对一些重要的经济鱼、虾及其他水生动物的洄游通道、索饵场、产卵场、越冬场等区域实行禁止采捕作业或禁止某种采捕作业。禁渔区通常与禁渔期结合在一起，同时规定。

通过实行禁渔区、禁渔期制度，使亲鱼受到保护，幼鱼得以生长。如划定亲鱼产卵场和越冬场、幼鱼索饵场和洄游通道等；在亲鱼产卵高峰期休渔一个月，或进行春季休渔，或实行封湖禁渔等。

五、加强日常监督管理，教育与处罚相结合

渔政监督管理站在日常执法工作中，要做到对上述 4 项制度的检查落实，重点检查渔船上网具的网目尺寸大小，如围网目尺寸不得小于 12 cm；重点检查渔获物中幼鱼的比例；坚决取缔"迷魂阵"等有害渔具，严厉打击电鱼、毒鱼、炸鱼等违法作业行为，做到严教重罚，如吊销捕捞许可证，让违法人员参加法律法规学习班等，对于违反情节严重的，要坚决予以严处，甚至追究刑事责任；要加大渔业污染案件的处罚力度，积极参与水工建筑工程建设前的决策，杜绝破坏生态平衡的水工建筑工程实施。

参考文献

蔡露，张鹏，侯轶群，等，2020. 我国过鱼设施建设需求，成果及存在的问题 [J]. 生态学杂志，39（1）：292-299.

曹文宣，2011. 长江鱼类资源的现状与保护对策 [J]. 江西水产科技，2：1-4.

长江渔业资源管理委员会，2011. 长江水生生物资源养护工作中存在的问题及对策 [J]. 中国水产（11）：18-21.

陈进，2020. 长江健康评估与保护实践 [J]. 长江科学院院报，37（2）：1-6.

董继坤，2019. 河道整治工程对水生态的影响及保护措施探讨 [J]. 人民黄河，41（S2）：46-47，56.

贾敬敦，伍永秋，张登山，等，2004. 青海生态环境变化与生态建设的空间布局 [J]. 资源科学，26（3）：9-16.

乐佩琦，陈宜瑜，1998. 中国濒危动物红皮书：鱼类 [M]. 北京：科学出版社.

李向阳，郭胜娟，2015. 内河航道整治工程鱼类栖息地保护探析 [J]. 环境影响评价，56（3）：26-28.

刘敏超，李迪强，温琰茂，2005. 论三江源自然保护区生物多样性保护 [J]. 干旱区资源与环境，19（4）：49-53.

任广鑫，杨改河，温秀卿，等，2004. 江河源区区域环境质量影响因素分析 [J]. 西北农林科技大学学报（自然科学版）（3）：1-4，9.

史艳华，邹鹰，丰华丽，2007. 河道生态需水及水库的生态调度方式研究进展 [J]. 水资源保护（S2）：4-6.

陶鑫，2019. 试论渔业资源中的生态修复技术 [J]. 新农业 (15)：57.

王志民，2002. 海河流域水生态环境恢复目标和对策 [J]. 中国水利，4：12-13.

吴卫华，郑洪波，杨杰东，等，2011. 中国河流流域化学风化和全球碳循环 [J]. 第四纪研究，31 (3)：397-407.

谢平，2017. 长江的生物多样性危机——水利工程是祸首，酷渔乱捕是帮凶 [J]. 湖泊科学，29 (6)：1279-1299.

徐大建，2002. 浅谈江河渔业资源的增殖保护工作 [J]. 内陆水产，27 (6)：40-41.

徐菲，王永刚，张楠，等，2014. 河流生态修复相关研究进展 [J]. 生态环境学报，23 (3)：515-520.

张忠祥，2009. 国内外水污染治理典型案例分析研究 [J]. 水工业市场 (Z1)：19-24.

Larinier M，2001. Environmental issues，dams and fish migration [M]//Marmulla G D. Fish and fisheries：opportunities，challenges and conflict resolution. Rome：FAO fisheries technical paper：45-89.

Wang Y，Hu M，Sadovy Y，et al.，2009. Threatened fishes of the world：*Bahaba taipingensis* Herre，1932 (Sciaenidae) [J]. Environmental biology of fishes，85 (4)：335.

（刘兴国　朱　浩　陈晓龙）

第十章

CHAPTER 10

湖泊水库渔业水域生态修复

第一节 概　述

　　湖泊和水库是地球表面可被直接利用的淡水资源储存库，不但具有调节河川径流、防洪减灾的作用，还是地球表层系统中水生生物丰富的地区，为人类提供了十分重要的动植物蛋白资源，因此在维护区域食物、生态与环境安全方面具有特殊的地位。目前，我国常年水面积 1 km² 以上的湖泊共 2 865 个，总面积达 7.80 万 km²（不含跨国界湖泊境外面积），建成各类水库 9.8 万多座，总库容 9 323.12 亿 m³（第一次全国水利普查成果丛书编委会，2017）。20 世纪 50 年代以来，我国湖泊和水库渔业无论在增养殖面积还是产量上都经历了质的飞跃（图 10-1），2018 年我国湖泊和水库增养殖面积分别为 74.6 万 hm² 和 144.1 万 hm²，占全国淡水养殖面积的 14.5％ 和 28.0％；养殖产量分别为 97.8 万 t 和 294.9 万 t，占全国淡水养殖产量的 3.6％ 和 10.8％（农业农村部渔业渔政管理局等，2019）。湖泊和水库渔业的发展以及渔业产量的大幅提高为我国粮食安全、社会发展和解决"三农"问题作出了重要贡献。

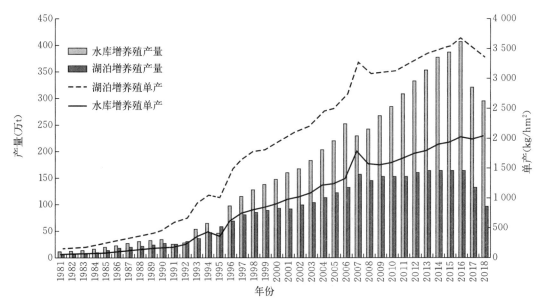

图 10-1　我国湖泊和水库增养殖产量历史变化

　　我国地域辽阔，自然环境区域分异明显，从而使我国的湖泊和水库特征呈现出显著的区域性差异（表 10-1、表 10-2）。我国湖泊主要分布在东部平原地区、蒙新高原地区、青藏高原地区、东北平原地区和云贵高原地区（王苏民等，1998；中国科学院南京地理与湖泊研究所，2019）。我国的水库分布区域差异更加显著，大多分布在长江、黄河、淮河、珠江、海河、松花江、辽河等水系（韩博平，2010）。地域和自然环境差异导致了不同区域湖泊水库渔业发展的不均衡，呈现出了各自不同的技术特点和要求。与此同时，不同区域的大水面渔业也存在着诸多亟待解决的问题。

表 10-1 我国各流域湖泊数量分布

单位：个

流域（区域）	湖泊数量			
	1 km² 以上	10 km² 以上	100 km² 以上	1 000 km² 以上
黑龙江	496	68	7	2
辽河	58	1	0	0
海河	9	3	1	0
黄河	144	23	3	0
淮河	68	27	8	2
长江	805	142	21	3
浙闽诸河	9	0	0	0
珠江	18	7	1	0
西南西北外流区诸河	206	33	8	0
内流区诸河	1 052	392	80	3
合计	2 865	696	129	10

数据来源：《第一次全国水利普查成果丛书》编委会，2017。

表 10-2 我国不同规模水库数量和总库容

水库规模	合计	大型			中型	小型		
		小计	大（1）	大（2）		小计	小（1）	小（2）
数量（座）	98 002	756	127	629	3 938	93 308	17 949	75 359
总库容（亿 m³）	9 323.12	7 499.85	5 665.07	1 834.78	1 119.76	703.51	496.38	207.13

数据来源：《第一次全国水利普查成果丛书》编委会，2017。

我国东部平原涉及湖南、湖北、江西、安徽、江苏、上海、浙江、山东、河北九省（市），该地区湖泊水库主要分布于长江及淮河中下游、黄河及海河下游和大运河沿岸，我国著名的五大淡水湖——鄱阳湖、洞庭湖、太湖、洪泽湖和巢湖即位于该地区，是我国湖泊水库分布密度最大的地区之一。其中，尤其是长江中下游平原及三角洲地区，水网交织，湖泊星罗棋布，呈现一派"水乡泽国"的自然景观。东部平原地区气候适宜，湖泊水库生物生产力较高，天然鱼类资源丰富，渔业资源开发利用程度高，渔业模式多样化，渔业技术相对先进，是我国淡水渔业重要的生产基地。然而，由于人口稠密、经济发达，在片面追求高产和经济效益的过程中，超负荷放养、过度捕捞、大量施肥投饵、湖区滥围滥圈等不合理渔业措施对天然水域环境造成了严重的负面影响，如水体富营养化加剧和生物完整性破坏等。东部平原地区人口、资源与环境之间的矛盾突出，决定了湖泊水库渔业的根本出路应以水环境保护为前提，通过对传统的渔业对象和结构进行调整和优化，将大水面渔业的战略重点由传统的常规鱼类（草鱼、鲢、鳙、鲤等）转移到优质高价的名优水产品上来，发展有利于水质保护的生态渔业模式，建立环境友好的渔业系统。

蒙新高原地处我国西北干旱区，包括内蒙古、山西、陕西、宁夏和新疆，该地区湖泊和水库是我国荒漠地区重要的水资源和水能资源战略基地，不仅发挥着重要的供水和气候调节作用，而且为土著水生生物和特有水生生物提供了重要的繁衍栖息生境。蒙新高原的湖泊和水库渔业限于历史、资金投入和技术研发等因素的限制，存在起步晚、发展缓慢、渔业结构不合理、产量低、效益不突出、空白点多等问题。近些年来受引种移植、过度捕捞、水利建设等人类活动加剧的影响，该地区渔业资源和水域环境呈现不同程度的衰退与破坏，土著鱼类和特有鱼类的种类与数量不断减少，水生生物多样性状态不容乐观。同时由于该地区降水稀少，地表径流补给不丰，蒸发强度大，气候极端干燥，水资源的短缺和不合理配置引发了一系列生态问题，如湖泊盐碱化、面积萎缩甚至干涸，直接导致湖泊生态环境恶化、生物多样性下降。水资源开发利用与渔业可持续发展、渔业资源利用与生态保护的矛盾日益突出，是亟待解决的重大科学与民生问题，开展渔业资源保护和水域生态环境修复已上升至国家战略层面。

东北地区三面环山，中间为松嫩平原和三江平原，在平原地区有大片湖沼湿地分布，发展成大小不一的湖泊，当地习称为泡子。受年平均水温较低、冰封期绵长和局部不同程度盐碱化等自然因素影响，以及社会经济发展速度限制，东北地区湖泊水库渔产力基础研究和增养殖技术研究相对缓慢，鱼产量长期处于较低水平。1990年来，随着资源过度利用、水利水电工程建设及环境污染等影响，东北地区自然水域渔业资源严重衰退。由于高纬度水域生态环境脆弱、生态系统结构简单，加之冷水性鱼和鲟鳇鱼具有生长缓慢、资源补充周期长、对环境高度适应和依赖等特点，东北地区水生态更易受外界的影响和破坏。例如，小丰满水电站、哈达山水库、尼尔基水利枢纽、大顶子山航电枢纽等水利水电设施，将原有生态系统分割成不连续的生态单元，改变水文过程和水体理化特征，破坏了鱼类完成生活史所需的生境，对鱼类的生长、栖息和繁衍产生严重影响。大麻哈鱼、鲟鳇鱼、哲罗鲑、细鳞鲑、乌苏里白鲑、日本七鳃鳗等洄游、半洄游性鱼类受水利工程阻隔，无法回到河流中上游的产卵场进行繁殖，直接造成后代资源衰退，甚至物种绝迹。因此，当前迫切需要全面加强东北地区渔业水域生态系统修复和水生生物多样性保护。

青藏高原地区湖泊资源丰富，分别占全国湖泊总数量和总面积的39.2％和51.4％，此地区生存着对特殊环境抗逆性极强的鱼类资源，其中多数是冷水性鱼类，不少是珍稀种、特有种，具有发育缓慢、寿命长、性成熟晚和繁殖力低等特点。随着社会、经济的快速发展，青藏高原地区鱼类资源也面临着国内其他水域渔业发展所出现的共性问题，如部分流域过度捕捞，水利设施建设导致的大坝阻隔、栖息地丧失、生境片段化等，但由于特殊的地理位置和社会经济特点，还面临一些比国内其他水体更为严峻的生态环境问题和挑战，如外来物种入侵、全球气候变化等。由于青藏高原地区生态环境脆弱、生态系统结构简单、生产力低下以及高原鱼类生长缓慢、资源补充周期长、对生境高度特化和依赖等特点，高原水生态更容易受到影响和破坏，鱼类种群一旦遭到破坏则难以恢复，一个物种的濒危往往连锁导致几种其他鱼类的生存危机。当前东北地区渔业资源和环境压力明显增大，水资源开发利用与渔业可持续发展、渔业资源利用与生态保护的矛盾日益突出，渔业资源保护和水域生态环境修复已经成为国家战略，作为国家生态文明建设的重要组成部分，得到党和国家的高度重视和社会各界广泛关注和支持。

云贵高原是我国淡水湖泊分布较多的地区之一，纬度较低、海拔较高，区内多构造湖，一些大的湖泊如滇池、抚仙湖、洱海等都分布在断裂带或各大水系的分水岭地带。云贵高原湖泊鱼类物种区域分化强烈、形态多样，特有鱼类多，是我国重要的鱼类种质资源库。然而，20 世纪 60 年代以来，由于外来种入侵、围湖造田、酷渔滥捕、水体污染和水利工程修建等原因，云贵高原地区土著鱼类多样性严重丧失，在 90 多种湖泊土著鱼类中，濒危和灭绝的种数占总种数的 60% 以上；天然捕捞量下降，绝大多数湖泊和水库的鱼产量以经济性外来鱼类为主，如四大家鱼、太湖新银鱼、池沼公鱼等。随着云贵高原地区工农业的快速发展和城市化进程加快，大量的工农业废水和生活污水对渔业水域环境造成了严重污染，威胁着鱼类生存和繁衍；众多涉渔工程的建设破坏了鱼类的自然环境，加之土著鱼和特有鱼类对生态环境变化的敏感性，部分种类濒临灭绝，因此加强云贵高原湖泊水库等渔业水域的生态保护与修复已迫在眉睫。

湖泊水库是我国重要的淡水水源，也是我国内陆重要渔业基地和水生生物种质资源库，对保障优质水产品稳定供给和生态文明建设具有重要的作用（刘建康等，1992；Wang et al.，2015）。在湖泊水库渔业资源濒临枯竭和水域环境退化加剧的背景下，当前水生生物资源养护和水环境保护面临前所未有的压力，围栏、网围和网箱大量撤除，产业发展空间大幅萎缩，如何实现湖泊渔业发展与水域生态环境保护的协调统一是亟待解决的重大科学问题和技术难题。因此，系统和深入地研发适应我国不同地区湖泊水库的渔业水域生态保护与修复技术体系，是保障生态渔业持续发展与优化水域环境的重大需求，对于水生生物保护和生态系统健康维护具有重大意义。

第二节 存在问题

一、渔业水域生态环境恶化，生态系统健康受损

随着我国经济、人口的持续增长和城市化进程迅猛发展，来自工业、农业和生活的污水不断增多，渔业水域受到不同程度污染。《2018 年中国生态环境状况公报》显示，2018 年全国监测水质的 111 个重要湖泊（水库）中，Ⅰ类水质的湖泊（水库）7 个，占 6.3%；Ⅱ类 34 个，占 30.6%；Ⅲ类 33 个，占 29.7%；Ⅳ类 19 个，占 17.1%；Ⅴ类 9 个，占 8.1%；劣Ⅴ类 9 个，占 8.1%。主要污染指标为总磷、化学需氧量和高锰酸盐指数。国家重点治理的"三河三湖"中太湖、巢湖、滇池的水质分别为Ⅳ类、Ⅴ类、劣Ⅴ类。湖泊水库水质状况仍不容乐观，开展湖泊水库生态修复仍需不断深入。

在湖泊水库渔业资源与环境管理方面，由于过度追求经济效益，未能有效地控制人工养殖强度，养殖过程中大量施肥、投饵，导致部分水体水质恶化，水产品品质降低，同时也影响水体供水、旅游和景观等服务功能的发挥（陈洪达，1989；张国华等，1997）。由于对水生态系统的脆弱性认识不足，富营养化日益加剧等问题出现后未能进行有效控制，养殖环境容量等科学研究滞后，湖泊水库渔业开发与资源环境保护未能协调兼顾，出现了一些与资源利用和生态环境相关的严重问题，表现为生物多样性下降、水域生态系统健康受损。如何协调渔业发展与生态环境保护的关系，成为当前湖泊水库渔业资源合理利用和生态系统系统健

康维护的一个重要课题（叶少文等，2015；谷孝鸿等，2018），事关渔民生活保障、社会稳定和生态文明建设的大局。

二、渔业生物资源严重衰退，资源养护措施不足

受水利工程、围湖造田等人类活动影响，我国内陆水域的鱼类产卵场、索饵场、越冬场和洄游通道等栖息生境均受到了不同程度损害。许多重点保护物种的产卵场消失，传统索饵场严重破坏，洄游通道受阻，关键物种数量持续减少，土著鱼类资源严重衰减。受水环境污染、过度捕捞和"三网"养殖等因素影响，湖泊水库中的鱼、虾、贝、水草等水生生物多样性下降，渔业生物群落结构破坏严重，优质高营养层次鱼类资源相继衰退，低营养层次小型鱼类资源逐渐增加，鱼类资源小型化、简单化问题突出，渔业生物在维系生态系统稳定和健康方面的作用减弱，水体自我调节和抗干扰能力下降（刘建康，1990；梁彦龄等，1995）。

湖泊水库生态系统的脆弱性使得水生生物生存环境极易受到外来因素影响。例如，外来物种福寿螺、罗非鱼、加州鲈、克氏原螯虾、埃及塘虱、巴西龟已在许多水域成为影响水域生态系统的入侵物种。入侵生物对湖泊水库生态系统的影响不容忽视，生态系统中一个物种生态位的变化或消失，将导致生态系统中若干种间关系的相应改变，继而影响整个生态系统的稳定平衡。

20世纪70年代，我国对一些天然水域开展了以渔业资源保护和生态修复为目标的增殖放流活动，取得了一定的生态效益和社会效益。2006年，国务院颁发了《中国水生生物资源养护行动纲要》，把增殖放流作为养护水生生物资源的重要措施之一，旨在解决渔业资源衰退、水域生态荒漠化、物种濒危程度加剧等问题，促进我国内陆渔业可持续发展。现阶段迫切需要加强科学制定增殖水域的增殖放流规划，强化苗种遗传资源和健康状况管理，构建增殖放流生态风险的适应性管理体系，加强对生物资源养护与增殖的效应评估，实施增殖放流的科学机制与体系化建设等，有效控制湖泊水库渔业资源的衰退并使之得到改善和维护。

三、生态修复创新技术缺乏，水域修复能力薄弱

在湖泊水库富营养化加剧、水生生物栖息地不断被压缩、自然生境保护范围非常有限的背景下，采取生态修复手段增殖保护重要土著物种，恢复产卵场、索饵场、越冬场和洄游通道等关键生境的结构与功能，显得非常必要和重要（胡传林等，1999）。然而，目前我国主要流域不同鱼类等水生生物的生活史和生境需求以及水生态系统特征的基础资料仍十分匮乏，水生生物资源增殖保护和生态修复技术薄弱，缺乏对生物资源动态分析和水域生态系统承载力的评估方法，缺少以系统研究为基础的水域功能性分类管理和规划，因此亟待从生态系统水平发展资源增殖和生境修复等水生生物资源与环境保护技术体系。

湖泊水库渔业水域生态修复属于系统工程，涉及生态学和环境科学等多方面原理与技术，近些年我国学者提出"保水渔业""净水渔业"等生态渔业思路（刘其根等，2003），在东湖、太湖、梁子湖、千岛湖等水域得到实践并取得一定成效（Lin et al.，2015；Gui et al.，2018），但在渔业水域生态修复方面还存在着不足，尤其缺少针对渔业水域生态环境修复的理论与技术，为此，迫切需要开展生态系统结构与功能、渔业生物操纵、栖息地修复、水生生物养护、生态渔业模式以及生态渔业理论体系等方面的渔业科技创新，加强以生态保护和修复为核心的养护型渔业技术创新和应用示范。

四、渔业水域管理创新不足，产业转型升级困难

我国渔业发展已进入一个新的阶段，渔业水域管理面临许多新的挑战。一是淡水渔业发展已由产量型向质量型转变，由解决吃鱼难的问题向保障生态安全和食品安全转变；二是对产业结构、贸易结构和产品质量提出了更高的要求，需要保障渔业水域的良好水质；三是面对渔业资源和生态环境的变化，我国渔业必须实施可持续发展战略。

在此背景下，我国湖泊水库渔业要降低养殖强度，向"人放天养、水域牧场"的方式转变，大力发展环境友好、生态健康的渔业模式，减少对水域生态环境的影响。同时，还要千方百计拓宽湖区和库区渔民就业增收渠道，有序推进转产转业，攻克产业转型升级过程中存在的困难。

第三节　科技发展趋势和需求

一、国内外科技发展趋势

（一）国内科技发展趋势

1. 湖泊渔业资源调控技术取得重要进展

以长江流域浅水湖泊为代表，通过对渔业增殖保护、渔产潜力估算、规模化放养和湖群功能分区管理等技术研究，提出了浅水湖泊群优质高效渔业模式与理论体系（崔奕波等，2005；谢松光等，2000）。重点研究了各湖区水体中组合式生物和单元式生物的资源量、生产力及相互关系，运用渔业生物操纵技术原理，开展了增养殖和群落结构调控研究，提出了湖泊食物链层级优化配置工艺，建立了湖泊鲚规模化放养、河蟹生态养殖、团头鲂增殖等技术（Gui et al.，2018）。

2. 湖泊水库生态渔业模式获得显著效益

建立了湖北梁子湖群保护水生植被、调整鱼类群落结构模式，武湖富营养退化湖泊的渔业修复技术模式；浙江千岛湖保水渔业模式；安徽安庆湖群种草殖螺、轮养轮休渔业和灌江纳苗模式；江苏东太湖植草养鱼蟹模式等（刘其根等，2003；崔奕波等，2005；Lin et al.，2015）。通过增殖优质渔业种类、调控生物群落结构、优化生态系统功能，获得了显著的生态效益、经济效益和社会效益。

3. 湖泊生态修复关键技术奠定科学基础

过去30多年，我国开展了受污染湖泊生态修复关键理论和技术研究，在湖泊生源要素的生物地球化学循环、富营养化过程以及蓝藻水华暴发机理等方面开展了系统深入的研究（谢平，2003），阐释了我国典型湖泊稳态转换条件与调控阈值，提出湖泊生态修复的基本原理，建立了人工湿地水处理技术，初步构建水质生态调控的复合生态系统，为我国湖泊富营养化控制和生态修复奠定了科学基础。

4. 湖泊水库生态渔业理论基础有待提高

我国多数湖泊和水库渔业生产以经验为主，缺少科学合理的评价标准和系统性管理规范，对生态系统特征的定量分析仍十分匮乏，渔业资源增殖保护技术和理论研究薄弱，缺乏生物资源动态分析方法和水域生态系统渔业承载力评估方法，缺少基于系统研究的功能性分类管理和规划。

5. 系统和长期性基础调查研究有待加强

新中国成立以来，国内有关科研院所开展了部分湖泊水库渔业生物资源与环境调查，获得了大量背景和基础数据，但尚缺乏全面性、系统性和长期性的调查研究。由于经费与技术等原因，无法开展实时的、快速的、长期的生物监测，降低了数据的时效性和完整性，目前对全国湖泊水库的常规监测仍无法满足大水面生态渔业发展的科技需求。

（二）国外科技发展趋势

1. 基于生态系统的渔业管理已成为共识

国际上非常重视对渔业资源养护基于生态系统的管理，即从生态系统角度定量管理渔业放养和捕捞。美国 NOAA 通过多年的监测数据构建生态系统模型，监测多种群放养和捕捞的生态学效应，目前此类方法已被广泛应用于湖泊生态系统管理。在食物网和生物能量学理论基础上，国外发展了较为丰富的研究手段，包括生态化学计量学和生态网络分析等方法。北美五大湖渔业管理委员会通过保护土著鱼类种群、修复栖息地生境、防控生物入侵、立法保护水质以及增殖放流和捕捞调控等措施综合管理五大湖生态系统，在控制五大湖富营养化、降解有毒污染物、恢复渔业资源和重建自然栖息地等方面取得了显著成果（Jennings et al.，1999；Elnum et al.，2001；Power et al.，2005）。

2. 实验湖沼学的基础理论体系较为健全

国外对湖泊渔业生态研究是湖沼学理论体系快速发展的基础，为湖泊水库生态渔业可持续发展提供了科学支撑。湖沼学研究以湖泊为实验对象，在全湖水平（生态系统水平）开展实验性研究（Power，2001）。湖沼学生态系统恢复的理论基础是恢复生态学和景观生态学，对应的相关理论主要有演替理论、入侵理论、边缘效应理论和中度干扰假说等（Balirwa et al.，2003；Eby et al.，2006）。

3. 水域渔业生物操纵理论得到广泛应用

近年来，全球范围内水体富营养化问题日趋严重。虽然一些物理和化学方法能取得短期的水质治理效果，但这些方法对整个生态系统造成了一定的破坏。以生物操纵理论为指导，采用生物群落优化、食物网调控、抑制藻类、改善水质的生物修复方法，为解决湖泊富营养化问题提供了可行的途径（Carpenter et al.，1998）。目前研究存在的普遍问题是历时过短、难以评价长期效果。湖泊形态、水质条件和生物复杂性也表明只采取一种手段不能达到较好的生态修复效果。考虑到富营养化湖泊生态系统中肉食性鱼类、滤食性鱼类、浮游动物、沉水植物和细菌等作用，不同湖泊应根据自身特征采取不同的组合技术并重点采取一种措施，以期达到治理效果（Jeppesen et al.，2007）。

4. 定量化管理技术为生态渔业提供保障

生态渔业先进的发达国家如日本、美国等对水环境保护要求严格，建立了完善的渔业环境影响评估体系，与之相关的水质调控、复合种养及生态修复技术等都较为成熟。世界各国对渔业资源的开发利用各有不同，社会制度、经济基础等原因造成各国策略有所侧重。维持和保护生态环境，使之不遭受破坏的同时，发展游钓渔业是发达国家湖泊渔业的主要特点。另外，北美大湖区采用生物能量学模型为中心的渔业管理模型，对不同的湖区补充投放湖鳟等经济鱼类鱼种，确定捕捞量份额，控制七鳃鳗等寄生性鱼类。其渔业管理理论的显著特征是以建立在生理生态学数据基础上的鱼类生物能量学模型，定量预测鱼类摄食、生长及其与饵料生物的关系，结合种群动态模型，建立渔业可持续管理模式（Pauly et al.，2000；

Fogarty，2014）。

5. 生态优先的渔业模式推动可持续发展

众多研究表明湖泊环境修复属于系统工程，以生态学和环境科学原理为指导，渔业管理和水环境保护关系密切。环境友好、生态优先的渔业模式不仅可以减轻渔业生产对水环境的危害，还可促进营养元素在生态系统中的循环，减少污染积累、改善水质。建立土著水生生物资源保护区、设置禁捕管理措施，可促进湖泊水生生物资源修复；合理增殖放流和捕捞有助于完善生态系统食物链、提高营养物质的转换率；水生植物修复技术和放养工艺更新，能有效改善湖泊水环境，推动湖泊生态渔业可持续发展（Mehner et al.，2004）。

二、科技与产业发展需求

（一）湖泊水库生态修复是水生态文明建设的主要内容

湖泊水库水资源的保护与我国人口健康和国民经济的发展状况直接相关，加强对湖泊水库渔业容量与生态增养殖技术的研究，在发展渔业的同时达到净化水质的目的，实现大水面水质保障、渔业持续发展和渔民生计需求的协调统一是水域生态文明建设的主要内容。

（二）渔业生物资源保护与利用是生态修复的主要途径

湖泊水库萎缩将极大地压缩淡水鱼类的生存空间，甚至导致珍稀、特有种濒危、灭绝。水利工程建设显著改变了水域原有环境条件，导致鱼类多样性锐减。渔获物趋于低龄化和小型化，大量幼鱼和各种低值小型鱼类已成为湖泊的主要捕捞对象。生物和物理方法是当前主要采用的技术手段，基于生态系统的生态修复是今后发展的目标和方向，水生生物资源保护与利用是水生态修复的主要途径。

（三）科技创新能力建设是生态保护和修复的技术保障

以绿色发展为指导，探索大水面渔业资源养护与合理开发有机结合的高质量发展模式，全面提升大水面生态渔业科技创新能力，改善水域生态环境，保障生态系统健康，促进渔业资源有效利用，实现大水面生态渔业全面升级和可持续发展。

第四节 创新发展思路与重点方向

一、发展思路

（一）指导思想

全面深入贯彻党的十九大精神和总书记生态文明建设重要论述，以《中国水生生物资源养护行动纲要》《农业部关于加快推进渔业转方式调结构的指导意见》《关于加快推进水产养殖业绿色发展的若干意见》和《关于推进大水面生态渔业发展的指导意见》为指导，落实"创新、协调、绿色、开放、共享"发展理念，以满足人民对优美水域生态环境和优质水产品的需求为目标，总结湖泊水库渔业发展经验和先进模式，研究渔业水域生态保护与修复的关键和共性技术，组织实施科技创新和技术推广的重大项目，推进技术成果转化，探索水域生态保护和渔业生产相协调的湖泊水库生态渔业高质量绿色发展之路。

（二）主要目标

针对我国湖泊水库渔业资源衰退及生态环境恶化的现状，借鉴国际先进理论和技术，整合国内相关研究团队，系统开展湖泊水库渔业资源评估、生态系统健康评价、重要渔业资源养护与利用、渔业生态调控与生物操纵、水域环境保护与修复等相关基础和应用技术研究，开展以生态保护和修复为核心的养护型渔业技术创新和应用示范，构建适应我国不同地区湖泊水库的渔业水域生态保护与修复技术体系，构建增殖放流生态风险评估及适应性管理技术体系，建立湖泊水库渔业资源养护与生态修复模式及协同创新研究平台，促进渔业发展与水域环境保护相协调，为我国湖泊水库渔业的绿色升级和健康发展提供科技支撑。

二、重点方向

（一）基础性研究方面

1. 湖泊水库渔业资源与环境调查评估

开展湖泊水库水生生物资源及其栖息生境调查，分析湖泊水库水生生物群落结构分布规律以及主要生物功能群组成，建立我国湖泊水库水生生物物种、基因资源库和信息数据库。研究分析湖泊和水库主要营养物质来源、污染生态过程及对生态系统的影响，建立渔业资源与环境综合信息动态数据库，为湖泊水库渔业资源的养护和合理利用、发挥渔业生态功能提供科学依据。

2. 渔业资源环境调查规范与评价体系

研究湖泊水库渔业生物资源多元评价方法，建立湖泊水库渔业资源与环境调查规程，完善水域生态风险评估方法，制定不同区域和条件下的生态渔业资源与环境质量评价标准，分析不同湖泊和水库的功能定位、发展规划、渔业方式及社会发展要求，建立生态渔业综合评价体系，提出主要湖泊和水库功能定位。

3. 湖泊水库增殖生态容量评估及优化

研究湖泊水库各营养层次关键物种的生态转化途径、效率及其主要影响因素，定量分析同一水域渔业目标种类之间的捕食和竞争作用，建立渔业生物资源生态容量、渔产潜力捕捞预测模型。通过对人工放养和捕捞的管理，调整、优化渔业生物资源结构，提高生态系统物种多样性和饵料资源利用率，研发渔业经济动物在水域生态系统营养物质循环和平衡过程中调控技术。

4. 渔业种群变动规律及生态响应机制

针对湖泊水库污染、资源衰退等生态问题，开展湖泊水库重要渔业资源种群数量变动机制研究、水域特征污染物和新型污染物的甄别与风险评价，构建渔业种群动力学模型，阐明重要渔业种群资源的长期变动规律及响应机制，开展水域渔业环境污染机制与生态效应研究，阐明重要湖泊水库渔业种群资源生态的长期变动规律及响应机制。

5. 湖泊水库渔业生态风险评估和预警

研究人工增殖放流不同生态类群经济动物的食物网效应和风险评估，包括对饵料鱼类群落、水生无脊椎动物群落、水生植被、藻类优势种组成、初级生产力和水质的直接或间接影响；研究人工放流鱼类对同种野生鱼类摄食、繁殖、生境利用等生态学影响及作用机制；研究人工放流引入的外来物种对土著物种的生物同质化影响评估；研究重要水生经济动物人工繁育群体的遗传变异和基因渐渗作用等。

（二）应用技术研究方面

1. 渔业资源增殖和生态捕捞调控技术

根据不同地区湖泊水库渔业资源和生态环境特点，研究基于水生态系统结构和功能，研发基于容量评估和食物网关系的定向增殖放流及生态捕捞技术，制定主要淡水生物增殖放流技术体系和捕捞管理规程，建立和完善"人放天养、以渔养水"的生态渔业模式。

2. 水生生物栖息生境修复与营造技术

针对水生生物栖息生境的受损状况和主要渔业物种的生态环境需求，研究栖息地营造、索饵场构建、产卵场修复等技术，研发水草床、水岸带、鱼礁、沙洲等生境修复设施，恢复关键物种，构建生境环境监测方法，研究形成相应的技术体系，建设水生生物栖息生境示范区，制定水生生物栖息生境区技术规程。

3. 水域生态屏障构建与环境调控技术

为防控外源性污染和生物侵入，依据水生生物本底现状和历史调查情况，针对外源系统污染和潜在入侵水生生物特征，系统布局层级水生动植物，逐级建立多层次生态屏障，研究对应水生生物生态屏障构建工艺，形成湖泊水库水生生物生态屏障构建技术体系。

4. 水生生物层级优化与资源养护技术

针对水生生物群落结构破坏、食物网结构简单、营养层级转化率低等问题，以藻型、草型、过渡型湖泊和水库为对象，开展不同层级水生生物监控技术、保护技术、养护技术和生态预警技术集成，提出水生生物的合理配置和水生态系统的有效保护措施，维护水生态系统稳态，构建水生生物区域分级养护技术体系。

5. 渔业种质资源保护区生态修复技术

研究全国范围内湖泊水库水产种质资源保护区资源环境现状及发展趋势，厘清主要胁迫因素，开展种质资源保护区生态修复需求等级评价，建立水产种质资源保护区生态修复的共性技术体系和标准。

（三）应用示范及创新平台方面

1. 开展渔业水域富营养控制技术示范

重点围绕湖泊水库污染来源、迁移变化特征、环境污染特点、生态治理方法开展工作，建立完善修复生态风险评估方法，注重污染物区域生态过程与调控原理，掌握富营养物输移、富集过程及对生态系统的影响，开展湖泊水库渔业水域富营养控制技术示范。

2. 开展濒危和特有物种保护技术示范

围绕濒危珍稀物种和区域性特有物种的原地保护、异地保护和人工护存等生态保护关键技术，开展濒危和特有物种的产卵场构建和生态工程修复等技术示范，开展重要经济物种集约化养护基地设计、保种方式等技术集成与示范。

3. 开展湖泊和水库生态渔业模式示范

根据水域自然环境条件、生物资源本底、水体水质状况、渔业历史背景和社会经济水平等方面差异，选择典型湖泊和水库作为示范区，围绕生态渔业的基础和共性技术，开展资源养护型生态渔业模式示范、资源利用型生态渔业模式示范、生态修复型生态渔业模式示范。

4. 建立生态修复技术研发与创新中心

围绕北方、华东、华中、华南、西南等重点水域渔业生态修复需求，以中国水产科学研究院为依托，联合在各重点水域从事生态修复研究的科研高校和地方研究所，制定协同创新研究目标，成立湖泊水库渔业生态修复协同创新研究中心。

5. 建立渔业资源修复国家级观测台站

聚焦北方、华东、华中、华南、西南等区域，建立渔业资源与环境生态监测预警与质量评估、渔业资源监测与养护效果评估、重要渔业生物栖息地监测评估和生态修复。

第五节 保障措施与政策建议

一、保障措施

（一）强化科技支撑作用

推动湖泊水库渔业水域生态保护和修复科技重大专项立项实施，加强基础理论研究、关键共性技术研发、重要技术规范和标准编制等工作，组建湖泊水库渔业水域生态保护与修复技术创新联盟，促进产学研用协同创新。

（二）加大科技资金投入

积极争取国家财政对湖泊水库生态渔业科技的稳定支持，加快科研基础设施、国家重点实验室、实验基地、科研装备等建设。各级渔业行政部门要通过多种渠道，积极争取地方财政加大渔业科技投入，加强科技创新和基地平台建设。

（三）建设专业技术队伍

渔业水域生态保护和修复是一项专业性和技术性很强的工作，在实践工作过程中需要培养一批具有较高专业素养的技术队伍，包括参与其中的基础科研人员、专职管理人员、企业生产人员、质量监管人员等。

（四）加强技术培训推广

依托科研院所、高等院校和技术推广机构，逐步建立湖泊水库生态渔业公益性技术推广服务体系，加强生态渔业经营主体带头人培训，带动渔业水域生态保护与修复理念、先进模式和技术的推广应用。

二、政策建议

（一）健全管理规章制度

不断完善各级政府领导、渔业主管部门具体负责、有关部门共同参与的湖泊水库生态保护和修复管理体系，加快制定出台渔业水域生态保护与修复操作技术规范，为水域生态文明建设提供全方位的制度保障。

（二）制定系统发展规划

基于生态优先、绿色发展理念和产业发展战略需求，从国家或行业层面制定重要湖泊和水库的水域生态保护与修复规划，科学论证发展定位、总体和阶段目标、任务及具体实施步骤和方法，保障湖泊水库生态渔业与环境保护协同发展。

（三）建立联合执法机制

统筹协调公安、渔业渔政、生态环境等相关部门，开展区域联合执法工作，大力推广视频监控、无人机等信息化监管手段，加大渔政执法力度，强化行政执法与刑事司法衔接，保障湖泊水库生态保护与修复各项措施的顺利开展。

参考文献

陈洪达，1989. 养鱼对东湖生态系统的影响［J］. 水生生物学报，13：359－368.

崔奕波，李钟杰，2005. 长江流域湖泊的渔业资源与环境保护 ［M］. 北京：科学出版社．

《第一次全国水利普查成果丛书》编委会，2017. 全国水利普查综合报告 ［M］. 北京：中国水利水电出版社．

谷孝鸿，毛志刚，丁慧萍，等，2018. 湖泊渔业研究：进展与展望 ［J］. 湖泊科学，30 (1)：1-14.

韩博平，2010. 中国水库生态学研究的回顾与展望 ［J］. 湖泊科学，22 (2)：151-160.

胡传林，刘家寿，李钟杰，1999. 大水面渔业资源可持续利用与保护 ［J］. 水利渔业，19 (5)：52-55.

梁彦龄，刘伙泉，1995. 草型湖泊资源、环境与渔业生态学管理（一）［M］. 北京：科学出版社．

刘建康，1990. 东湖生态学研究（一）［M］. 北京：科学出版社．

刘建康，何碧梧，1992. 中国淡水鱼类养殖学 ［M］.3 版. 北京：科学出版社．

刘其根，陈马康，何光喜，2003. 保水渔业——大水面渔业发展的时代选择 ［J］. 中国水产，11：20-22.

农业农村部渔业渔政管理局，全国水产技术推广总站，中国水产学会，2019. 2019 中国渔业统计年鉴 ［M］. 北京：中国农业出版社．

王苏民，窦鸿身，1998. 中国湖泊志 ［M］. 北京：科学出版社．

谢平，2003. 鲢、鳙与藻类水华控制 ［M］. 北京：科学出版社．

谢松光，崔奕波，李钟杰，2000. 湖泊食鱼性鱼类渔业生态学的理论与方法 ［J］. 水生生物学报，24 (1)：72-81.

叶少文，杨洪斌，陈永柏，2015. 三峡水库生态渔业发展策略与关键技术研究分析 ［J］. 水生生物学报，39 (5)：1035-1040.

郁蔚文，王健，周寅，2016. 浅水型湖泊的生态修复和生态渔业发展 ［J］. 中国水产，7：109-111.

张国华，曹文宣，陈宜瑜，1997. 湖泊放养渔业对我国湖泊生态系统的影响 ［J］. 水生生物学报，21 (3)：271-280.

中国科学院南京地理与湖泊研究所，2019. 中国湖泊调查报告 ［M］. 北京：科学出版社．

Balirwa J S, Chapman C A, Chapman L J, et al., 2003. Biodiversity and fishery sustainability in the Lake Victoria basin: an unexpected marriage ［J］. BioScience, 53 (8): 703-715.

Carpenter S R, Kitchell J F, 1998. Consumer control of lake productivity ［J］. Bioscience, 38: 764-769.

Eby L A, Roach W J, Crowder L B, et al., 2006. Effects of stocking-up freshwater food webs ［J］. Trends in ecology and evolution, 21 (10): 576-584.

Einum S, Fleming I A, 2001. Implications of stocking: ecological interactions between wild and released salmonids ［J］. Nordic Journal of Freshwater Research, 75: 56-70.

Fogarty M J, 2014. The art of ecosystem-based fishery management ［J］. Canadian Journal of Fisheries and Aquatic Sciences, 71 (3): 479-490.

Gui J F, Tang Q, Li Z, et al., 2018. Aquaculture in China: Success stories and modern trends ［M］. New York: John Wiley & Sons.

Jennings M J, Bozek M A, Hatzenbeler G R, et al., 1999. Cumulative effects of incremental shoreline habitat modification on fish assemblages in north temperate lakes ［J］. North American Journal of Fisheries Management, 19 (1): 18-27.

Jeppesen E, Meerhoff M, Jacobsen B A, et al., 2007. Restoration of shallow lakes by nutrient control and biomanipulation: the successful strategy varies with lake size and climate ［J］. Hydrobiologia, 581 (1): 269-285.

Lin M, Li Z, Liu J, 2015. Maintaining economic value of ecosystem services whilst reducing environmental cost: a way to achieve freshwater restoration in China ［J］. PloS One, 10 (3).

Mehner T, Arlinghaus R, Berg S, 2004. How to link biomanipulation and sustainable fisheries management: a step-by-step guideline for lakes of the European temperate zone ［J］. Fisheries Management and Ecology, 11 (3-4): 261-275.

Pauly D，Christensen V，Walters C，2000. Ecopath，Ecosim，and Ecospace as tools for evaluating ecosystem impact of fisheries [J]. ICES journal of Marine Science，57 (3)：697－706.

Power M E，2001. Field biology，food web models，and management：challenges of context and scale [J]. Oikos，94 (1)：118－129.

Power M E，Brozović N，Bode C，2005. Spatially explicit tools for understanding and sustaining inland water ecosystems [J]. Frontiers in Ecology and the Environment，3 (1)：47－55.

Wang Q，Cheng L，Liu J，2015. Freshwater aquaculture in PR China：trends and prospects [J]. Reviews in Aquaculture，7 (4)：283－302.

（朱　浩　叶少文　杜　浩　陈晓龙）

第十一章

盐碱水域生态修复

第一节　概　　述

盐碱水是区别于淡水和海水的非海洋性咸水资源，与海水在化学组成上具有较大差异，大部分盐碱水域基础生产力贫乏，生物类型单一。盐碱水根据成因有天然和次生两大类，根据离子组成可分为氯化物类、硫酸盐类、碳酸盐类，根据存在形式可以分为低洼盐碱水、地下盐碱水、盐碱湖泊等。我国盐碱水土资源丰富，盐碱地资源总量约为 9 913 万 hm²，遍及我国 19 个省、市和自治区。这些盐碱地区绝大部分处于内陆干旱、半干旱气候条件下，生态环境十分脆弱，土壤沙化、盐渍化严重，难以进行农作物种植。盐碱水土类型复杂，离子组成多变，如何治理和减缓土地的盐碱化，已成为我国乃至世界迫切需要解决的热点和难点问题。我国盐碱水域现有开发利用率不足 2%，绝大多数处于荒置状态，且次生盐碱水域每年还以 3% 的速度增长；我国盐碱湖泊占湖泊总面积的 55% 以上，大都因为生态系统结构比较单一，生物多样性水平低，极容易受到环境及人类活动的影响。

当前盐碱渔业方式逐步向多元化、规模化和生态优先方向发展。其中西藏地区的盐碱湖泊以土著鱼类保护为主，青海地区形成了以青海湖裸鲤增殖放流为代表的增殖养护型模式，新疆地区形成了以博斯腾湖为代表的渔业资源和生物多样性修复模式，宁夏和甘肃地区以渔农综合利用模式为主；东北地区形成了以查干湖为代表的大水面养殖和修复模式；华北地区形成了渔业开发、多元化养殖模式；东部地区形成了以土地改造为目标的渔业开发；中部地区以次生盐碱水的利用和盐碱地修复的模式为主。

盐碱水域生态保护与修复是以盐碱水养殖为核心技术，以生态治理为目标，开展复合生态构建工程，建立"以渔降盐、以渔治碱、种养结合"的盐碱渔农综合利用模式。开展盐碱湖泊水域生态保护与修复，将"白色荒漠"的盐碱地，改造成为可以种养结合的"鱼米绿洲"，形成新的产业带，实现生态、经济、社会效益统一，对促进我国生态文明建设、解决偏远地区"三农"问题、保障粮食生产安全都具有重要的战略意义；对发展渔业发展新空间、产业区域战略转移、淡水资源节约利用及盐碱环境生态修复具有重要的现实意义。

第二节　存在问题

一、盐碱生境属于脆弱型生态系统，容易受到人类活动的影响

盐碱化较重的地区，一般位于干旱、半干旱气候地区，降水少，蒸发强；地下水埋深较浅、水质矿化程度和碱度高；且地带性土壤多为砂质含量高、结构松散、透水性极强的黑垆土、灰钙土等。这种气候、地下水、土壤特征的组合以及长期灌溉不当的驱动，使得土壤盐

渍化程度日趋严重，不仅形成了多种类型的盐化土地，还伴生了星罗棋布的灌溉盐碱废水水面。由于这些灌溉盐碱废水含盐量高，不适宜直接排回到河道之中，如何利用灌溉盐碱废水，解决盐碱水的出路问题就成了盐碱地生态治理过程中与改土并重的关键技术问题。"以渔降碱"解决盐碱水出路问题。"以渔降碱"运用"盐随水来，亦随水去"原理，将盐碱随水定向迁移，在降低土壤盐碱程度的同时，将盐碱水汇入低洼池塘进行渔业利用。"以渔将碱"将盐碱水土合并成为一个生态系统，构建良性的循环体系，充分利用水生生物的耐盐碱性能，将盐碱废水变废为宝，根据水质盐碱程度选择适宜的养殖品种进行盐碱水养殖，同时又将水产养殖产生的底泥腐殖质返土培肥，改良土壤养分结构，由此衍生出池-田相间土地利用形态以及高附加值的鱼、虾、果、蔬、禽、花卉一体化综合利用模式，促进实现盐碱地渔、农、观光产业的协调发展。

二、湖泊盐碱化加剧，生态保护迫在眉睫

目前一些大型湖泊的盐碱化正在加剧，由于盐碱水质的特殊性，盐碱湖泊生态系统往往结构比较单一，生物多样性水平低，极容易受到环境及人类活动的影响。在一些盐碱湖泊出现水生生物资源严重衰退的现象（如青海湖裸鲤），水域生态环境不断恶化，部分水域呈现生态荒漠化趋势，养护和合理利用水生生物资源已经成为一项重要而紧迫的任务（Yao et al.，2006）。目前，农（渔）业发展面临资源紧缺与环境约束的双重挑战，基于生态系统的渔业资源保护与利用是联合国粮农组织和世界发达国家积极倡导的渔业经济发展新模式。在发达国家，以增殖资源为基础特征的"栽培渔业""管理型渔业"受到广泛重视。国外在盐碱水治理方面以生态修复和种质资源保护为主，尤其在大型盐碱湖泊的生态保护技术方面，通过立法和制定修复计划以及盐碱水域生态环境评价，恢复水域的生态功能，达到对盐碱水域关键种群的增殖放流，对盐碱水域生态环境保护发挥了良好成效。关键种群的保护及恢复、重要生境的保护和修复以及环境的保护，重视生态系统与经济系统的良性循环，是实现盐碱湖泊生态健康的重要保证。

三、我国盐碱水养殖产业已经初具规模，但仍处于起步阶段

我国在"十一五""十二五"期间，对华北滨海地区及沿黄地区开展了盐碱地水产养殖，为开发盐碱水资源开创了新途径，形成了技术辐射近 20 000 hm² 的新型产业，我国的盐碱水养殖产业已经初具规模。但由于盐碱水域分布区域广，推广进程缓慢，而且水质类型繁多，水的化学组成复杂，除盐碱度高外，一些水域中主要离子比例失调，有些离子严重缺乏，给水产养殖业的利用带来了难度。目前我国的盐碱水渔业开发利用率不足 2%，仍处于起步阶段，在发展空间上还存在较大的拓展潜力。

第三节　科技发展现状与趋势

一、国外发展现状

（一）世界盐碱水域生态保护与修复

全世界盐碱地面积约为 9.5 亿 hm²，占土地总面积的 1/3。主要分布在俄罗斯、澳大利亚及周边地区、北亚和中亚以及南美洲。据联合国估算，地球上每年还约有 12 万 hm² 可耕

土地因盐碱化而丧失生产力。盐碱水的分布更为广泛，除了伴随着盐碱地分布的地下及地表盐碱水外，盐碱湖泊也是盐碱水资源的主要来源之一，如肯尼亚的马加迪湖（Lake Magadi）、土耳其的凡湖（Lake Van）、美国大盐湖（Great Salt Lake）、乌兹别克斯坦咸海（Aral Sea）以及我国的青海湖等均是典型的盐碱湖泊。

国外多个国家对盐碱水进行了探索性开发。澳大利亚采用抽取地下水等工程措施来降低土壤盐碱化，但大部分抽取的地下水处于闲置状态，目前正在尝试利用地下盐碱水进行水产养殖；美国通过对大盐湖周边湿地的维系来保护湖区生态系统；乌兹别克斯坦对典型内陆盐碱湖泊的水文生态和化学特征进行了分析，评估了利用盐碱湖泊进行健康水产养殖的可行性，以期增加食物供应，发展当地经济。

（二）盐碱水综合利用与生态修复

养殖用水的综合利用和净化循环是盐碱水养殖发展的关键问题之一。澳大利亚在 Goulburn - Murray 盐碱灌区的研究表明，整合水产养殖和灌溉系统能够显著增加作物生产力、水利用效率和环境可持续性；埃及在干旱贫瘠而地下半咸水资源充足的尼罗河三角洲地区探索了红罗非鱼养殖和土豆、藜麦等耐盐作物种植的半咸水渔农综合利用模式。针对盐碱养殖排出水可能造成的潜在污染，美国、澳大利亚、德国筛选出了海蓬子、芦苇、狭叶香蒲、盐草、灯芯草等耐盐碱植物或盐生植物，并利用这些植物构建人工湿地或植物过滤器用于去除盐碱养殖排出水中的污染物；以色列、荷兰采用升流式厌氧污泥床（UASB）等工程化设施对基于盐碱水的循环水养殖系统产生的污泥进行高效处理，并实现了处理产物的循环再利用。

国外对于盐碱水渔业利用潜在的环境生态影响也进行了相关研究。在泰国，为了降低盐碱水入侵带来的风险，将海水虾类养殖限制在盐渍沉积物相对接近地表的区域，而低盐度的区域只进行淡水虾类养殖。越南发现湄公河三角洲滨海地区对虾池塘的养殖排放物对周边水体有机物和营养盐负荷的直接影响并不大，但盐度的增加和营养盐的变化会导致水体物种多度和多样性的下降，改变浮游植物、浮游动物和底栖动物群落的组成和结构。

（三）盐碱渔业生产模式

国际上开展盐碱水养殖的国家主要有澳大利亚、以色列、印度及美国。澳大利亚利用地下咸水开展了半精养池塘养殖、网箱养殖（SIFTS）及循环水精养（Forsberg et al.，1997；Laureatte et al.，2012；Mires et al.，2000；Partridg et al.，2000；Rekha et al.，2013），针对澳大利亚南部地下盐碱水部分离子浓度偏低的特征，采取化学措施进行水质改良，成功开展了斑节对虾、石首鱼、澳洲肺鱼等海水品种的养殖，在不适宜改良的水域开展鲈、虹鳟等广盐性鱼类的养殖，并在内陆盐碱水地区探索了江蓠属海藻养殖的可行性；印度把水产养殖作为开发内陆盐碱水资源的最适宜的途径，通过化学措施调整主要离子浓度并成功开展了斑节对虾的粗放养殖及对虾幼体培育，养殖产量为 $630\sim690\ kg/hm^2$；巴基斯坦在盐渍积水区开展半精养鲤养殖，发现鲤对盐碱水具有一定适应能力，产量仅比淡水池塘低 32.5%；鉴于水资源的稀缺，以色列内陆盐碱水养殖以循环水养殖为发展趋势，开发了较为先进的盐碱水循环水养殖设施；美国亚拉巴马州通过调节主要离子浓度，在内陆盐碱水池塘养殖对虾获得成功（Boyd et al.，2007）；泰国、越南等东南亚国家的滨海地区盐碱池塘也被用于开展海水虾类的养殖；菲律宾则对罗非鱼在盐碱水中进行养殖的潜力进行了研究，明确了其生长、繁殖和摄食最适的盐度范围，形成了土池、网箱等适用于不同水资源条件的养殖模式。

二、国内发展现状

（一）盐碱渔业产业化发展初具规模

我国有 6.9 亿亩盐碱水资源，遍及我国 19 个省、市和自治区，大多属于非海洋性咸水，这些盐碱水资源既不能为人畜饮用，也不能用于农业直接利用。"十一五""十二五"期间我国率先在华北滨海地区及沿黄地区开展了盐碱水养殖，在河北沧州形成了上万亩的盐碱水健康养殖示范区，技术辐射近 20 万亩，沧州地区盐碱地水产养殖新增产值 7.78 亿元，新增利润 3.54 亿元，河北唐山也已形成了 8 000 亩的盐碱水养殖示范区，技术辐射 5 万亩。此外山东、江苏、天津、甘肃、宁夏、陕西、山西、吉林、河南、新疆等省份均取得不同程度盐碱水资源渔业开发利用成果，为盐碱水资源的开发利用开创了新途径。

相对于国外盐碱水养殖处于研究和中试阶段，尚未形成新产业的现状，我国盐碱水养殖产业已经初具规模，但由于盐碱水受气候、人类活动等影响较大，缺少系统体现我国盐碱水资源现状的基础数据，又因盐碱水质类型多样，水化学组成复杂，关键核心技术覆盖率不足，其技术辐射推广进程不甚理想。

（二）基于生态系统的健康养殖技术储备不断积累

我国开展了以沿黄地区为代表池塘生态相关研究，分析了盐碱池塘浮游植物季节演替和浮游植物初级生产力的变化规律及其对养殖环境的影响，研究了浮游植物与主要非生物环境因子的关系（方波等，2005）。对盐碱池塘浮游动物、底栖动物以及细菌组成的多样性和季节变化规律进行了监测，探讨了其在盐碱地对虾养殖中的生态作用。对盐碱池塘不同养殖模式的鱼类产量、负荷力和能量利用进行了初步比较。

针对盐碱水质具有明显区域性和水型多样的特点，华北地区创建了以养殖凡纳滨对虾为主的对虾与红罗非鱼、对虾与梭鱼、对虾与青蛤等的生态混养模式（么宗利等，2010；王慧等，2003），并探索了"枣基塘""上粮下虾"以及"上农下渔"等原位和异位盐碱水土资源渔农综合利用模式；东北地区探讨了 9 种典型的盐碱性湿地渔业开发途径，利用盐碱水的高碱性探索工厂化养殖模式，对苏打型盐碱化芦苇沼泽地研究了苇-蟹-鳜-鲷模式（杨富亿等，2012）；东部地区利用标准化池塘探索盐碱水生态养殖标准化的可行性（单娜等，2017；林听听等，2017；张晓莹，2018.）；西北地区利用天然盐碱水域开展放牧型增养殖模式，并进行了宜渔低洼盐碱湿地湖塘养殖试验。

我国建立的盐碱水土资源渔业利用模式，在规模、产量和效益等方面均高于澳大利亚、印度等国，但仍满足不了渔业发展需求，对渔业生态修复缺乏强有力的支撑。

（三）盐碱渔业的区域生态治理潜力逐步凸显

实践证明，挖池抬田，以种植业和养殖业相结合的形式对盐碱水土资源进行综合利用，可以缓解土地次生盐碱化程度，产生显著生态效益。实地监测表明，华北滨海盐碱地经过三年台田-浅池模式的水产养殖，土壤阳离子交换量和盐分含量大幅度下降，土壤脱盐效率最高 70％以上。鲁西北地区应用基塘系统工程措施开展了养殖试验，改变了洼地原有的自然状况，并且向良性转化。东北苏打盐碱地进行的稻-鱼-苇-蒲开发结果表明，开发后土壤有机质含量增加，盐分含量下降，养鱼稻田的土壤微生物总量明显增高，土壤酶活性进一步加强。

盐碱渔业可以将荒置的水土资源变废为宝，并逐渐改善盐碱地区的环境生态条件，其区域生态治理潜力已经初步受到认可，但国内外相关的基础研究和生态修复效果的长期性、系统性评价较少。

第四节　创新发展思路与重点方向

一、科技创新发展思路

以"改善盐碱区域生态环境、拓展渔业发展新空间"为目标，针对我国盐碱水资源开发率不高、对盐碱水土生态系统认识不清、修复功能不凸显等盐碱渔业发展的瓶颈，围绕我国盐碱水资源典型分布五大区域——华北、东北、西北、东部和中部引黄灌区，按照资源调查-环境优化-养殖增效-生态修复等科技创新链条，重点突破盐碱湖泊修复、生态系统工程构建、渔农综合降盐治碱养殖等核心技术。建设一批不同类项的盐碱渔业示范基地，加快盐碱渔业示范和推广，创建具有区域特色的盐碱渔业新模式，形成一批优秀创新人才团队，建立盐碱水资源渔业综合利用技术支撑体系，为促进盐碱生境修复的长效性和可持续性、保障国家粮食安全和国土生态安全提供科技支撑。

二、重点方向

（一）保护和修复盐碱水域脆弱生境，挖掘盐碱渔业生态功能

盐碱渔业不仅是对荒置的水资源进行渔业开发利用，拓展渔业发展空间，更主要的是盐碱水资源广泛存在于生态环境脆弱的盐碱区域，合理科学的渔业开发利用还可以改善周边的生态环境。在青海湖、博斯腾湖、查干湖、达里诺尔湖、沙湖等不同类型盐碱水域持续开展生境修复研究，加强相关基础和应用技术研究，进一步体现盐碱渔业的生态修复功能。开展重点盐碱水域理化环境、渔业生物群落结构特征跟踪调查，濒危土著物种及重要经济种类的增殖放流，建立适用于盐碱水域的生态系统健康的指标体系和评价方法，进行盐碱水域重要生态因子和生物适应性常态化的调查与评价。

（二）探明盐碱水资源特征，为可持续利用提供基础数据支持

受气候变化、人类活动等影响，盐碱水资源变化明显，以我国咸水湖泊为例，咸水湖泊占我国湖泊资源的比例从 20 世纪 90 年代初的 40%，提升到现在的 55%。此外，水产养殖对周边生态环境及盐碱土壤演变的影响，需要通过长期试验与监测，积累基础数据和理论依据。根据成因、地理位置、水质类型、盐碱程度、开发前景等，选择具有代表性的主要盐碱水域开展水质基本状况调查、水生生物多样性特征调查以及渔业利用现状调查。

（三）开展盐碱水土的立体化综合利用，为盐碱水土修复提供渔业方案

我国有五大盐碱水资源主要分布区域，需要以盐碱水高效利用、生态高效养殖为主线，通过技术集成优化、产品研发和工程构建等途径，针对各区域的盐碱水质特点和区位资源优势，建立不同区域盐碱水资源的渔业综合开发利用模式，实现盐碱水土的立体化综合利用，促进产业可持续发展，改善盐碱生态环境，为促进盐碱荒地复耕，保守国家耕地红线提供新途径。重点构建盐碱渔业的功能区划，包括以盐碱水修复为目标的渔农综合利用、以拓展渔业发展空间为目标的盐碱水池塘养殖以及以区域生态位治理为目标的盐碱水土资源合理配置。

第五节　保障措施与政策建议

一、积极发展盐碱渔业是水产养殖业绿色发展重要实践

2019 年 1 月，经国务院批准，农业农村部等 10 部委联合印发了《关于加快推进水产养殖业绿色发展的若干意见》（以下简称《意见》），《意见》将加强盐碱水域资源开发利用和积极发展盐碱水养殖作为水产养殖绿色发展中积极拓展养殖空间的重要途径；在当前我国渔业发展面临资源与环境双重约束、资源日益衰竭的背景下，农业农村部《"十三五"渔业科技发展规划》中指出，盐碱水养殖是渔业经济新的增长点之一，发展盐碱渔业对于拓展渔业发展空间、促进渔业生产转型升级具有重要意义。2011 年中央 1 号文件提出的"用水三条红线"及"鼓励非常规水资源利用"和 2015 年中央 1 号文件提出的"盐碱地改造科技示范"都为盐碱水域生态保护与修复发展提供了政策支持。

二、强化人才队伍和盐碱水渔业公共平台基地建设

当前，中国水产科学研究院成立盐碱地渔业工程技术研究中心，研究中心分为科技研发和成果转化两大系列：科技研发根据国民经济、社会发展和市场需要，以现有科技成果为基础，针对性地进行基础研究和创新集成，解决盐碱地渔业发展中的重大关键技术和共性问题，形成耐盐碱基础生物学研究、盐碱环境调控修复技术研究、宜养品种开发选育以及生态高效养殖与综合利用研究四大研发体系，促进盐碱地水产养殖的可持续发展；成果转化以江苏盐城大丰滩地型、河北沧州滨海型、甘肃酒泉内陆型盐碱地基地为载体，开展共享平台和技术服务推广体系的建设，盐碱水质改良剂、微生态制剂、耐盐碱品种、特制饲料等系列产品的开发，加速科技成果向盐碱地渔业生产转化，推动成果的商品化、产业化发展。以专项为载体，培养、引进国内外优秀科技骨干、中青年学科带头人，打造具有国际影响力的盐碱水渔业领军型人才和具有国际竞争力的创新团队。针对不同典型区域、不同盐碱水质类型统筹形成高水平规模化的盐碱水渔业基础研究和共性技术研究平台；加强东部、东北、华北、西北、中部引黄灌区等我国主要盐碱水土资源分布地区渔业利用示范基地建设，完善盐碱水渔业科技创新基地建设。以此为基础还成立了甘肃景泰和盐城海丰分中心，分中心秉承"挖塘降水、抬田造地、渔农并重、修复生态"的盐碱地治理思路，采用盐碱地渔农综合利用开发技术，为推动甘肃景泰和江苏地区盐碱地渔业发展提供技术支撑。

参考文献

方波，潘鲁青，董双林，等，2005. 微生态制剂在沿黄低洼盐碱地凡纳滨对虾养殖中的应用研究 ［J］. 海洋科学，1：1-3，72.

林听听，么宗利，周凯，等，2017. 混养模式对鲫生长、存活、免疫酶活性和水质的影响 ［J］. 水产学杂志，30（2）：1-7.

单娜，林听听，来琦芳，等，2017. 4 种环境源性胁迫对异育银鲫血浆生化指标的影响 ［J］. 海洋渔业，39（2）：162-172.

王慧，来琦芳，房文红，2003. 沧州运东地区盐碱水资源对开展渔业的影响 ［J］. 河北渔业，5：16-18.

杨富亿，1998. 松嫩平原盐碱性湿地渔业开发途径 ［J］. 资源科学，2：61-70.

杨富亿，李秀军，刘兴土，2012. 苏打型盐碱化芦苇沼泽地"苇-蟹-鳜-鲴"模式研究 [J]. 中国生态农业学报，1：116-120.

么宗利，王慧，周凯，等，2010. 碳酸盐碱度和 pH 值对凡纳滨对虾仔虾存活率的影响 [J]. 生态学杂志，5：945-950.

张晓莹，么宗利，来琦芳，等，2018. 亚硝酸盐胁迫下异育银鲫呼吸代谢生理响应 [J]. 海洋渔业，40 (2)：189-196.

Boyd C A, Boyd C E, Rouse D B, 2007. Potassium budget for inland, saline water shrimp ponds in Alabama [J]. Aquacultural Engineering, 36 (1)：45-50.

Forsberg J A, Neill W H, 1997. Saline groundwater as an aquaculture medium: physiological studies on the red drum, *Sciaenops ocellatus* [J]. Environmental Biology of Fishes, 49 (1)：119-128.

Laureatte S, Babu P P S, Venugopal G, et al., 2012. Comparative evaluation of two farming practices of *Penaeus monodon* (Fabricius, 1798) in low saline waters of Andhra Pradesh, India [J]. J. Mar. Biol. Ass. India, 54 (1), 20-25.

Mires D, 2000. Development of inland aquaculture in arid climates: water utilization strategies applied in Israel [J]. Fisheries Management and Ecology, 7 (1-2)：189-195.

Partridge G J, Lymbery A J, George R J, 2008. Finfish Mariculture in Inland Australia: A Review of Potential Water Sources, Species, and Production Systems [J]. Journal of the World Aquaculture Society, 39 (3)：291-310.

Rekha P N, Ravichandran P, Gangadharan R, et al., 2013. Assessment of hydrogeochemical characteristics of groundwater in shrimp farming areas in coastal Tamil Nadu, India [J]. Aquaculture International, 21 (5)：1137-1153.

Yao Z L, Guo W F, Lai Q F, et al., 2016. *Gymnocypris przewalskii* decreases cytosolic carbonic anhydrase expression to compensate for respiratory alkalosis and osmoregulation in the saline-alkaline lake Qinghai [J]. Journal of Comparative Physiology B (186)：83-95.

（么宗利　来琦芳　周　凯　高鹏程）

03 | 第三部分

典型案例分析

第十二章

浅海与海湾渔业水域生态修复

第一节　桑沟湾多营养层次综合养殖

一、发展历程

多营养层次综合养殖（intergrated multi-trophic aquaculture，IMTA）是近些年来提出来的可持续发展的健康养殖概念，由不同的营养级生物组成的综合养殖体系，某些生物组分排放的废物转化为其他生物的营养物质来源。因此，这种方式可以充分利用水产养殖系统输入的营养物质和能量，将养分消耗和潜在的经济损失降到最低，从而使该体系具有较高的养殖容纳量和可持续的产品输出。该模式不仅能持续提供水产品，同时对水域环境具有良好的保护和修复作用（Troell et al.，2003；Chopin et al.，2012；Alexander et al.，2015）。

桑沟湾是我国北方最早开展规模化海水养殖的海湾，是海湾生态养殖的典型代表。桑沟湾位于山东半岛最东端，湾口向东，属半封闭型港湾，养殖水面约 140 km²，海湾北岬为青鱼滩岩岬，南角为褚岛等连岛沙坝，湾顶有沙坝，坝内为潟湖。海湾口门宽 11.5 km，湾内平均水深 7～8 m，最大水深 15 m（图 12-1）。湾内地质类型较多，主要有基岩、砂砾石、中细砂、粉砂和泥质砂 5 种，以泥质砂为主，局部岩礁突起。湾内主要养殖大型藻类、贝类、海参等，大型藻类种类有海带、裙带菜、龙须菜、江蓠等，养殖方式主要为筏式养殖，年产量约 8 万 t（淡干）；养殖贝类有长牡蛎、栉孔扇贝、虾夷扇贝、贻贝、皱纹盘鲍、菲律

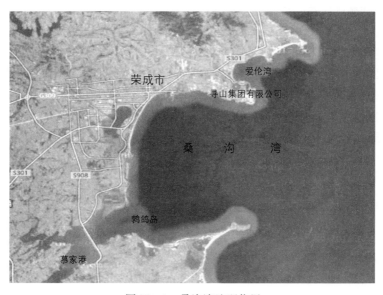

图 12-1　桑沟湾地理位置

宾蛤仔等，除菲律宾蛤仔为滩涂护养外，其余大部分为筏式吊笼养殖，年产量10万t以上（鲜重）；养殖棘皮动物有刺参、光棘球海胆等。另外还养殖部分鱼类，主要有许氏平鲉，大泷六线鱼，牙鲆等，以网箱养殖为主，养殖产量约100t左右。

20世纪60年代桑沟湾就开始进行海带养殖，中国第一个海带育苗场建在其附近。20世纪80年代开展了栉孔扇贝、牡蛎和虾夷扇贝等贝类的筏式养殖，并建立了贝类和海带的间养技术。扇贝和海带综合养殖能大幅度提高养殖产量。在养殖初期，扇贝的养殖产量从5kg/亩提高的50kg/亩，海带产量从1700kg/亩提高到2000kg/亩，但是由于养殖密度过大，20世纪90年代扇贝疾病大规模的暴发，影响了这种养殖方式，海带的质量和产量都开始下降。此后桑沟湾开展了"疏密工程"，减少了近岸贝藻的养殖数量，20世纪90年代中后期科研人员对该湾海带养殖容量、扇贝养殖容量进行了研究，进一步规范了湾内扇贝和海带合理的养殖面积，提出了海带、扇贝和鱼类养殖"三分天下"的设想，三者养殖的比例大体上为7∶2∶1，从此使桑沟湾的海水养殖朝着多营养层次的综合养殖方向发展。

20世纪80年代开始，桑沟湾开展了多种模式的多营养层次综合养殖试验，并且获得了巨大的成功，是中国典型的IMTA养殖区，引起了世界的关注。根据养殖容量估算结果、养殖水域生态环境条件、养殖种类对营养的不同要求和生态互补特性，已经在桑沟湾建立并完善了扇贝与海带、牡蛎与海带、鲍与海带的间养、套养、鱼贝藻等多种IMTA模式（Fang et al.，2016）。

桑沟湾海水养殖模式大致分为四大类：一是单养模式，如海带、扇贝、牡蛎、鲍单养等；二是混养模式，如海带与扇贝、牡蛎、鲍网箱混养等；三是筏式+底播模式，以海带养殖、网箱养殖为主，底播高值的刺参和海胆；四是多营养层次综合养殖模式，如海带-鲍-刺参综合养殖、鲍-海参-菲律宾蛤仔-大叶藻综合养殖。多营养层次综合养殖模式利用不同层次营养级生物的生态学特性，在养殖环节使营养物质循环利用，提高产出的同时，减少了对环境的影响，这种养殖模式对保障食品安全、减轻环境压力都具有不可估量的作用。

二、主要做法

1. 贝-藻多营养层次综合养殖

该模式主要以寻山集团有限公司为代表。寻山集团有限公司养殖基地位于桑沟湾北岸中东部，是最早开展筏式养殖工程建设的渔业单位，目前筏式养殖面积达到2万多亩。筏式养殖工程起步于20世纪50年代末的海带养殖，而后于20世纪70年代开展了扇贝养殖，20世纪80年代开展了鲍养殖，20世纪90年代开展了鱼类和海参养殖，目前已形成藻、贝、鱼、参综合立体生态养殖模式（图12-2）。

筏式生态养殖工程依据海湾养殖容量、环境容量、

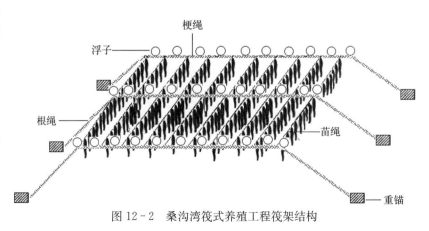

图12-2 桑沟湾筏式养殖工程筏架结构

养殖生物间的互利关系和经济效益，确定合理的养殖密度和混养配比，构建了海带（龙须菜）与扇贝、皱纹盘鲍、刺参、鱼等筏式多营养层次生态养殖模式。

海带（龙须菜）-扇贝筏式复合生态养殖模式为在水深 15～20 m 的浅海水域，利用同一养殖筏架进行扇贝与海带复合养殖。即：在每亩 4 台筏架上吊挂 400 绳海带（龙须菜），在海带吊绳间每隔 2 绳吊挂 1 只扇贝养殖笼，每亩吊挂 200 笼（图 12 - 3）。

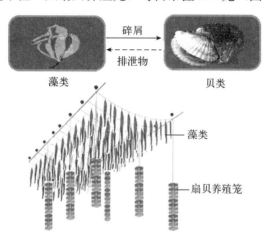

图 12 - 3　海带（龙须菜）-扇贝筏式复合生态养殖模式

海带（龙须菜）-皱纹盘鲍筏式复合生态养殖模式为在水深 15～20 m 的浅海水域，利用同一养殖筏架进行鲍与海带复合养殖。即：在每亩 4 台筏架上吊挂 400 绳海带（龙须菜），在海带吊绳间每隔 5 绳吊挂 1 个鲍养殖笼，每亩吊挂 80 笼（图 12 - 4）。

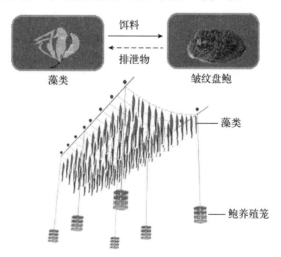

图 12 - 4　海带（龙须菜）-皱纹盘鲍筏式复合生态养殖模式

2. 贝-藻-参多营养层次综合养殖

该技术主要以荣成楮岛水产有限公司为代表。荣成楮岛水产有限公司养殖模式以筏式牡蛎和海带养殖为主，同时开展海珍品底播增养殖，养殖品种主要有海带、牡蛎、扇贝、贻贝、海参、紫海胆、脉红螺、紫石房蛤等。相继开展了筏式牡蛎-海带-海参综合养殖模式、海草-菲律宾蛤仔-脉红螺底播生态养殖模式等新型养殖模式的试验、示范及推广应用。主要技术细节如下：

选址：牡蛎-海带-海参多营养层次综合养殖区应选择对 3 种养殖生物都较有利的海区，综合考虑水深、风浪、底质等参数。一般应选择水质优良、水深 20 m 左右的近岸水域，冬季大潮期间水深能保持 5 m 以上。养殖海区应具有海水流速相对较大、风浪较小的特点。海带生长对光照有一定要求，水色澄清、透明度较大（1~3 m）的海区较适合海带生长。

养殖设施：筏架梗绳使用直径为 2.4 cm 的聚乙烯绳，总长度 150 m，其中可养殖利用长度 100 m，筏架两边根绳长度各 25 m，筏架间距 5.3 m。海带绳间距 1.15 m。每绳吊海带 32 棵，浮漂使用 30 cm 橘红色浮漂，开始阶段大约每绳 20 个，随海带、牡蛎的生长逐渐增加浮漂数量。海带苗绳为聚乙烯绳，粗 2.4 cm，长 2.5 m，间距 1 m。扇贝笼吊绳粗 0.4 cm，长 6.0 m，吊绳间距 2~3 m。吊绳使用八字扣固定，便于吊挂和采收。牡蛎笼 9 层，15 cm 为 1 层（图 12-5，表 12-1）。

图 12-5　养殖设施与筏架布局

表 12-1　综合养殖区与传统养殖区布局对比

项　　目	综合养殖区	传统养殖区
筏架间距（m）	5.3	海带 4.7，牡蛎 6
海带绳间距（m）	1.15	0.85
牡蛎吊绳间距（m）	2.5	0.8
海参	200 头/亩	无
每绳海带数（棵）	32	35
浮漂	30 cm 彩色生态 PE 材质浮球	28 cm 普通再生料浮球
海带绳与筏架连接方式	八字环	普通吊绳捆绑

海带苗种选择与投放：选择生长性状优良、无伤无病的海带苗。采苗时保留苗绳上10 cm以内的海带苗，采苗时不得损坏幼苗的根部，尽量缩短幼苗离水时间，动作要轻而快。运苗时要防晒，禁止干露和强光刺激，途中随时泼洒海水，保持幼苗湿润。

海带夹苗：夹苗前应将苗绳在海水中浸泡，使苗绳处于湿润状态。同一根苗绳幼苗的大小要一致，夹苗密度要严格掌握，2.5 m长苗绳夹苗30～35株，以32株为宜，否则会影响海带的生长质量和产量。

牡蛎苗种选择：应注重牡蛎苗种的来源，选择具有生长快、病害少等优良性状的苗种，要求附苗密度适中，苗种密度过大或者过小均会影响牡蛎品质和产量。进苗前要送检验检疫部门进行检疫，防止购买到不符合市场要求的苗种。

海参苗种要求：海参苗种应尽量选择与海参养殖区处于同一海区的育苗企业的海参苗种。同一海区的海水盐度、水温、pH等各项指标非常接近，投放后参苗对海水环境适应比较快，成活率较高。参苗的质量也应严格把关。健康的参苗不摇头，不肿嘴，不化皮，不吐肠，参刺坚挺，在水中伸展自如，对外界刺激反应敏感，体表干净，不挂污浊物。强壮的参苗附着力强，从水中取出附着基上下轻抖，参苗附着不掉。健康参苗摄食旺盛，排泄物较多且成粗条状不粘连。此外还可以将参苗对着灯光观察，从其肠道内容物的多寡来判断其健康情况。

日常管理：定期清理污损生物，维护生产设施；定期监测水质指标、饵料生物等与养殖生产密切相关的环境因子；养殖区域编号、记录，做到产品可追溯；随时根据牡蛎、海带和海参生长情况调整添加浮漂；定期冲洗牡蛎养殖笼，去除污泥、残饵、粪便及附着的杂贝、杂藻等，必要时更换牡蛎养殖笼。

3. 海带（龙须菜）常年生态养殖技术

该技术主要以寻山集团有限公司为代表，主要技术细节如下。

（1）养殖时间分配

每年11月至翌年6月养殖海带，5—11月养殖龙须菜。

（2）海带养殖

海带幼苗海上暂养：海带苗运输至养殖海区之前应避免曝晒，挂苗时间最好在清晨。选择风浪小、潮流畅通、水质肥沃、透明度1～3 m、浮泥杂藻少的内湾近岸海区进行海带种苗暂养；将苗帘截成每段4.6 m左右的苗绳，两端系坠石，平挂在两筏架之间，两根苗绳间距60～70 cm，用碳酸氢铵挂袋施肥，每隔3根苗绳挂1袋，挂袋时每个塑料袋装肥150～250 g，用针扎两个洞，内装沙子或小石块，沉到水中。

海带分苗：幼苗生长到（20±2）cm后进行分苗，分苗时将苗绳上的细苗剔下夹到苗绳上；分苗苗绳长250 cm，每8 cm夹苗1株，每绳夹苗30～32株，分苗养殖方式采用双绳平养法；分苗养殖密度：绳间距60～80 cm，亩放苗量12 000株。

养成：筏架与海流平行，苗绳平挂于海水中，使海带受光均匀，有利于海带的生长。养殖过程要调节光照，初期水层80～120 cm，根据透明度的变化适时提升水层，当水温12 ℃以上时，适当提升水层至30～40 cm。一般在3月底至4月初进行切梢，一般切去海带全长的1/3至2/5，水温5～6 ℃比较适宜。

放养密度与海区（流速和营养盐）有关：一类海区每绳（净长2.5 m）夹苗25～30株，亩放苗量1万～1.2万株；二类海区每绳夹苗30～40株，亩放苗量1.2万～1.6万株；三类海区每绳夹苗 40 株以上，亩放苗量 1.6 万株以上。

收割：①鲜菜加工，海带收割一般在 5 月上中旬，鲜干比达到（7～8）：1 即可间收，水温 15 ℃以上可整绳收割。②干菜加工，海带收割在海区水温达到 17 ℃以上即可整绳收割。

（3）龙须菜养殖

苗种来源和运输：龙须菜苗种主要来自福建等南方沿海。每年的 5 月中上旬，当南方水温在 22 ℃左右时，选取生长旺盛、颜色紫红、杂藻较少、干净无污染的龙须菜，经过挑选、清洗、降温处理，通过采样冷藏保温车（4～8 ℃）运输。

海上暂养：5 月中上旬北方海区的温度在 13 ℃左右，处于龙须菜适宜生长温度的下限，运输到北方养殖的龙须菜苗种，选择潮流畅通、风浪较小的海区进行暂养，暂养时间为 3～4 周。

夹苗、挂苗：5 月中下旬，当温度达到 16 ℃时，开始夹苗；选用 180～360 丝聚乙烯绳（3 股 3 花）作为苗绳；苗绳长度一般为 5 m，苗绳用水浸泡 1 天，洗净。采用簇夹法夹苗，每 1 m 苗绳夹 200 g 龙须菜，20 g 左右为 1 簇穿过苗绳，每隔 8～10 cm 夹 1 簇，夹在苗中部，两端露出 10～12 cm，防止阳光曝晒和藻体干燥。海上挂苗应避免阳光直射，将夹好的苗绳两端和浮梗上的吊绳连接，在苗绳两端悬挂坠石。

养殖管理：①水层调节。根据透明度调节龙须菜水层，养殖水层和海区透明度一致。②调整筏架。养殖过程中由于潮流和风力等的影响，可能会使筏架变形，要经常检查筏架和浮漂情况，补充浮力和休整筏架。

收获：养殖 30～40 天，每 1 m 苗绳龙须菜湿重达到 2～3 kg，即可收获；应将苗绳一起收获上岸，使用相应的机械分离苗绳；选取部分藻体较粗、颜色紫黑的龙须菜作为苗种，继续进行分苗养殖，整个生长季节养殖 3～4 茬。

三、取得成效

1. 桑沟湾生态系统健康状况

利用挪威构建的 MOM - B 系统（monitoring ongrowing fishfarms modelling）对桑沟湾养殖底栖环境状况进行了监测与评估。评估结果表明，虽然桑沟湾已开展了 20 多年的大规模贝藻养殖活动，但底质环境质量依旧良好，属于 1 级。研究认为桑沟湾保持良好底质环境的主要原因是生态养殖模式的发展与普及，养殖的大型藻类能够吸收贝类释放到水体中的营养盐，在转化为其自身生物量的同时，还通过光合作用产生、释放氧气，支持底栖生物的氧气需求，缓解由于有机质的累积所增加的氧气消耗及因此导致的硫化物的富集，进而发挥了对养殖环境的生物修复和生态调控功能。评估结果证实了贝-藻综合生态养殖模式是一种可持续发展的养殖模式（Zhang et al.，2009）。

2. 寻山集团有限公司贝-藻综合养殖模式

寻山集团有限公司全面推广海带（龙须菜）-栉孔扇贝、虾夷扇贝筏式复合生态养殖、海带（龙须菜）-鲍筏式复合生态养殖等不同的品种搭配方式和养殖布局。

该公司在桑沟湾及爱莲湾海域养殖面积达 2 万多亩，年产鲜海带达 30 万 t，产值 3 亿元；海带收割结束接力养殖的龙须菜产量达 5 万 t，产值 1 亿多元，产量及产值均处于领先地位。在这 2 万多亩养殖面积中，实施多营养层次养殖的面积达 7 000 亩。其中，鲍养殖面积 3 000 亩，年产成品鲍 800 多 t，产值 1.5 亿元；虾夷扇贝、栉孔扇贝等养殖面积 4 000亩，年产成品扇贝 5 700 多 t，产值 1 亿多元；人工鱼礁增殖各种鱼类、鲍、海参、海胆等海珍品的产量为 700 多 t，产值 8 400 多万元。生态立体养殖亩产年平均增幅达 252% 以上，真正形成"海上一个牧场，海中一个牧场，海底一个牧场"，叠加效应明显，生态效益显著，是我国重要的生态养殖示范区（表 12-2）。

表 12-2 贝-藻综合生态养殖产量及收益情况对比

养殖模式	养殖品种	每亩产量（t）	每亩产值（万元）
单一养殖	海带	12	1.2
	龙须菜	2	0.4
	合 计		1.6
立体养殖	海带	15	1.5
	龙须菜	2.5	0.5
	鲍	0.27	5.1
	虾夷扇贝、栉孔扇贝	1.42	2.8
	人工鱼礁底播增殖（鲍、海参、海胆、鱼类）	0.1	1.2
	合 计		11.1

注：贝类及底播增殖产品的养殖周期为 2～2.5 年。

3. 贝-藻-参多营养层次综合养殖

以牡蛎-海带-海参多营养层次综合养殖模式为例，其经济效益见表 12-3。IMTA 相较于传统养殖方式取得了更高的经济效益，同时贝-藻-参综合养殖模式下生物和环境之间互惠互利，海带、牡蛎、海参在单体重量、肥满度、色泽、品质方面均有显著提高，进而提高了单体销售价格。经核算，综合养殖模式下每亩海带毛效益 10 806.6 元，牡蛎毛效益为 7 488元，海参毛效益为 2 600 元。进一步核算成本（表 12-4）后，每亩净利润为 5 614.6 元，较传统养殖方式提高 180% 以上。多营养层次综合养殖模式经济效益极为显著。

表 12-3 单位面积多营养层次综合养殖效益核算

品种	项目	指标值
海带	每个筏架海带绳数	87 绳
	每亩海带绳总数	348 绳
	总产量	12 300 kg
	湿重：干重	7.04：1
	干重总产量	1 743 kg
	单价	6.2 元/kg
	毛效益	10 806.6 元
牡蛎	每个筏架牡蛎养殖笼数	43 笼
	每亩牡蛎养殖笼总数	172 笼
	总产量	2 880 kg
	单价	2.6 元/kg
	毛效益	7 488 元

（续）

品种	项目	指标值
海参	每亩投放苗种质量	4.5 kg
	总产量	10 kg
	单价	260 元/kg
	毛效益	2 600 元

表 12 - 4　多营养层次综合养殖成本核算

项目	费用（元）
租赁费	240
海带苗种费	140
牡蛎苗种费	1 600
海参苗种费	1 050
养殖材料损耗费	1 550
劳动力成本	9 500
其他费用	1 200
净利润	5 614.6

4. 海带（龙须菜）常年多营养层次综合养殖技术

大型海藻具有食用、吸收营养盐、固碳和作为工业原材料等多种功用，其增养殖技术和生态功能被世界各国普遍关注。我国海带养殖具有很长的历史，所带来的经济效益和生态效益显著，但海带是低温种类，收获后海区营养盐含量通常显著升高，使海区环境恶化。海带和龙须菜常年接力养殖技术能解决海带收获后养殖筏架基本闲置、海区环境因子（尤其是营养盐含量）波动大等问题，可充分利用养殖设施，在增加经济效益的同时，对夏季高温季节海域环境进行调控，增加海区溶解氧，吸收过剩营养盐，稳定水质。近年来大型海藻价格不断攀升，海带收获后养殖耐高温大型藻类龙须菜，具有较高的经济和生态双重价值，发展前景广阔。

2002 年从福建引进龙须菜在山东桑沟湾养殖，逐步建立了海带和龙须菜常年接力养殖技术。2011 年后开始大面积推广示范，目前已经在山东、浙江、河北等地推广示范，在较大的范围推广应用。

2011 年在寻山集团有限公司推广龙须菜养殖面积 2 000 亩，生产龙须菜 5 000 t，新增产值 3 000 万元；2012 年改进养殖方式，由原来每年（5—10 月）只收获一次调整为 30～40 天收获 1 次，推广养殖面积 2 500 亩，新增产值 2 340 万元；2015—2018 年，利用海带收获后的筏架开展龙须菜和脆江蓠养殖，4 年累计新增产值 3 000 多万元。

贝-藻-参多营养层次综合养殖技术利用海带筏架，不需要增加额外的养殖设施，充分利用海域环境条件，操作方便、节约成本、海带和龙须菜生长稳定，具有显著的经济效益：①充分利用海域资源。海带养殖时间通常为 11 月至翌年 6 月，收获后养殖筏架处于闲置状态，利用原有的养殖设施养殖龙须菜，可以充分利用养殖设施和海域资源。②节约生产成本。海带收获后养殖龙须菜，能大量节约劳动力成本，养殖龙须菜每绳（5 m）成本约3元，远远低于海带养殖成本。③生态效益显著。浅海养殖海域营养盐丰富，适合大型藻类生产，海带和龙须菜具有营养盐吸收的互补性，前者优先利用硝态氮，后者优先利用铵态氮。海带收获后，氮营养盐含量通常会急剧升高，开展龙须菜养殖，能较好调控养殖环境。④经济效益显著。目前龙须菜产量每亩2~3 t，平均售价3.0元/kg，每亩增加产值6 000~9 000元，效益显著。

四、经验启示

1. IMTA是生态系统水平的健康养殖技术

多营养层次综合养殖主要是利用了生态系统中大型藻类等植物、滤食性双壳贝类或沉积食性动物的生物习性，同时，大中型藻类碎屑及贝类排泄物沉入海底又成为底栖类生物（海参）的食物来源，一种养殖动物将另外一种养殖动物所产生的废物（残饵、排泄物及死亡动物的尸体）有效地转化并利用，提高了水体的自我修复能力，净化环境的同时提高了经济生产力，实现了水产养殖环境友好的可持续发展。建设环境友好型水产养殖业，发展多营养层次综合养殖，才有望实现水产养殖业高效、优质、生态、健康、安全的可持续发展目标。

多营养层次综合养殖模式中一些生物排泄到水体中的废物成为另一些生物的营养物质来源，因此，这种养殖方式能充分利用输入养殖系统中的营养物质和能量，可以把营养损耗及潜在的经济损耗降到最低，从而使系统具有较高的容纳量和可持续食物产出（Troell et al.，2009；Chopin et al.，2009）。其中贝类可以产生生物沉降并通过过滤大量的水体摄取池塘中的有机碎屑，同化一部分用于组织生长，同时还可以将大颗粒物质从水体沉降到底层，从而净化水质与底泥，加快物质循环的速率，提高池塘氮、磷等无机盐的利用率，起到调节养殖水质的作用。藻类在生长过程中能够大量吸收碳、氮、磷等生源要素，能够有效提高近海生物多样性和维护海洋生态系统健康，同时作为生产者利用光合作用产生氧气。

滤食性贝类通过滤水、摄食等生命活动去除水体中颗粒状有机物，海带等大型藻类通过光合作用利用水体中溶解的营养物质，滤食性贝类和藻类都可称为清洁生物。鱼虾类等投饵性养殖生物和贝藻进行综合养殖，清洁生物将鱼虾排泄的废物转化为贝类生物量，综合养殖系统将多种来自不同营养级的种类按照一定的比例搭配养殖，可以有效降低养殖污染和物质能量消耗，同时增加生产量。据测算，种植100 hm² 龙须菜能够移除80%由1 500 t鲑养殖产生的氮负荷（Buschmann et al.，2008；Abreu et al.，2009）。

在扇贝-海藻养殖系统中，扇贝将浮游植物和有机颗粒转化成有价值的蛋白质，同时释放海带可以吸收的氮和磷，增加海藻的生物量，扇贝和海带的搭配可形成一个简单的多营养层次综合养殖系统。研究表明，桑沟湾海带快速生长的过程中能有效降低水中氮和磷的水平，这个时间段正是扇贝和贻贝的生长季节，它们代谢的废物能被海带有效利用。

2. 大力发展基于大型藻类的IMTA模式

基于大型藻类的综合养殖模式是健康养殖模式之一，国际上普遍认为我国淡水养殖的混养技术对世界水产业的发展作出了巨大贡献（毛玉泽，2005）。我国是世界上最早开展贝藻规模化养殖的国家，相关技术的建立已经在世界范围内得到广泛关注。相对耐高温的大型藻类龙须菜在我国北方海区高温季节有较高的生长率，能够有效吸收贝类和鱼类养殖系统的营养盐，是对低温种海带生物调控作用的有益补充，在贝类和鱼类养殖系统中能够起到生物修复作用。因此，我国在北方浅海建立了鱼-藻、贝-藻生态养殖技术。利用大型藻类菊花心江蓠、龙须菜等对富营养化水体进行生物修复在我国南方也取得突破，在福建东山西埔湾、八尺门、东山湾、杏陈、前楼等海区的研究结果表明，修复生物对富营养化水体的生物修复效果明显，经修复的池塘藻类养殖区中海水的无机氮、无机磷、溶解氧的含量达到国家海水水质标准Ⅱ类要求，具有良好的生态效益；经生物修复后，实验区对虾成活率提高了 32%，池塘多元生态优化养殖产值提高了 30%～40%，网箱养鱼成活率提高了 40%～45%，具有明显的经济效益。这些创新性成果，具有重要的推广价值和经济价值，将为我国沿海省份海区环境污染的治理和海水养殖业的发展提供良好的示范和推进作用。对紫菜栽培区的水质进行跟踪调查结果表明，栽培区内可溶性无机氮浓度下降 60%～80%，活性磷浓度下降 19%～66%，与非紫菜栽培海区相比，紫菜栽培海区的无机氮和活性磷的浓度明显偏低，大约下降 38.7%～67.8%，表明栽培紫菜可以减轻海区的营养化，对富营养化环境具有明显的生态修复作用。

IMTA 的优势：①节约资源，从单一营养级生产到所有营养级的全面生产，保持当地生态平衡，提高 FCR 的同时减少水的使用。②产品多样化，IMTA 系统的产品有鱼、贝、对虾、鲍、海参和海藻。③环境友好，即生态友好的水产养殖生物如海藻、草食性动物、杂食性动物和食碎屑动物能够使用有限的自然资源和产生相对较少的污染。④在 IMTA 系统中可以进行集约化养殖优化产量。

3. IMTA 的发展方向

由于海洋食品生产的数量和品质取决于目标资源在食物网中的位置与食物网本身的结构，因而其变化对食品安全、生物多样性和海洋生物资源的管理均有重要的意义，IMTA 模式作为一种极具潜力的海水养殖模式，其科学意义为：①深入研究 IMTA 系统的生物地球化学过程，对揭示规模化海水养殖等人类活动对海洋生态系统的影响，建立环境友好型的可持续海水养殖模式意义重大。②研究多营养层次养殖海域主要功能群结构与生态功能，对科学阐述生态系统容纳量的动态变化和评价养殖生态系统服务功能，具有重要的理论指导意义。③IMTA 对保障食品安全、优化近岸生态环境和全球 CO_2 减排具有重要意义，符合国家发展需求。

第二节　柘林湾海洋牧场

一、发展历程

柘林湾海洋牧场位于广东省潮州市饶平县柘林湾与南澳岛中间海域，地理坐标为东经 116°53′—117°19′、北纬 23°24′—23°40′（图 12 - 6）。属亚热带季风气候，海洋性特征明显，海域内平均气温为 21.6 ℃，年降水量约为 1 448.2 mm，年平均日照时数为 2 135.7 h，气候温和，光照充足，雨量相对华南地区偏少，热量丰富，但区域内气象灾害也比较频繁，台风、强风等灾害性天气比较常见。海域内平均风速 3.7 m/s，风向较稳定，冬春盛行东北风，夏季盛行西南风，风能资源尤为丰富，年有效风能密度在 150 W/m² 以上（Ainsworth et al.，2017）。建设起止时间为 2010 年 1 月至 2014 年 12 月，总面积 2.067×10⁴ hm²。依托人工海洋牧场高效利用配套技术模式研究与示范项目和中国水产科学研究院南海水产研究所等科研单位，对该研究区域优化配置了5个海洋牧场功能区，形成了人工鱼礁区、网箱增殖区、增殖放流区、贝类底播区、海藻增殖区（林会洁等，2018；马欢等，2017）。

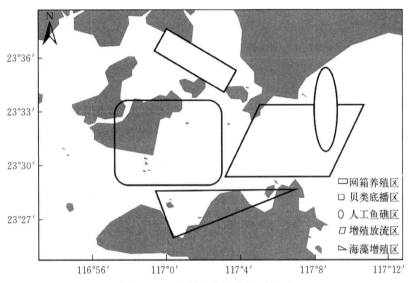

图 12-6 柘林湾海洋牧场示范区

研究区域周边自然景观众多，其中柘林湾位于饶平县南部与研究区域接壤，水域面积68 km²，素有"东方夏威夷"之称。柘林湾南部有海山岛、汛洲岛、西澳岛等自然风光独特的岛屿，面积约 79.3 km²，还有湾内的"金狮湾"天然滨海浴场，沙滩平坦、沙石细腻，风光旖旎，在粤东区域具有良好旅游条件（肖玲，2002；杨晓英等，2014）。汕头市南澳岛是广东省唯一的海岛县，生长着 1 400 种热带和亚热带植物，并且众多野生动物栖息此处，生物多样性丰富，是一个物产丰富且旅游资源发达的小岛，不仅对柘林湾海洋牧场景观生态规划具有积极的影响，带动休闲渔业越快越好发展，而且为柘林湾海洋牧场整体经济、生态效益提供有利条件（侯隽，2009；林晓燕等，2014）（图 12-6）。

二、主要做法

1. 科技引领，推动柘林湾海洋牧场示范区建设

依托人工海洋牧场高效利用配套技术模式研究与示范项目和中国水产科学研究院南海水产研究所等科研单位，针对海洋牧场亟待解决的关键技术瓶颈，研发了海洋牧场适宜性评价选址、人工鱼礁等生境营造、牧化适宜性品种筛选与应用、牧化生物增殖、牧场品种行为驯化和采捕、海洋牧场开发利用效果评估、海洋牧场可持续利用管理等关键技术，形成了适合我国海洋环境特征、海洋生物特点的具有自主知识产权的海洋牧场创新技术体系；创建现代海洋牧场技术研发和工程设计平台，突破南海海洋牧场关键共性技术；研发海洋牧场管理指标体系，创建生态系统水平的南海海洋牧场管理技术平台；组装集成海洋牧场技术体系，构建南海首个现代工程技术和生态系统水平管理的海洋牧场示范区，推动和引领了南海海洋牧场技术发展。

2. 提出海洋牧场分区配置理论，科学配置海洋牧场资源

不同功能区构建主要是指人为干预下对海域内物理环境进行有目的的改造，如人工鱼礁区投放鱼礁、贝类增殖区底播贝类、海藻增殖区吊养藻类，通过人为施加生态系统工程，实现各功能区预期功能。食物网结构通常作为反映当地生态系统稳定性的重要指标，一般情况下生态系统稳定性越好，食物网结构越复杂。研究表明，生态系统工程构建会影响当地食物网结构，但具体如何影响食物网结构尚不可知。海洋牧场中的不同功能区各有特点，人工鱼礁区存在大量鱼礁及礁体本身附着物，海藻增殖区存在大量藻类，贝类增殖区除采取底播贝类，是海洋牧场中人为干预影响最小的功能区。各功能区之间的环境因子和潜在食物源是影响食物网结构的重要因素，而人为构建生态系统工程是造成环境因子和潜在食物源存在差异的主要原因。由于不同生态系统工程对食物网结构的影响不同，通过研究生态系统工程和食物网之间的作用机理将有助于对生态系统进行改造，提高生态系统生产力水平。

3. 引入景观生态学理论，为休闲渔业发展提供理论基础

柘林湾海洋牧场景观斑块特征指数差异较大，柘林湾海洋牧场斑块类型指数中相对面积最大的景观要素是近岸景观和浅海景观，是整个景观中占比最多的斑块类型。近岸与浅海区域是景观的基质，在海洋景观要素的背景下对整体景观控制作用很强，控制和影响着整个景观中生物生境斑块之间的物质与能量转换，掌控着整个景观之间的连接度，从而影响斑块之间物种的迁移，对生物多样性保护起着关键性作用和影响。此外，滨海旅游景观类型与科教文化景观类型斑块丰富度最小，但根据研究区域旅游资源与地域文化资源分布状况来看（李萍等，2000；肖玲，2002；赵飞等，2005），可供开发的休闲旅游资源丰富但并未被柘林湾海洋牧场所合理利用，包括对于原始数据的采集及调查中很多数据获取较为困难。柘林湾海洋牧场良好的自然地理环境和海洋生物资源为景观生态规划提供景观构成要素，对景观空间格局构成提供基础数据。景观空间格局的研究是利用景观格局分析方法来定量的描述空间格局，比较和分辨不同景观之间特殊意义和结构差异，以及确定景观格局与功能过程相互关系。本章以柘林湾海洋牧场示范区为案例，根据柘林湾海洋牧场景观生态分类结果划分不同景观类型斑块，运用景观格局分析法对柘林湾海洋牧场景观空间结构进行探究，了解其斑块基本特征指数，分析景观异质性差异，讨论景观格局结构组成特征和空间配置关系，为柘林湾海洋牧场景观空间结构优化提供依据，对柘林湾海洋牧场景观规划通过景观特性进行判断、综合评价，为下一步提出最优利用方案奠定基础。同时也对海洋牧场休闲渔业与滨海旅游业进行优化升级，促进海洋牧场生态、社会和经济效益的可持续发展。

三、主要成效

1. 柘林湾海洋牧场生物固碳效果

采用元素分析法，测定了柘林湾海洋牧场不同海洋生物不同组织器官灰化前后的碳含量，并以此估算柘林湾海洋牧场生物碳储量。结果表明：①灰化前，柘林湾海洋牧场各生物主要组织器官肌肉、骨骼（壳）、内脏碳含量均值变化范围分别为 $37.72\% \sim 47.41\%$、$11.23\% \sim 34.91\%$、$27.58\% \sim 33.95\%$，其中，硬骨鱼纲、甲壳纲（虾）、腹足纲、双壳纲等固碳能力较强，但除头足纲外，总体差别不大。灰化后，主要组织器官肌肉、骨骼（壳）、内脏碳含量均值变化范围分别为 $1.83\% \sim 8.28\%$、$1.90\% \sim 12.54\%$、$0.62\% \sim 8.29\%$，其中腹足纲和双壳纲储碳能力较强；②2013 年，柘林湾海洋牧场海洋生物储碳约 6.728×10^4 t。

其中人类捕捞从海洋中移除碳约 0.155×10^4 t，占总碳储量的 2.3%；沉积在海底的碳约 0.11×10^4 t，占总碳储量的 1.63%；封存在海洋内的并不断进入碳循环的碳约 6.46×10^4 t，占总碳储量的 96.01%。海洋生物储碳作用明显，对海洋气候具有一定的调节价值。

2. 柘林湾海洋牧场生态系统服务变化

采用生态系统服务理论和能值分析理论评估了柘林湾海洋牧场生态系统服务价值。结果表明：柘林湾海洋牧场建设后，生态系统服务货币价值从 58 613 万元上升至 67 370 万元，增长 8 757 万元；单位面积价值量由 255.79 万元/km^2 上升至 299.54 万元/km^2，增长 43.75 万元。其中，供给服务价值由 38 437 万元上升至 43 079 万元，文化服务价值由 14 535 万元上升至 18 440 万元，调节服务价值由 5 641 万元上升至 5 851 万元。生态系统服务能值由 5.89×10^{20} sej 上升到 6.28×10^{20} sej，供给服务能值由 5.82×10^{20} sej 降到 5.63×10^{20} sej，调节服务能值由 1.97×10^{19} sej 降到 1.92×10^{19} sej，文化服务能值由 1.60×10^{20} sej 上升到 2.12×10^{20} sej。总体说明海洋牧场建设对海域内生态、经济、文化等价值都产生了积极影响。

柘林湾海洋牧场生态系统服务货币价值与能值构成都表现为供给服务＞文化服务＞调节服务。其中食品供给占总货币价值的 60% 左右，占总能值的 75% 左右，原材料价值占总货币价值的 0.04% 左右，占总能值的 0.4% 左右，休闲娱乐价值占总货币价值的 25% 左右，占总能值的 20% 左右。总体来说，食品供给比例较高，原材料价值和休闲娱乐价值比例较低，说明区域内主要依靠渔业生产，缺乏对海产品的深加工，且旅游产业发展程度较低。

柘林湾海洋牧场的五个功能区中，海洋牧场建设前，供给服务单位面积价值表现为网箱养殖区＞海藻增殖区＞贝类底播区＞增殖放流区＞人工鱼礁区；海洋牧场建设后，供给服务单位面积价值表现为网箱养殖区＞贝类底播区＞海藻增殖区＞人工鱼礁区＞增殖放流区。而调节服务单位面积价值表现为海藻增殖区＞贝类底播区＞人工鱼礁区＞增殖放流区＞网箱养殖区。柘林湾海洋牧场 5 个功能区，相互作用相互影响共同促进了海域内生态系统服务价值的上升，但对于各个功能区内在关联，还需要进一步研究。但总体来说海藻养殖区无论是供给服务价值还是调节服务价值都处于高水平，对海域生态系统服务功能影响较大。

3. 柘林湾海洋牧场能值分析

采用能值分析法，系统评估柘林湾海洋牧场能值变化后发现：柘林湾海洋牧场建设后，环境可更新资源投入 5.94×10^{19} sej，环境不可更新资源投入 7.08×10^{20} sej，经济反馈能值由 5.25×10^{19} sej 上升至 1.41×10^{20} sej，能值产由 6.10×10^{20} sej 上升至 6.37×10^{20} sej，经济输出能值由 6.36×10^{20} sej 上升至 8.58×10^{20} sej。各项能值指标也产生了明显变化，能值自给率由 0.94 降到 0.84，能值产出率分别由 11.61 明显下降到 4.51，能值投资率由 0.07 上升至 0.18，环境负载率由 6.36 下降到 3.92，输出反馈率由 12.11 下降到 6.07，能值可持续指标由 1.83 下降到 1.15。总体来说，柘林湾海洋牧场对自然环境依赖程度较高，经济投入相对较少，海洋牧场建设前环境负载率较高，但海洋牧场建设后明显下降，可持续发展指标处于中低水平。因此在柘林湾海洋牧场的未来发展上要促进系统的可持续发展。

四、主要经验

1. 优化产业结构，促进旅游业的发展

对比海洋牧场生态系统服务价值构成发现，渔业是海洋牧场发展的主导产业，尤其是以增养殖模式为主的海洋牧场，渔业生产更是海洋牧场发展的决定性因素。但这种投入-产出型消费模式不利于海洋牧场长期发展和形成良性的循环系统。因此在柘林湾海洋牧场未来发展过程中要进一步开发旅游业，以旅游业来带动当地社会经济的发展。一是可以加强政府资金投入，完善周边地区基础设施；二是可以充分利用海域内资源优势和渔业优势，开展农家乐、海上垂钓等形式的生态旅游模式；三是要发挥海域内独特的自然环境要素，通过构建海上平台等方式实现海洋牧场等景观模式的可观赏性。

2. 转变单一的渔业生产方式，提高对渔业产品的精深加工水平

柘林湾海洋牧场渔业生产还处于一种传统的单一生产方式，每年大量的渔业产品直接投入水产市场，用于深加工的渔业资源非常有限。目前柘林湾海域的加工水产品主要包括冷冻产品、鱼糜制品、干腌品、藻类制品等，但冷冻产品占到总加工水产品的90％以上（广东省统计局，2013）。因此，充分利用海域内渔业资源优势，筛选出重要的有明显经济价值的鱼类、虾类等，利用政府投资等形式对重要的渔业产品进行深加工，在此基础上引导水产养殖品种的改变，促进区域内规模效益的形成，以此来加强海域内产品的竞争力。

3. 促进柘林湾海洋牧场可持续发展

柘林湾海洋牧场对自然环境依赖程度较高，经济投入相对较少，环境负载率相对较高，可持续发展性能偏低。因此柘林湾海洋牧场今后发展中既要增加经济投入，又要兼顾海域内环境负载率，促进区域可持续发展。首先加强对海域内传统养殖模式的管理，防止出现因过度养殖而导致海域水质污染等现象。同时进一步开发利用海域内清洁能源，例如潮汐能、风能等。柘林湾海域位于闽粤之交、台湾海峡喇叭口西南端，是中国有名的"风柜"，海域内风能资源非常丰富（杨凤群等，2011），支持风力发电将充足的风能转化为高能值的电能，充分利用有效资源。

参考文献

广东省统计局，2009. 广东统计年鉴［M］. 北京：中国统计出版社.

广东省统计局，2013. 广东省渔业统计年鉴［G］. 北京：北京统计出版社.

侯隽，2009. 汕头南澳岛：腾跃中的粤东明珠［J］. 中国经济周刊（11）：48-49.

李萍，周厚诚，2000. 广东省南澳岛的生态旅游资源及开发战略［J］. 生态科学，19（4）：90-94.

林会洁，秦传新，黎小国，等，2018. 柘林湾海洋牧场不同功能区食物网结构［J］. 水产学报，42（7）：1026-1039.

林晓燕，薛雄志，2014. 基于生态足迹的南澳岛生态旅游开发探析［J］. 海洋开发与管理，31（8）：100-105.

马欢，秦传新，陈丕茂，等，2017. 南海柘林湾海洋牧场生物碳储量研究［J］. 南方水产科学（6）：56-64.

毛玉泽，杨红生，王如才，2005. 大型藻类在综合海水养殖系统中的生物修复作用［J］. 中国水产科学，12（2）：225-231.

肖玲，2002. 对于县域旅游规划重点问题的探讨——以饶平县旅游规划为例［J］. 热带地理，22（2）：138-141.

杨凤群，林苗青，翁永安，2011. 南澳岛风能资源的评估［J］. 气象研究与应用，32（3）：58-62.

杨晓英，杨晓娜，2014. 新视角下的潮汕文化精髓与影响［J］. 广东省社会主义学院学报（3）：75-80.

赵飞，彭华，李新，2005. 海岛旅游市场调查分析——以南澳岛为例 [J]. 云南地理环境研究，17（4）：80－84.

Abreu M H，Varela D A，Henríquez L，et al.，2009. Traditional vs. integrated multi－trophic aquaculture of *Gracilaria chilensis*. Bird C J，McLachlan J，Oliveira E C：productivity and physiological performance [J]. Aquaculture，293：211－220.

Ainsworth T D，Fordyce A J，Camp E F，et al.，2017. The Other Microeukaryotes of the Coral Reef Microbiome [J]. Trends in Microbiology：S966842X－S1730152X.

Alexander K A，Potts T P，Freeman S，et al.，2015. The implications of aquaculture policy and regulation for the development of integrated multi－trophic aquaculture in Europe [J]. Aquaculture，443：16－23.

Buschmann A H，Varela D A，Hernández－González M C，et al.，2008. Opportunities and challenges for the development of an integrated seaweed－based aquaculture activity in Chile：determining the physiological capabilities of *Macrocystis* and *Gracilaria* as biofilters [J]. Appl Phycol，20：571－577.

Chopin T，Cooper J A，Reid G，et al.，2012. Open－water integrated multi－trophic aquaculture：environmental biomitigation and economic diversification of fed aquaculture by extractive aquaculture [J]. Rev Aquacult，4（4）：209－220.

Chopin T，Sawhney M，2009. Seaweeds and their mariculture [J]. Encyclopedia of Ocean Sciences：317－326.

Fang J，Zhang J，Xiao T，et al.，2016. Integrated multi－trophic aquaculture（IMTA）in Sanggou Bay，China [J]. Aquacult Env Interac，8：201－205.

Troell M，Halling C，Neori A，Chopin T，et al.，2003. Integrated mariculture：asking the right questions [J]. Aquaculture，226（1－4）：69－90.

Troell M，Joyce A，Chopin T，et al.，2009. Ecological engineering in aquaculture—potential for integrated multi－trophic aquaculture（IMTA）in marine offshore systems [J]. Aquaculture，297（1－4）：1－9.

Zhang J，Hansen P K，Fang J，et al.，2009. Assessment of the local environmental impact of intensive marine shellfish and seaweed farming－Application of the MOM system in the Sungo Bay [J]. China. Aquaculture，287（3－4）：304－310.

（秦传新　毛玉泽　房景辉　蒋增杰）

第十三章

岛礁渔业水域生态修复

第一节　珊瑚礁保护与修复

珊瑚礁主要集中分布在印度洋-太平洋地区和加勒比海地区。我国的珊瑚礁主要分布在南海的南沙群岛、西沙群岛、东沙群岛，以及台湾、海南周边。少量不成礁的珊瑚分布在香港、广东、广西的沿岸，从福建东山岛到广东雷州半岛。

一、珊瑚礁衰退状况

近百年来，人类活动引起的气候变化正对珊瑚礁生态系统的环境因子包括水温、环流模式、海洋化学（如 pH、盐度和营养盐）、海平面、热带气旋和异常的气候（如 ENSO 事件）产生严重影响，从而反过来影响珊瑚礁生物群落的分布、结构和功能，再加上过度捕捞、非法破坏、过度旅游开发活动及海洋工程等人类活动的影响，全球珊瑚礁已发生严重退化（Williams et al.，2015）。

20 世纪 90 年代以来全球珊瑚礁持续衰退。1992 年首次定量评估全球珊瑚礁，认为世界上有 10％的珊瑚礁已经彻底消失，如果没有紧急管理行动，将有另外 30％在 10～20 年内消失。2000 年重新评估时认为，全球珊瑚礁已经减少 27％（退化程度＞90％，其中 1998 年前因人类活动减少 11％，因 1998 年全球白化事件减少 16％），处于紧急状态礁（退化程度 50％～90％，2～10 年内可能消失）14％，受到威胁礁（退化程度 20％～50％，10～30 年内可能消失）18％，其余 41％为健康状态。2004 年评估认为全球珊瑚礁减少 20％（因为 1998 年白化事件减少的 16％中已经恢复 6.4％），紧急状态礁和受到威胁礁分别上升到 24％和 26％，健康状态礁下降到 30％。即使被认为保持原始状态最好的大堡礁也显示了系统的退化，1960—2000 年活珊瑚平均覆盖率由 40％下降到 20％，长棘海星暴发和白化事件发生率不断上升。加勒比海地区珊瑚礁发生灾难性退化，活珊瑚平均覆盖率由 1977 年的 50％下降到 2001 年的 10％（Benayas et al.，2009；Jaleel，2013；Maynard et al.，2016）。

同样，我国的珊瑚礁生态系统也出现了严重的衰退。香港东北部海域 1994 年 7 月曾发生底层缺氧海水入侵事件，造成大量底栖生物和某些礁区约 80％的造礁石珊瑚死亡；台湾南部和大亚湾的核电站温排水也造成当地珊瑚礁白化和衰退。2000—2004 年的 3 次调查发现，徐闻县灯楼角西岸放坡村外约 1 km² 的珊瑚丛生带面积内珊瑚的覆盖率逐年变化，从 2000 年的 30％～40％、2002 年的 20％～30％，到 2004 年的 10 ％左右，呈持续减少的趋势（王丽荣等，2006）。涠洲岛石珊瑚群落呈现明显的衰退趋势，平均活珊瑚覆盖率由 1984 年的 50％下降到 2015 年的 6％。三亚鹿回头珊瑚岸礁 2005 年和 2006 年的活珊瑚覆盖率分别为 14.79％和 12.16％，与历史资料（1960 年、1978 年、1983 年和 1990 年测值分别为

80%~90%、60%、60%和35%，1998年约为41.5%，2002年为23.4%，2004年为20%）对比显示，近50年来鹿回头珊瑚岸礁的活珊瑚覆盖率显著下降，珊瑚礁总体呈衰退趋势（施祺等，2010）。

1984年以前西沙群岛海域活珊瑚覆盖率均很高，如在永兴岛可达到70%。2005—2006年西沙群岛活造礁石珊瑚依然保持很高的覆盖率，如西沙群岛海域监控区包括永兴岛、石岛、西沙洲、赵述岛和北岛，其活珊瑚覆盖率为65%~70%。2007年西沙群岛海域珊瑚开始显现退化趋势，活珊瑚覆盖率从2005—2006年的65%~70%下降至53.8%，2008年活珊瑚覆盖率急剧下降至16.8%，2009年活珊瑚覆盖率下降至7.9%。这种下降趋势一直到2011年后才趋于平稳（吴钟解等，2011）。

据多项南沙群岛海域生物资源调查资料及南沙群岛驻礁人员反映，南沙群岛珊瑚礁海域生物资源已呈现持续退化趋势。20世纪80年代，南沙群岛海域珊瑚礁上遍布珊瑚，覆盖率在50%以上，珊瑚种类繁多，生长良好，底栖生物和鱼类资源丰富。20世纪90年代，礁堡30 m以外珊瑚随处可见，珊瑚覆盖率虽有所降低，但仍保持在35%左右，珊瑚种类基本维持原有水平，珊瑚生长状况整体较好，底栖生物和鱼类资源依然丰富。目前，南沙群岛海域珊瑚礁礁坪上珊瑚覆盖率平均在10%，永暑礁、美济礁、华阳礁等礁坪上生长的珊瑚甚少，而渚碧礁、赤瓜礁礁坪珊瑚覆盖率虽稍高，但也只有15%左右，礁盘外缘珊瑚覆盖率较高，约为30%~50%，珊瑚白化现象突出，底栖生物和鱼类资源比以前显著减少。以渚碧礁为例，礁堡附近约80 m的范围内未见珊瑚分布，礁盘边缘至潟湖浅水区（约−3 m）珊瑚呈斑块状分布，覆盖率在15%左右，礁盘边缘外侧珊瑚呈带状分布，覆盖率在40%~50%，2007年中国科学院调查显示，潟湖−9 m以下基本无珊瑚分布，礁盘上到处分布着白化的珊瑚，并发现珊瑚天敌长棘海星入侵现象。从目前整体状况来看，南沙群岛海域珊瑚礁生态系统退化十分严重。

二、主要做法

珊瑚礁荒漠化还会导致珊瑚礁三维礁体的崩塌，继而产生严重的珊瑚岛礁侵蚀现象，直接威胁到我国的蓝色国土权益。珊瑚礁生态系统的重要性和破坏的严重程度，使得珊瑚礁生态系统修复的可行性逐渐成为热点。从海洋生态系统修复的方法上可将其分为主动修复、被动修复和创建。于登攀等（1996）研究表明自然灾害导致的生态破坏，灾害过后通常可以自然恢复，但需要20~25年甚至60~100年的时间。环境压力导致的生态系统衰退，一旦环境压力消失，通常生态系统也可以自然恢复。主动的人为修复与重建措施可以加速和调控自然恢复过程，因此也是珊瑚礁修复的首选方法。

目前，国内外珊瑚礁修复主要手段有珊瑚移植、园艺式养殖移植、养殖箱培育、人工礁基、稳固底质、提高珊瑚存活率和提供珊瑚幼体附着基质等。

1. 珊瑚移植

珊瑚移植是把珊瑚整体或其部分移植到受损区域，优化退化区的物种组成和结构。例如，将整个珊瑚、珊瑚片或珊瑚幼虫移植到相应的退化区域，改善退化区的生物多样性。珊瑚移植因为成本较低且可以快速增加珊瑚的数量，在珊瑚礁的恢复中发挥了很大的作用，因此是修复珊瑚礁最为广泛的技术和手段。在不少的珊瑚礁区都有学者进行过珊瑚移植实验，如Shaish等（2010）将培养了1年的蔷薇珊瑚移植至珊瑚退化区，珊瑚在1周后恢复正常状态，初期存活率达到 99%；15 个月后，珊瑚体积增加了 3.84 倍。我国的陈刚等（1995）以及高永利等（2013）在南海也进行了珊瑚移植实验，1 年后珊瑚成活率为 70%～90%，为珊瑚的生态修复提供实践经验。

2. 园艺式养殖移植

园艺式养殖指在特定的海区对小的珊瑚断片或幼虫进行养殖，待珊瑚生长到合适的大小时，再将其移植到退化的珊瑚礁区。园艺式养殖可培养出大量移植个体，并可在移植过程中最大限度地减少对珊瑚的组织损伤，有助于被移植的珊瑚适应新的环境和繁殖，提高修复的成功率（图 13-1）。园艺式养殖概念已经被越来越多的应用于珊瑚的移植，虽然它也存在着一些潜在的破坏，但是这个概念的适应性已经得到证实，并被应用于很多的野外种。加勒比海、红海等海域和新加坡、菲律宾、日本等国家都开展过珊瑚园艺式的养殖（图 13-2）（黄晖等，2020）。

图 13-1　珊瑚移植技术

（黄晖等，2020）

图 13-2　园艺式珊瑚养殖

（黄晖等，2020）

3. 养殖箱培育

养殖箱培养是指将珊瑚放置于人工建造的养殖箱中，在可控的条件下研究珊瑚礁生态系统修复的方法。中国、美国、澳大利亚、日本、以色列等不少国家开展了这项研究，但到目前为止利用养殖箱培养的珊瑚主要应用于修复机理和其他理论的研究，还极少用于移植，主要是因为珊瑚的繁殖速度慢、培养成本高。

4. 人工礁基

利用人工礁基作为造礁石珊瑚的培植基底有利于提高珊瑚礁三维结构的复杂性。附着或移植至人工礁基上的珊瑚可以避免松散底质的影响，减少敌害生物的捕食，提高成活率。人工礁基的表面可以为珊瑚幼虫提供附着基底，不同材料的礁基表面可以吸引不同类型的珊瑚幼虫，并且复杂的礁基表面也可以为不同种类的珊瑚幼虫提供适合的附着面。因此，人工礁基的投放能促进造礁石珊瑚群落的恢复，加速珊瑚礁生态系统的修复进程。陈刚等（1995）及于登攀等（1996）均在海南三亚鹿回头湾海区进行造礁石珊瑚移植实验，利用水泥板作人工礁基，用水下胶粘剂固定珊瑚枝，分别移植 44 个群体（6 个月存活率为 75.0%）和 200 个群体（1 年存活率为 78.5%）。不能存活的原因为群体死亡、群体脱落或波浪冲击导致基座翻倒。李元超等（2014）在西沙群岛海域对比人工修复区和自然恢复区的修复效果，结果表明进行投放礁基并移植珊瑚的区域修复效果是不理想的，而投放礁基但未移植珊瑚的区域的修复效果比较理想，说明珊瑚礁的修复并不是都要进行珊瑚移植（图 13-3）。

图 13-3 生态礁珊瑚移植技术

（黄晖等，2020）

5. 稳固底质

相对稳定的底质对珊瑚礁的恢复非常重要，底质不稳定会导致附着的珊瑚幼虫脱落。国外在这方面主要运用的办法是用水泥把碎石区覆盖或者把碎石搬走。在许多珊瑚礁保护区，工作人员将活动的碎石用水泥等胶合在一起，固定底质，效果非常明显，被广泛应用于珊瑚礁的恢复工作中。稳固底质不仅提高了珊瑚自然恢复补充的速率，也使得珊瑚移植的成活率大大提高。

6. 提高珊瑚存活率

针对珊瑚移植的研究，人们开始会比较不同移植方法对珊瑚成活率的影响，但是后来发现由于影响珊瑚移植的因素很多，最后的参数很少相同，具有高变性，可比性很差。现在珊瑚大小决定存活率的观点已被广泛接受并应用于指导珊瑚的移植。

改善生存环境和减少人类活动干扰是保证珊瑚存活率的一大措施，但是若能提高珊瑚对环境的耐受能力和恢复潜力也非常重要。珊瑚驯化与选择性繁育是将珊瑚幼虫暴露于环境压力中驯化珊瑚、选择性繁殖珊瑚，由同代和隔代珊瑚逐渐形成特殊基因型的珊瑚。Palumbi等（2014）通过控制环境的方法培育突变和杂交产生的珊瑚幼虫，选择更适应极端环境的珊瑚基因，进行可遗传性繁育，相应地提高了珊瑚耐白化的能力。珊瑚-虫黄藻共生体在环境胁迫下，通过基因选择而产生适应性的虫黄藻后代。Mieog 等（2009）将取自不同温度环境的共生虫黄藻接种于基因相似的宿主，得到不同温度耐受范围的珊瑚共生体。珊瑚包含着众多的共生微生物，这些原核生物具有固氮、硫代谢、产生抗菌剂、破坏病原菌的能力。在珊瑚幼虫生活早期接种微生物，重组珊瑚-微生物共生体的系群结构，增加免疫基因（c 型凝集素基因）的表达，提升其对环境的耐受力。

7. 提供珊瑚幼体附着基质

对一些珊瑚退化区域来说，缺少的并不是珊瑚幼虫的来源，而是附着的基质。底质被大型藻类覆盖，或是被沉积物覆盖，幼虫找不到合适的附着基质而死亡。为幼虫提供合适的基质，为它们的附着补充创造条件，可以在短时间内大面积地恢复受损区域。日本的 Okamot 等开展了各种材料对珊瑚幼虫的吸引实验，最后发现陶瓷和陶瓦是比较好的材料，其次是 PVC 板和水泥板，而天然的礁石加工起来比较麻烦，不适合大规模投放。

目前，除了研究适合的附着材料，研究人员还在附着材料中增加了一些化学物质 $[CaCO_3/Mg(OH)_2]$ 和化学电位（<24 V），用以吸引珊瑚幼虫的附着和促进珊瑚生长。

三、主要成效与经验启示

尽管关于珊瑚礁生态修复已经进行了很多研究和实践，但有些生态特征我们还不了解，总体来说仍然处在试验阶段，因此，世界范围内的珊瑚礁生态系统退化并没有得到根本遏制，这除了因为人类活动带来的压力不能彻底根除外，还由于珊瑚礁生态系统修复的成功率不高，主要表现在以下方面。

1. 对珊瑚礁生态系统功能的了解不足，对一些重要的科学问题，如珊瑚礁生态系统退化的原因、指标系统和诊断、动态模型和预测、成功的标准和模型等不够了解。

2. 不同礁区控制珊瑚礁发育的主要因素如光照、盐度、沉积、营养水平、捕食、竞争等不同，表现出很强的地域性。所以还需对这些影响因子的作用系数做进一步研究，针对具体礁区确定更加详细的修复方案。

3. 多数的珊瑚礁生态修复工程关注珊瑚礁的修复，缺乏对受损生态系统机制和生态水文过程的系统研究，特别是对大尺度水文和珊瑚礁相关性研究较少。

4. 珊瑚礁生态修复研究大多停留在小范围、局部区域的修复，缺乏系统的生态修复研究。

5. 珊瑚礁生态修复的监测、评估和管理等方面的研究相对较少，缺乏系统的评价指标，缺乏多尺度的、长期的对受损珊瑚礁生态系统的监测。另外，对珊瑚礁生态修复的管理措施较少，很多修复项目做完后没有任何后续的管理，因而这些修复的效果也多是不佳的。

第二节　国外岛礁生态修复成功案例

一、圣地亚哥岛

（一）基本状况

圣地亚哥岛位于北大西洋东南部，马尤岛以西 40 km，福古岛以东 50 km，距西非海岸约 640 km，佛得角共和国首都普拉亚位于圣地亚哥岛东南岸，为西非岛国佛得角领土。地理位置为西经 23°38′、北纬 15°04′，面积 992 km²，人口约 27 万，人口密度为 272 人/km²。

圣地亚哥岛为火山岛，岛内山地沟深谷曲，部分沟谷有长流水源，最高峰海拔1 392 m。海岸陡峭，多礁、石，偶有小海滩分布。高山区和部分谷地植物繁茂，而其他区域植物则难以生存。圣地亚哥岛属热带沙漠气候，年平均气温25 ℃，年降水量100～300 mm。岛屿生物相对独特，生息着诸多特有的动物和植物。圣地亚哥岛是佛得角共和国农业最发达的岛屿，主要种植作物为玉蜀黍，还产香蕉、咖啡、棕油、甘蔗、蓖麻等。圣地亚哥岛生态环境脆弱。

（二）主要保护措施

1. 建立更为有效的激励和约束机制

在岛屿可持续发展过程中，涉及利益相关者人数众多，管理决策必须充分发挥民主职能，协调好所有社会成员的利益、目标、理念和预期，因此圣地亚哥岛引入基于利益相关者的心理模型，实现岛屿生态系统保护与管理的契约化、责任制、有偿性。契约化主要通过与不同类型的利益相关者建立不同形式的协议，明确责任、赔偿、问责和担保方式，确保不同订约人能够明确与控制全部事项；责任制强调实施既定限令、禁令或约束，建立综合模型和仿真系统，确保利益相关者之间及其与管理部门之间建立信任关系；有偿性主要通过创立一种重复估价方法，达到对成本、收益或最终补偿（如对非商品产出的补贴或支付）的准确认识。建立有效的激励和约束机制能够改变现行的土地利用方式，提升土地利用效率，同时可以通过外部约束（如耕地保护）来倒逼岛屿土地利用效率提高。

2. 协商管理作为岛屿资源保护的主要方法

岛屿资源极其有限，对其进行协商式管理尤为重要。圣地亚哥岛通过统一采集岛屿系统样本信息，运用综合参考系统对资源管理方案进行反复评估，确保全部利益相关者积极参与，优化各个地区、各个时期的管理方案，有利于形成长期有效的岛屿系统资源评价体系。协商管理不仅是极为关键的保护策略，而且对减轻公民压力、提供交流和沟通渠道、实现公民参与管理具有重要意义。此外，公民参与岛屿管理和发展，不仅保障公民权益，还保障岛屿的自治权、独立性和文化特性（崔旺来等，2016）。

二、泰特帕雷岛

（一）基本状况

泰特帕雷岛位于所罗门群岛西部省，是西太平洋地区最大的无居民海岛，面积为120 km²，被称为最后的蛮荒之岛。泰特帕雷岛拥有多种特有或稀有物种，岛上热带雨林覆盖率超过96%，是公认的陆地和海洋生物多样性保存完好的代表性岛屿。泰特帕雷岛鱼类年均捕捞量为1 767尾，种类超过33种。其中，海洋鱼类占比超过97%，淡水鱼类则很少。鲷、金枪鱼、鲹和刺尾鱼等最常见鱼类占总量的95%以上。泰特帕雷岛99%以上的登岛目的是采集岛上资源，出于旅游目的登岛的不到1%。捕捞者们来自23个不同村落，但伦多瓦岛上的温哥华和拉诺作为距泰特帕雷岛最近的村落，村落居民采集了80%的资源。同样，这两个村落采集了大部分如海参、马蹄螺等能产生收入的资源，而其他村落谋生更依赖于捕鱼等。捕捞群体在泰特帕雷岛沿海有37处以上资源捕捞区域，其中索和新格的资源采集频率是其他地方的3倍以上，包括这两处海滩在内的迎风海岸带资源开发程度最高。海参、马蹄螺和小龙虾等可增收资源大多数从岸礁或迎风坡水汽通道捕捞而得。在海洋保护区范围内捕捞马蹄螺、椰子蟹属于偷猎事件，而鱼类捕捞记录显示该地区的捕捞活动是在海洋保护区以外的深海区进行。

（二）保护措施

1. 岛主协会成为保护与管理主体

尽管泰特帕雷岛是无居民海岛，并远离邻近村落，但这并不能避免资源过度开发和周边海域过度捕捞。泰特帕雷岛的岛主，为 150 多年前因疾病和战争逃离该岛的原始居民的后裔。大多数泰特帕雷岛的岛主定居于邻近岛屿传统村落中，为了对该岛的海洋和森林资源进行适应性管理，他们组建了所罗门群岛最大的岛主协会——泰特帕雷岛后裔协会（TDA），成为泰特帕雷岛保护与管理主体。TDA 巡逻队通过对渔夫和猎人进行采访，掌握泰特帕雷岛的主要资源、资源开发者来源和高频开发区域，也为确定针对性监测方案类型、实施区域，保障岛上主要村落的可持续发展提供参考依据。这些调查还提供了最优资源管理策略，例如采取永久禁渔区和禁渔期的相关限制措施。

2. 赋予泰特帕雷岛集体所有权

泰特帕雷岛由 3 000 多个成员共同协商管理。TDA 承诺对泰特帕雷岛资源进行保护，并制定了一个管理计划，禁止商业化开发泰特帕雷岛及其水域资源。泰特帕雷岛被赋予集体所有权，使其具有可持续管理优势。例如，需要建成大型海洋保护区（MPA）对珊瑚鱼各生长阶段实施的强制保护，是完全依靠个体保护珊瑚礁很难做到的。TDA 通过当地巡逻队强化 MPA 管理，重点区域包括 5.3 km 岸礁和 7 km 堡礁。在重点村落召开的一系列有关相关数据的研讨会，推进泰特帕雷岛资源管理共同所有制建设，促进社区对日益减少的资源采取自适应保护措施。同时，TDA 意识到，在指导资源开发的管理过程中，资源利用者掌握的生态学知识具有非常重要的作用。对当地情况的熟悉以及对社会经济因素的了解，已经成为对个体渔业进行有效管理必不可少的内容。此外，传统资源的可持续利用方法与新技术结合，可以协助实施社区化保护计划。

3. 开展资源监测是海岛保护的重要手段

TDA 对泰特帕雷岛资源的监测和管理，包括长期设立 MPA 以及实施季节性封闭，是实现泰特帕雷岛资源可持续发展目标不可或缺的手段。收集分析捕捞数据，并与主要资源定期实地监测数据进行比较，对确定保护脆弱渔业资源的 MPA 规模与范围始终具有重要作用，也能够持续推进泰特帕雷岛资源的自适应管理。正如预期的那样，当地市场波动是影响泰特帕雷岛适销资源开发的一个重要因素。物流难度和当前闭塞状况，很大程度上限制了泰特帕雷岛捕捞者形成大规模、稳定的市场，为避免过度捕捞提供了重要保护。所罗门群岛人口的高速增长与便携式制冷设备的使用，以及人们对更高生活水平的渴望等因素，共同增加了泰特帕雷岛海洋和陆地资源的压力。TDA 的任务是控制或影响当地市场，并通过协助社区居民规范资源开发行为，在小规模手工渔业与持续保护目标相结合方面取得成功（Read et al.，2010）。

三、所罗门群岛

（一）背景

所罗门群岛位于澳大利亚东北方，巴布亚新几内亚东方，是英联邦成员之一。地理位置在东经 155°—170°、南纬 5°—12°，陆地总面积共有 28 450 km²，由瓜达尔卡纳尔岛、新乔治亚岛、马莱塔岛、舒瓦瑟尔岛、圣伊萨贝尔岛、圣克里斯托瓦尔岛、圣克鲁斯群岛和周围许多小岛组成。全国分为中部群岛、乔伊索、瓜达尔卡纳尔、霍尼亚拉（首都直辖区）、伊萨贝、马基拉岛、马莱塔岛、拉纳尔和贝罗纳、泰莫图、西部群岛9个省，总人口约57万，人口密度为18.1人/km²。大多数人口以务农、捕鱼和种植为生，国民经济以种植业、渔业和黄金开采为主。所罗门群岛实施以渔业为生的社区化管理，赋权社区管理（或与其他主体共同管理）当地海洋资源的立法和政策制定，且社区化管理法往往在非政府组织的环境活动中占据主导地位。

（二）保护措施

1. 所罗门群岛的资源社区化管理

近海渔业和海洋资源作为所罗门群岛社区成员资金收入来源之一，在农业经济和民生中发挥着重要而独特的作用。社区主要以块根作物（如木薯、甜马铃薯）或进口食品（主要为大米）为生，而动物性食品主要来源于近海海洋资源。面临人口增长、气候变化和资源退化等严峻挑战，所罗门群岛政府将保护近海海洋资源作为确保食品安全的核心策略，同时强调社区化资源共同管理是实现"2020年近海渔业和水产资源安全可持续"的核心内容。共同组织、构建社区支持的合法体系并克服争议，被公认为社区化资源管理和治理得以延续的关键。

2. 社区成员服从于部落首领或社区领袖

所罗门群岛社区的传统资源利用和管理制度为部落和部族掌管土地和海洋，而社区成员服从于部落首领或社区领袖。资源所有者可以将资源授予广泛社区。对所有社区而言，规则很简单——除一年中特定时间点暂时解除封锁、允许捕捞外，禁入捕鱼场所，禁用渔具。在大多数情况下，禁令只对部分捕鱼场所或渔具使用局部范围产生影响。所罗门群岛传统禁忌区部族通行的做法是在显赫部族成员去世时封锁部族珊瑚礁以示尊重。

3. 合作成为推动CBRM发展的最好方法

所罗门群岛CBRM往往由国际非政府组织（NGO）推动。非政府组织推动CBRM发展的手段多样，但到目前为止使用最多的方法需要社区的广泛、长期合作。也有证据表明，部分社区制定海洋资源管理规则和管理体系时，非政府组织没有参与其中。然而，基于当前非政府组织只能逐一参与社区海洋资源管理，且所罗门群岛国内运输和通信成本极高、资源与能力均有限，其国家战略目标难以迅速实现。因此，资源有限的情况下，广泛推行CBRM必须依赖某种扩散途径，即以自下而上的方式激励、推动社区自主实施CBRM。

4. 赋权社区管理是海岛保护的重要手段

对于海岛生态系统以及海岛周边资源而言，多中心、分散型管理方式比传统的集中式管理更适用。尤其适用于执法财政与人力资源有限、下辖偏远农村社区的海岛国家或地区。以社区化管理法为典型代表的分散型管理，能够根据地点和形势及时调整，具有高度灵活性和适应性。因此，赋权社区管理成为海岛保护及其周边资源管理的重要手段。

资源社区化管理的影响因素包括：资源管理流程合法性、社区对资源管理支持程度、资源利用规则的存在与性质。①合法性对确保制度生效至关重要。社区成员对地方治理和规则制定机构的配合度主要取决于自身对其合法性的认识和判断。②资源社区化管理的制度化持续推进作为集体化行动，没有广泛的社会支持是不可能成功的。集体化行动除了要求各参与方之间有一定程度的相互信任和社会资本，还要求其支持和认同集体化行动任务。③以公开规则与标准的形式明确告知社区居民在海岛生态系统及其周边资源利用与保护过程中什么能做、什么不能做，以及不遵守规则可能产生的后果，以规范社区居民海岛开发与保护行为。④社区还需要积极学习、响应，妥善管理海岛生态系统的动态反馈，保证海岛开发利用与治理保护与当地海洋地理、生态相匹配（崔旺来等，2016）。

四、科尔武岛

（一）背景

科尔武岛是亚速尔群岛最小的岛屿，为葡萄牙探险家迪奥戈·特维（Diogo Teive）于1452年前后发现，在北大西洋中东部亚速尔群岛的最北端，南距弗洛里斯岛仅16 km。位于西经31°6′6″、北纬39°42′6.75″，面积17.13 km²，最高点戈多峰，海拔718 m。科尔武岛行政上属奥尔塔区，是举世闻名的观鸟天堂，是燕鸥、海鸥和斑鸠等众多鸟类的家园，也被联合国教科文组织认定为世界生物圈保护区。自16世纪，科尔武岛经济发展主要围绕畜牧业和农业。而近些年，经济基础趋向多元化发展，20世纪70年代逐步开始捕捞藻类，20世纪80年代商业性渔业逐渐普及，20世纪90年代之后旅游业开始发展。科尔武岛拥有目前亚速尔群岛范围内规模最大的沿海保护区，面积约257.4 km²。

（二）保护措施

1. 建立海洋保护区

科尔武岛首个自然保护区建立于20世纪90年代，保护区范围包括海岸和海洋部分。亚速尔群岛大学提供了科尔武岛帽贝保护区建设范围划定的基础科学数据。20世纪90年代初，欧盟的环境政策也促成了科尔武岛海洋保护区的建立，"栖息地指令"为在全欧洲范围内建立自然保护区网络提供法律基础，其中亚速尔群岛海洋保护区的建立由地方政府主导、由欧盟委员会负责监督。1990年，根据欧盟"鸟类指令"（NATURA2000），科尔武岛首个海岸、海釜特别保护区（SPA）成立，成为第一个为多种海鸟提供保护的海洋保护区；1998年，科尔武岛建立第一个由2个总占地面积为156 hm²的海区组成的重要社群场址（SCI），为NATURA2000重要栖息地和科尔武岛海洋场所提供法律保护。这类保护区的特点是当地社区不需大量投入资金或人力，只需及时了解政府做出的相关决策。

2. 地方政府重视项目研究

伴随各类环保项目的开展，欧洲大陆可利用的环境保护资金越来越充足，研究者们得以投入更多的精力研究亚速尔群岛海洋环境。这些研究项目的开展促进了监测方法的标准化规范、海洋保护区设计基础数据的收集和首次社区宣传的举办，同时使发展当地社区和研究人员之间的合作关系成为可能。

尤其是地方政府和亚速尔群岛大学制订的MARE项目（1998—2003年），其目标是为NATURA2000的沿海和海洋区域制订管理计划，包括科尔武岛的SCI和SPA。该项目实现了各区域的具体生物学和生态学资产清单的制订、用户和社区的社会经济调查、公众认识提高和空间管理计划的制订；该项目的开创性成果之一，是让亚速尔群岛政府认识到需要建立更大的海洋保护区，从而更加有效保障亚速尔群岛海洋环境的保护和管理；该项目提议建立海洋公园，范围包括科尔武岛海洋区域和多个拥有不同捕捞限制的保护区，此外整合了大量文件支撑这一提议，包括生物物理和社会经济的基础数据、法律文件和管理计划的有关提议以及详细的行动计划。

3. 建立海岛自然公园

MARE 项目之后，亚速尔群岛地方政府致力于建立综合性自然公园，以促进国际对科尔武岛海洋保护的认可和支持。2006 年，如 MARE 项目所提议，亚速尔群岛地方政府批准建立科尔武岛地区自然公园的法规，但由于政府意识到需审查包含自然公园在内的保护区网络的相关法律体系，地区自然公园的名称没有生效。2008 年，科尔武海岛自然公园依法成立，其海洋区块被纳入"科尔武岛资源管理海岸保护区"的海洋保护区范畴，该海洋保护区的目标包括生物多样性保护、资源管理促进可持续利用和推动区域可持续发展。2009 年，海岛自然公园建设全面启动，初期工作包括任命主管、配置资源、开展公园管理和咨询议会，后期陆续有来自地区、地方政府和主要利益相关者的代表加入。政府立法规定，所有海事活动必须经海岛自然公园许可，并颁布一些限制条款，包括禁止长线垂钓、拖网、深水张网和 10 m 以上船只进入保护区水域。这些条款可以有效限制大型渔船在海洋保护区范围内作业，但并不影响小规模渔业发展。

科尔武海岛自然公园的保护措施科学且目标清晰。科尔武海岛自然公园将亚速尔群岛最大的海洋保护区包含在内，其取得成功的关键因素主要包括：①保护能力得到著名国际机构认可与支持；②法律效力得到强大法律基础保障；③构成大面积保护海洋环境的海洋保护区网络的一部分（Tempera et al.，2002）。

五、韩国无人岛的保护和开发

（一）基本状况

韩国目前共有 3 300 余个岛屿，其中无人岛约占全部岛屿的 85％。无人岛是由岛陆、岛基、岛滩和环岛海域组成的一个完整而独立的生态地域系统。不同类型的海岛都有其特殊的生物群落与小生境，从而形成独特的生态系统。海岛的自然地理环境、资源和社会经济条件各不相同，历史、社会、地理等因素又使海岛形成了特殊的经济区域。作为国家领土的重要组成部分，无人岛具有难以估量的经济、社会、政治和军事价值，它们或具有潜在的资源、环境价值，或是天然军事屏障，或是国家领海前沿，因而对无人岛的开发、保护与管理尤为重要。

（二）保护与开发措施

20 世纪 90 年代，韩国的海岛开发以污染少效益高的旅游项目居多，1997 年韩国把生态旅游确定为主导产业进行培育，海岛的生态保护也越来越受到重视。在无人岛的开发过程中，韩国对于绝对保护和准保护无人岛内私有土地的买入是通过协商来进行的，同时限制对绝对保护或准保护无人岛的开发行为；而对于可利用无人岛，韩国是通过海洋休闲活动产业等促进可利用无人岛屿开发利用的同时增加财政预算的支持，诱导可开发岛屿的开发利用；对于可开发无人岛的措施则主要体现在海岛开发批准权限的确定和完成开发的无人岛的事后管理体制这两个方面。

韩国地方政府和海洋水产部已于 2011 年着手开发无人岛旅游项目，开发一部分原始岛屿，目的在于吸引中国等国外游客。无人岛的开发方式多种多样，其中，船只容易靠岸、开发条件良好的无人岛将被重点开发。游客可以亲自参观保持原有风貌的岛屿，也可以体验各种海上娱乐运动。韩国海洋水产部计划用可承载 8 人的游艇免费接送游客往返于陆地和无人岛之间。

为了避免无人岛的开发热潮带来一系列的环境污染问题，韩国海洋水产部对韩国全国2 900多个无人岛中的680多个岛屿进行了实地考察，将其中170多个岛屿指定为禁止开发无人岛，将其余510多个无人岛列为可开发无人岛。另外2 000多个无人岛则尚未进行实地考察。韩国海洋水产部的一位有关人士表示："将尽快出台相关开发指导方针政策，以防止地方政府盲目开发无人岛"。实施无人岛的开发与保护，应以促进海岛资源合理有序开发利用为目的，同时要牢记生态环境是其开发可持续发展的基础。

（三）管理措施

1. 整顿无人岛屿管理制度，强化管理体制建设

韩国海洋水产部负责修订相关法律法规，完善对无人岛屿保护和强化管理的法制手段，制定自然休息年制度、日常使用管理制度等；建立无人岛屿管理分配体制，明确海洋水产部、国立海洋调查院、地方海洋港湾厅、海洋警察厅、地方自治团体、市民团体的职责；设置无人岛屿管理协议会，协调部门管理，定期进行管理事宜的商讨；鼓励公众参与，建立区域和居民密集型无人岛屿管理体制，加强保护无人岛屿的宣传与教育，惩罚破坏行为，奖励保护行为。

2. 开展实况调查，构建综合情报体制

将无人岛屿的生态和自然环境、人文环境等实况调查结果资料数据库化，并引入历史管理系统，多部门合作，对所有岛屿进行综合管理。建立门户网站，搭建地方海洋港湾厅和自治团体的信息共享平台，实现官方、民众及时、快捷获得无人岛屿的相关信息。通过门户网站的运行，与国土地理情报院正在构建的岛屿情报系统结合，进而建立国家无人岛屿信息系统。

3. 制定无人岛屿管理类型的标准

确立合理的管理类型、制定基本原则，包括制定的先后顺序和细节原则，确定与无人岛实情相符的管理类型。积极组织相关行政部门收集利害当事人的意见，确保无人岛屿管理政策的民主性和实效性。

4. 制定不同模式的管理方案

绝对保护无人岛屿的基本管理方案，包括事前预防的无人岛屿管理，根据自然环境和生态界的隔年计划实施监控，居民和地域密集型保护、管理体制的确立；准保护无人岛屿的基本管理方案，包括行为限制管理，强化管理和相关机关的协作，根据自然环境、生态界的隔年计划实施监控；可利用无人岛屿的基本管理方案，包括海洋休闲活动和探访生态体验等项目的推进、国库对地方可利用岛屿保护设施的支持；可开发无人岛屿的基本管理方案，包括对岛屿开发批准权限的确定和完成开发的无人岛屿的事后管理体制等。

5. 未登录无人岛屿的管理

通过实况调查，根据《国有财产法》对新发现的岛屿命名并进行国有化以及登录在地籍公簿上，对错误的登记信息予以更正。国土地理情报院、国立海洋调查院等拥有无人岛屿相关卫星资料的机关，要协助进行错误岛屿信息的更正。

6. 对受损害的无人岛屿实施生态修复

通过实况调查，构建关于无人岛屿受损现状类型和原因的数据库，进行系统化管理。强化无人岛屿管理模式，利用监察和教育宣传使环境负荷最小化。对领海基线无人岛屿的现状进行定期检查和修复。

7. 保障无人岛屿的管理经费和人力需求

无人岛屿的保护和被破坏岛屿的复原等需要大量财政支持，因而要增加用于无人岛屿管理的持续性预算。另外，无人岛屿数量很多，分布在各个地方，所以对无人岛屿进行管理和监视的范围很大，一定要确保进行管理的人力充足（王泉斌，2015）。

六、日本鹿儿岛县离岛

（一）基本状况

日本是一个地少人多的岛国，包含许多离岛。这些岛屿都有地理位置偏远、资源匮乏、经济落后、岛民生活水平较差的共同特征，日本对国内离岛多采用开发模式，以优先发展经济。但是这种模式难免要对周围海洋环境造成一定的负面影响，甚至可能对岛上的环境和生态系统造成毁灭性的破坏。日本对海岛的开发和保护法规主要包括针对大多数离岛的一般性法律。此外还有并非全部针对海岛管理但涉及海岛的法律法规。

在国家统一的《离岛振兴法》指导下，各地根据自己的离岛设立了振兴计划。2013 年颁布的《鹿儿岛县离岛振兴计划》，是鹿儿岛县在日本国家层次《离岛振兴法》的基础上，针对鹿儿岛县地区做出的十年规划。

鹿儿岛县是位于日本九州最南端的县，属于亚热带气候。鹿儿岛县拥有以世界遗产屋久岛为首的各种特色岛屿，包括振兴计划涉及的 20 个一般离岛和适用于奄美群岛振兴开发措施的 8 个特殊离岛。鹿儿岛县离岛面积为 2 489 km²，人口为 171 652 人，下辖市町村 22 个，三项数据均为全国第一位。

（二）主要内容

《鹿儿岛县离岛振兴计划》主要由两部分组成：一是鹿儿县离岛振兴的基本方针；二是鹿儿岛下辖的各地域的离岛振兴计划，涉及狮子岛、桂岛、甄岛、种子岛、屋久岛、南西诸岛 6 个岛屿。

1. 推动海岛经济发展

鹿儿岛县在海岛调查计划的基础上，结合实际情况分别制订各地域的离岛振兴计划。相关经济措施涉及综合性事务、医疗保障、就业情况、产业现状、观光开发现状等方面。如桂岛重点发展周边海域的养鱼业，推进渔业振兴，并促进钓鱼等体验式旅游的发展。甄岛充分利用丰富的海洋资源，加强日本银带鲱和鹰爪虾等水产品的品牌化，并且推进保健医疗体制的完善。

2. 发展海岛公共设施

发展海岛的公共设施，一方面结合实际情况改善离岛的交通状况，建立完备的通信基础设施，以促进人员往来并减少物流成本；另一方面推进防灾设施的完善，减少因地震台风等自然灾害和火灾等造成的损失。

3. 对海岛进行生态保护

鹿儿岛县海岛生态保护措施主要集中在保护自然环境和物种多样性上。国家、市町村、民间团体等做到信息共享、相互合作，特别是海岸漂流物的处理上。此外，还加大了对可再生能源开发与普及的支持。下设的屋久岛环境文化财团以屋久岛环境文化村构想为建设理念，致力于保护岛上美丽的自然环境，建设与自然共生的新区域，所做的工作主要包括以下几个方面：环境考察、环境形成、促进交流、支援屋久岛地方建设和承担屋久岛环境文化村设施的管理运营。

八、日本小笠原诸岛

（一）基本状况

小笠原群岛是日本在太平洋的一个群岛，位于东京以南 1 000 多 km，行政区划属东京都小笠原村管辖。群岛由 30 多个小岛组成，其中著名的有父岛、母岛和硫磺岛等。小笠原群岛具有重要的战略地位，美国和英国都曾占有之。1945 年，美国海军占领小笠原群岛，并强行迁离了所有日本居民。1968 年，小笠原群岛归还日本，原被迁离的居民又回到了岛上。

（二）主要内容

《小笠原诸岛振兴开发特别措施法》主要有四大重点：一是推动海岛经济发展，二是推动海岛公共设施建设，三是改善居民福利及教育，四是推进旅游行业发展与自然保护。

1. 推动海岛经济发展

根据小笠原群岛自身的地理条件、自然特性进行经营，大力发展农业和水产业。在农业方面，兴建农业所用道路、水利工程等农业相关设施；改善农业技术，提高农业生产力；加强虫害防治及改良土壤等措施。在水产业方面，加强对现有防波堤设施的强化；改进水产品出货体制；开发新型鱼苗；加强对渔业技术的普及和改善等措施。

2. 推动海岛公共设施建设

为了改善小笠原群岛交通状况，进行了道路、港湾、航空等交通设施的改善。在道路方面，进行检查维修，并建设了更安全快捷的道路；在港湾方面，增加船舶设施的同时，进行乘船客人和物资的动线分离；在航空方面，与东京共同设置了小笠原航空路协议会 PI 活动、信息公开等措施。

3. 改善居民福利及教育

由于小笠原群岛自身的地理条件，除了父岛和母岛之外，其余的岛屿生存环境恶劣，因此把居民从其余岛屿迁移至父岛和母岛是开发小笠原诸岛的重中之重。其次，进行老旧住宅的建换推进，在居民区内建立新的污水处理设施以及垃圾处理设施。在医疗福利方面，加强本土的医疗合作，提高当地医疗水平。在教育方面，增建学校的同时，充分利用自身独特的传统文化、历史、自然环境等进行文化建设。

4. 推进旅游行业发展及自然保护

在旅游开发和生态保护方面，一是小笠原群岛自身环境优美，有着独特的珍稀动植物品种，是一个旅游胜地，但由于时常伴有台风等自然灾害的袭击，游客旅游的时间主要集中在 3 月、7 月、8 月和 12 月，限制了小笠原群岛旅游业的发展。因此，如何让游客全年旅行是振兴计划研究的重点方向。二是针对不同的游客开发丰富多样的旅行路线。如针对学生，积极发展修学旅行。三是与农业、水产、工商等行业增进合作，以建设小笠原群岛旅游品牌为目标。

第三节　国内岛礁生态修复案例

一、发展历程

岛礁与大陆隔断、四面环水，衍生相对独立又独特的生态系统。与其他生态系统相比，岛礁生态系统具有海陆二相性、系统完整性、资源独特性和生态脆弱性等特征。20 世纪 80 年代以前，我国对岛礁的保护和管理比较薄弱。从 20 世纪 80 年代开始，沿海地区相继出台政策和措施，鼓励岛礁的生态保护和开发利用，加强了对岛礁的保护和管理。1988 年我国开展首次全国海岛资源综合调查，获取了大量基础性资料。2010 年 3 月，《中华人民共和国海岛保护法》正式颁布实施，标志着我国将岛礁保护和管理纳入法制轨道，开创我国岛礁保护和管理新格局。经过多年的岛礁生态调查和保护管理，目前我国已初步建成国家、省、市、县 4 级海岛保护规划体系，各级海洋主管部门围绕海岛生态保护、资源开发利用和权益维护等方面，持续开展海岛保护规划体系、海岛生态保护研究与实践、海岛整治修复、"生态岛礁"工程和海洋保护区等一系列建设项目（樊祥国，2016；孙淑词等，2018）。

与国外的岛礁生态修复研究相比，我国的研究起步比较晚。目前研究较多的为岛礁植被修复和海岸、沙滩修复等，对基于生态系统的岛礁修复研究相对较少。近年来围绕岛礁生态系统，建设岛礁海洋牧场是当前岛礁生态保护与修复的重要方式。我国海洋牧场建设起始于 20 世纪 70 年代末，主要以人工鱼礁建设和增殖放流技术为主。进入 21 世纪后，受韩国和日本海洋牧场建设的启发，以及学术界近 30 年对海洋农牧化的呼吁，国内行业部门立足于落实《中国水生生物资源养护行动纲要》要求，以政府行为推进了我国海洋牧场产业的发展（阙华勇等，2016）。经过一段时间的发展，目前现代海洋牧场的特点是集生境修复、资源养护、休闲渔业和景观生态于一体，体现出"生态优先、陆海统筹、三产贯通"的原则（许强等，2018）。

海洋生物资源增殖放流技术起步于 19 世纪末期，随着人类在海水鱼类人工繁殖技术领域实现突破，美国、日本和西欧一些国家开始建立海洋鱼类孵化场，人工繁殖经济价值较高的鳕、大麻哈鱼等鱼类，并尝试通过人工投放种苗的方式来增加自然水域的野生种群资源量，海洋生物资源增殖放流工作由此兴起。进入 20 世纪，随着海洋生物人工繁育技术的进一步发展和人工繁育种类的不断增加，世界上许多国家诸如美国、挪威、澳大利亚、日本、韩国和中国等开展了大规模的增殖放流活动，放流种类涵盖鱼类、甲壳类和软体动物等多种类型，多达 100 多个种类。但这种增殖放流活动存在一个很大的缺陷，即重投放规模、轻效益评估。在增殖放流过程中，过分强调种苗的生产数量和放流规模，每年投入大量人力、物力和财力用于种苗繁育和投放。20 世纪 90 年代，随着种苗（卵、仔、稚、幼体）标记技术的日趋成熟，通过"标记-放流-重捕"实验评价增殖放流效果、优化增殖放流策略已成为可能，增殖放流技术得到快速的发展和提高。目前，各国正在探索一种旨在取得经济、社会和生态效益三赢的"负责任海洋生物资源增殖放流"模式（程家骅等，2010）。

国内有研究在山东半岛南部海州湾海域的前三岛开展了大量的岛礁生态修复工作，包括大型藻类的修复、刺参增殖、资源保护型人工鱼礁区构建等。2009 年通过投放鱼礁和增殖放流等措施在舟山群岛的中街山海域建立了曼氏无针乌贼生态修复示范区。2010 年有研究基于生态系统水平的大亚湾中央列岛紫海胆资源恢复技术研究、集成与示范，使已枯竭的紫海胆资源得以逐步恢复。中国水产科学研究院东海水产研究所利用长江口深水航道整治工程的南北导堤及丁坝等水工建筑物的混凝土模块作为牡蛎固着礁体，通过移植近江牡蛎亲本构建了目前世界上规模最大的我国首个人工牡蛎礁生态系统。聚焦岛礁生态修复，国内在天津大神堂浅海活牡蛎礁、连云港海州湾等海域示范性开展了生态修复项目。

二、主要做法

在特定岛礁海域，基于区域海洋生态系统特征，通过生物栖息地养护与优化技术，有机组合增殖与养殖等多种渔业生产要素，形成环境与产业的生态耦合系统；通过科学利用海域空间，提升海域生产力，建立生态化、良种化、工程化、高质化的渔业生产与管理模式，实现陆海统筹、三产贯通的海洋渔业新业态。针对岩礁、泥滩、沙滩等不同类型的岛礁生态系统，可以选择人工鱼礁、人造沙滩等技术，也可以通过人工兴建导流堤、丁字坝等技术，改变岛屿局部水文动力条件，促进岛礁生态系统的发育。另外，构建人工海藻场、移植珊瑚礁、利用附着性海洋贝类等生物技术促进生物沉积都可以作为岛礁生态系统的生态修复备用技术（徐晓群等，2010）。目前在岛礁渔业生态修复方面开展了示范性工程，部分岛礁修复案例如下：

（一）舟山群岛曼氏无针乌贼生态修复

2009—2012 年，在舟山市普陀区东极海域共指导地方放流曼氏无针乌贼幼体 126.67 万只，受精卵 3 601.67 万颗（粒），其中，标记曼氏无针乌贼 10.8 万只。根据曼氏无针乌贼的产卵习性，设计并制作了 2 000 个 Ⅱ 型乌贼增殖礁，并于 2011 年 4 月在东极庙子湖南侧沿岸边分散投放，投放水深为 6~10 m（图 13-4）。

图 13-4 乌贼礁制作

2009—2012 年，采用沿岸张网等小型作业网具、流刺网、蟹笼和拖网等对东极岛周边海域定点监测调查并结合社会调查了解曼氏无针乌贼的渔获情况。根据渔业部门统计和社会走访调查数据，沿岸捕捞的曼氏无针乌贼 4 月产量最高，谷雨和立夏 2 个潮水时期最多，而小潮汛仅捕获少量乌贼，即捕捞以春季产卵群体为主。秋季沿岸基本捕不到乌贼，11—12 月乌贼更少，表明天气转冷后，乌贼往外部和南部移动。2007—2012 年，东极海域曼氏无针乌贼各年度产量见图 13-5。

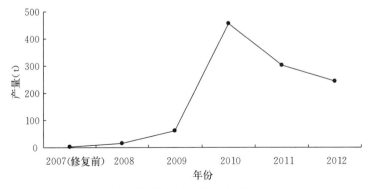

图 13-5 东极海域曼氏无针乌贼 2007—2012 年产量

浙江沿岸海域进行多年、持续、大规模修复放流，使得乌贼产量上升明显，修复放流的累积效应得以逐步体现。几乎在舟山渔场绝迹的曼氏无针乌贼在浙江海域的年产量终于又恢复到 1 000 t 的水平（图 13-6）。若以市场平均价格 150 元/kg 估算，2012 年增殖放流的曼氏无针乌贼到第二年的捕捞季节可达到理论上 690.45 万元的捕捞产值。2012 年曼氏无针乌贼受精卵按照东海渔政局当年招标价 0.117 元/粒计算，放流幼体按照浙江省近 5 年招标胴长 0.8～1 cm 的平均价格 1 元/尾计算，2012 年曼氏无针乌贼总的放流投入资金为 96.32 万元，资金投入产出比可达 1∶7.17。

图 13-6　曼氏无针乌贼丰收场景

（二）大亚湾中央列岛海域紫海胆资源修复

前期深入调查紫海胆栖息地现状，摸清紫海胆本底情况；同时，系统开展了紫海胆苗种繁育技术研究，筛选了紫海胆苗种培育过程中最适饵料，确定了繁育过程中受精、孵化及选育阶段的关键环境因子，研究了盐度等环境因子变化对紫海胆苗种的影响，形成了系统的紫海胆苗种培育和中间育成技术体系；建立了不同地域紫海胆种群的种质资源标本库，建立了基于形态学特征和遗传学特征的增殖放流种群判别技术，划定大亚湾紫海胆示范区核心区；建立了确保增殖放流本地种紫海胆、保护本地野生紫海胆种质资源的就地保护技术；构建基于饵料供应的紫海胆资源恢复技术，综合考虑紫海胆增殖放流对环境、环境生物、野生关键海洋生物和生物安全等方面的生态风险特征，选取评估指标，建立了紫海胆增殖放流风险层次分析模型。通过对系列关键技术的攻克，大亚湾紫海胆资源修复后的调查结果与修复前的调查结果对比可以看出，修复后紫海胆站位出现率为 100%，比修复前紫海胆站位出现率提高 15%，修复后各站位紫海胆生物量和资源密度均得到大幅提高。修复后调查各站平均生物量达到 162.6 kg/km²，是修复前的 17.3 倍；修复后调查各站平均资源密度达到 4 284.7 个/km²，是修复前的 13.7 倍。由此可见，大亚湾紫海胆资源恢复起到了明显的效果。

（三）长江口牡蛎礁的生态修复

利用长江口深水航道整治工程的南北导堤及丁坝等水利工程建筑物的混凝土模块作为牡蛎固着礁体，通过移植人工培育的近江牡蛎亲本构建了目前世界上规模最大的牡蛎礁生态系统，也是我国首个人工牡蛎礁生态系统（面积约 14.5 km²），建立了一个自维持的近江牡蛎种群，牡蛎密度为 400～800 个/m²，生物量（鲜肉重）为 2 000～3 000 g/m²，总数量达到 590 亿个，总重量达到 106 万 t。

经过了 5 年的礁体发育，长江口人工牡蛎礁形成以近江牡蛎为建群种，包括 114 种河口水生动物（其中 47 种大型底栖动物和 67 种游泳动物）的礁体生物群落，生境价值达到

1.85亿元/年。经评估，该人工牡蛎礁滤水总量达到3 300亿 m³/年，滤食藻类（干重）438 t/年，约去除氮292 t/年、磷20 t/年、铜4.9 t/年和锌11.7 t/年，等同于净化合流污水731万 t/年，相当于在长江口建造一座投资约3 000万元、日处理能力约2万 t的大型城市污水处理厂，环境效益价值为317万元/年。同时，长江口人工牡蛎礁还发挥着显著的固碳功能，固碳量为3.35万 t/年，相当于营造1 110 hm² 热带森林，固碳效益为842万元/年。

（四）天津大神堂活牡蛎礁的生态修复

针对天津大神堂活牡蛎礁独特生态系统的现状及其所面临的压力，结合大神堂活牡蛎礁本底状况，设计了人工鱼礁建设和增殖放流计划同步进行的生态修复工程。

1. 人工鱼礁建设

针对项目实施海域主要养护与增殖生物扇贝、毛蚶、黑鲪、花鲈等的生态学特性，设计4种增殖型人工鱼礁（大窗箱型鱼礁、大小窗箱型鱼礁、万字形鱼礁和双层贝类增殖鱼礁）。人工鱼礁建设面积37.05 hm²，由4个小鱼礁群构成，每个鱼礁群由14座单位鱼礁组成，共投放箱型混凝土构件礁2 600个、总建礁规模0.88万 m³。其中大窗箱型人工鱼礁1 300个，大小窗箱型人工鱼礁1 300个，单体礁群以大小窗箱型鱼礁分布于礁群外围、大窗箱型鱼礁布局于中间，两种礁型尽量均匀投放。项目建成后将形成规格为600 m×617 m的人工鱼礁修复示范区。

2. 增殖放流

据调查，在牡蛎礁附近海域生活着种类非常丰富的海洋贝类，是渤海非常宝贵的贝类种质资源库，是天津市重要的贝类渔场，但是由于近年来活牡蛎礁体的急剧减小，该海域的生态系统多样性也受到了严重的破坏，渔业资源的种类和数量都大幅度降低。为了有效地恢复该海区的生物多样性，采用自然贝类资源养护和人工增养殖相结合的方法恢复贝类资源。在天然种质资源比较少的情况下，由于成贝数量少且分散，繁殖量小，资源量短期内难以上升，因此应采取移植亲贝的措施，同时进行人工规模化繁殖和培育青蛤、扇贝苗种，并根据现有资源密度情况逐年确定投放数量。

3. 资源恢复性增殖

资源恢复性增殖放流品种主要选择当前苗种繁育技术成熟、增殖效果显著、适应项目区海域水生态环境、经济价值较高的品种，同时，能够兼顾各个品种之间的合理搭配，以期恢复良好的食物链结构。根据天津大神堂海域生态环境选择花鲈、黑鲪、黑鲷为资源恢复性增殖放流品种，在天津大神堂海域实施苗种放流。

评估人工鱼礁投放对于大神堂牡蛎礁区域内海洋生态环境的修复效果，在人工鱼礁投放前期进行了海洋环境的本底调查，并在人工鱼礁投放之后进行了跟踪监测，选取底栖生物的生态评价指标对人工鱼礁修复的效果进行评估，经过前后海洋环境的调查，发现底栖生物群落的评价指标在人工鱼礁投放之后显著高于投放之前，说明人工鱼礁在海洋环境的修复以及资源养护工作中发挥了积极的作用（表13-1）。

表13-1　人工鱼礁投放前后底栖生物群落变化

多样性指数	投礁前	投礁后
多样性指数（H'）	1.281	2.004
丰富度（D）	0.476	1.360
均匀度（J）	0.735	0.908

（五）海州湾的人工鱼礁修复海洋生态系统

运用人工鱼礁生态修复技术，同时通过增殖放流手段来补充和恢复生物资源的方式修复海州湾渔业海域受损的生物栖息地。2009年人工鱼礁修复海洋生态系统的效果表现为：综合改善率为19.9%，生态修复目标综合值为0.3619。其中资源平均改善率为9.5%，环境平均改善率为24.9%，说明生态修复作用于环境效果更明显，而资源恢复相对来说效果不十分明显。2014年通过人工鱼礁修复海洋生态系统，数据显示：综合改善率30.12%，生态修复目标综合值为0.4003。其中资源平均改善率为17.9%，低于综合改善率；环境平均改善率为33.1%，略高于综合改善率。生态修复后，海洋生态系统环境资源状况有所提升。

三、取得成效

（一）增加了渔业资源产量

通过人工鱼礁建设和增殖放流等措施构建的岛礁生态保护与修复工程，对海洋渔业资源的恢复起到积极作用，改变了渔业资源衰退的状况，提高了重要水产品的渔业资源产量和密度，渔民对渔业资源的可捕捞量增加。

（二）提升了岛礁的生态功能

通过岛礁生态保护与修复工程，提高了岛礁的生物多样性，扩充了岛礁生物资源的养护功能；构建的牡蛎礁等特色岛礁生态工程，在固碳、海水水质净化和海堤防护等方面发挥着重要的生态功能。

（三）升级了渔业产业模式

构建的生态化岛礁渔业养护模式，补充了传统的渔业养殖模式，升级了渔业产业模式，提高了渔民对渔业资源的可捕捞量和渔业产品质量，优化了渔民的作业方式，渔民的收入水平明显增加。

四、经验启示

（一）制定岛礁渔业保护与修复技术方法体系

岛礁渔业保护与修复技术标准既要考虑差异性也要考虑统一性，对岛礁生态修复提出一般性的技术方法和要求，在目标岛礁渔业保护与修复海域选址、岛礁保护修复实施设计与投放方案、礁体设计和投放准则、增殖种类和数量选择等关键过程开展适宜性评估，建立科学、细致、标准的岛礁保护与修复技术方法体系。

（二）构建岛礁渔业保护与修复的效果评估方法

考虑修复岛礁水质、底质、水流、生物群落结构以及承载能力等因素，从生态、经济和社会效益多种角度科学评估岛礁渔业保护与修复的效果，持续跟踪调查，构建适宜的岛礁渔业保护与修复评价方法，准确评估岛礁渔业保护与修复成效。

（三）建立高效的岛礁渔业保护与修复管理机制

在岛礁建设自动化监测、控制与远程管理系统，提高岛礁渔业管控的智能化水平，降低岛礁运营管理对人力资源的依赖程度；完善岛礁渔业保护与修复信息化系统，建立"陆、海、空、天"监测平台，涵盖气象站、地波雷达、水下远程监测装备、无人机遥感、卫星遥感等技术手段，整合多平台监测数据库，实现岛礁渔业风险预警预报和防灾减灾能力的大幅提升。

参考文献

陈刚，谢菊娘，1995. 三亚水域造礁石珊瑚移植试验研究 [J]. 热带海洋，14（3）：51−57.

程家骅，姜亚洲，2010. 海洋生物资源增殖放流回顾与展望 [J]. 中国水产科学，17（3）：610−617.

崔旺来，应晓丽，2016. 国外之海岛研究 [M]. 北京：海洋出版社.

樊祥国，2016. 中国海岛保护与管理工作进展及发展思路 [J]. 海洋开发与管理，S2：3−6.

高永利，黄晖，练健生，等，2013. 大亚湾造礁石珊瑚移植迁入地的选择及移植存活率监测 [J]. 应用海洋学学报，32（2）：243−249.

黄晖，张浴阳，刘骋跃，2020. 热带岛礁型海洋牧场中珊瑚礁生境与资源的修复 [J]. 科技促进发展，16（2）：225−230.

李元超，兰建新，郑新庆，等，2014. 西沙赵述岛海域珊瑚礁生态修复效果的初步评估 [J]. 应用海洋学报，33（3）：348−353.

阙华勇，陈勇，张秀梅，等，2016. 现代海洋牧场建设的现状与发展对策 [J]. 中国工程科学，18（3）：79−84.

施祺，赵美霞，黄玲英，等，2010. 三亚鹿回头岸礁区人类活动及其对珊瑚礁的影响 [J]. 热带地理，30（5）：486−490.

孙湫词，谭勇华，李家彪，2018. 新时代我国海岛的生态保护和开发利用 [J]. 海洋开发与管理，8：22−27.

王丽荣，赵焕庭，宋朝景，2006. 人类活动对徐闻灯楼角珊瑚礁生态系统的影响 [J]. 海洋开发与管理，23（1）：81−85.

王泉斌，2015. 韩国无人岛开发、保护、管理及对我国的借鉴 [J]. 海洋开发与管理，10：30−34.

吴钟解，王道儒，涂志刚，等，2011. 西沙生态监控区造礁石珊瑚退化原因分析 [J]. 海洋学报，33（4）：140−145.

徐晓群，廖一波，寿鹿，等，2010. 海岛生态退化因素与生态修复探讨 [J]. 海洋开发与管理，27（3）：39−43.

许强，刘维，高菲，等，2018. 发展中国南海热带岛礁海洋牧场——机遇、现状与展望 [J]. 渔业科学进展，39（5）：173−180.

于登攀，邹仁林，黄晖，1996. 三亚鹿回头岸礁造礁石珊瑚移植的初步研究 [C]//中国科学院生物多样性委员会. 生物多样性与人类未来——第二届全国生物多样性保护与持续利用研讨会论文集. 北京：中国林业出版社.

Benayas J M R，Newton A C，Diaz A，et al.，2009. Enhancement of biodiversity and ecosystem services by ecological restoration：a meta−analysis [J]. Science，325：1121−1124.

Edgar W G，2005. Hambleton Island restoration：Environmental Concern's first wetland creation project [J]. Ecological Engineering，24（4）：289−307.

Jaleel A，2013. The status of the coral reefs and the management approaches：the case of the Maldives [J]. Ocean & Coastal Management，82：104−118.

Maynard J，Hooidonk R V，Harvell C D，et al.，2016. Improving marine disease surveillance through sea temperature monitoring，outlooks and projections [J]. Philosophical Transactions of the Royal Society B：Biological Sciences，371：20150208.

Mieog J C，Olsen J L，Berkelmans R，et al.，2009. The Roles and Interactions of Symbiont，Host and Environment in Defining Coral Fitness [J]. PLOS ONE，4（7）：e6364.

Palumbi S R，Barshis D J，Nikki T K，et al.，2014. Mechanisms of reef coral resistance to future climate change [J]. Science, 344 (6186): 895 - 898.

Read J L, Argument D, Moseby K E, 2010. Initial conservation outcomes of the Tetepa Island Protected Area [J]. Pacific Conservation Biology, 16: 173 - 180.

Shaish L, Levy G, Katzir G, et al., 2010. Employing a highly fragmented, weedy coral species in reef restoration [J]. Ecological Engineering, 36 (10): 1424 - 1432.

Tempera F, Afonso P, Morato T, et al., 2002. Comunidades Biológicas da Envolvente Marinha do Corvo, Horta: Departamento de Oceanografia e Pescas da Universidade dos Acores [R]: 52.

Towns D R, Ballantine W J, 1993. Conservation and restoration of New Zealand Island ecosystems [J]. Trends in Ecology & Evolution, 8 (12): 452.

Williams I D, Baum J K, Heenan A, et al., 2015. Human, oceanographic and habitat drivers of central and western Pacific coral reef fish assemblages [J]. Plos One, 10 (4): e0120516.

（李纯厚　柳淑芳　刘　永　王伟定　吴　鹏　王　腾　秦传新）

第十四章

滩涂渔业水域生态修复

第一节　辽河口滩涂水域生态修复

　　滩涂一般指沿海滩涂，即平均高潮线以下低潮线以上的海域。滩涂是陆地生态系统向海洋生态系统过渡的地带，是十分脆弱的生态敏感区，也是重要的环境资源，具有重要的生态功能（陈洪全，2016）。我国滩涂面积 217.04 万 hm^2，分布于南到广西、北至辽宁的广大沿海地区。随着我国经济的高速发展，各地沿海地区填海造地、兴建港口、大力发展石化产业等造成滩涂渔业水域生境的退化和破碎化，重要经济生物的资源量和捕获量降低，特色渔业资源严重枯竭，难以形成捕捞规模，导致滩涂丧失了原有的生态功能，亟待保护和修复。通过生态技术或者工程技术的方法对受损的滩涂渔业水域生境及生物资源进行修复或重建，恢复原有的生态结构和功能对于滩涂渔业水域的生态保护和恢复具有十分重要的意义。

一、发展历程

　　近年来，随着世界性的海洋生态环境破坏以及生物资源衰退，人类开发利用滩涂渔业资源更加注重负责任的捕捞，作为生态环境修复和渔业资源保护的重要手段，渔业资源增殖放流越来越受到重视（Kitada，2018，2019）。渔业资源增殖历史悠久，1860—1880 年，以增加商业捕捞渔获量为目的，大规模的溯河性鲑科鱼类（以太平洋大麻哈鱼和大西洋鲑为主）增殖计划在美国、加拿大、俄罗斯及日本等国家实施，随后在世界其他区域展开，如南半球的澳大利亚、新西兰等（Solomon，2006；尹增强等，2008）。1900 年前后，海洋经济种类增殖计划开始在美国、英国、挪威等国家实施，增殖放流种类包括鳕、黑线鳕、狭鳕、鲽、鲆、龙虾、扇贝等。1963 年后，日本大力推行近海增殖计划，称之为栽培渔业（或海洋牧场）（Masuda，1998），增殖放流种类迅速增加，特别是在近岸短时间容易产生商业效果的种类，如甲壳类、贝类、海胆等无脊椎种类。

　　我国现代增殖活动始于 20 世纪 70 年代，规模化活动活跃于近十余年。但 20 世纪 70 年代中后期开展对虾增殖放流以来，也进行了虾夷扇贝、魁蚶、金乌贼和曼氏无针乌贼等经济贝类，梭鱼、真鲷、黑鲷、大黄鱼、褐牙鲆、黄盖鲽、六线鱼和许氏平鲉等经济鱼类，以及海蜇、刺参和三疣梭子蟹等其他海洋经济动物的增殖放流工作，其中对虾、海蜇等的增殖放流工作已具生产规模和显著的经济效益（Wang et al.，2006；Dong et al.，2009；梁维波等，2007）。同时也发现，在增殖放流过程中，还存在管理体制不够健全、资金投入相对不足、基础科学研究相对薄弱和增殖放流技术规程不规范等问题（姜亚洲等，2014）。

　　我国的文蛤（*Meretrix meretrix*）增殖放流活动开展自 20 世纪末，山东省从 1998 年开始对文蛤进行底播增殖，以恢复其渔业资源。1998 年底播增殖文蛤 4 000 万粒，2006 和

2007 年分别底播增殖文蛤 5 737.2 万粒和 2 983.2 万粒，在 2008 年底播增殖文蛤达到了规模空前的 24 295 万粒（顾彦斌，2013；张秀梅，2009）。2008 年江苏省东台市投放 5.7 亿粒文蛤苗种。辽宁省于 2010 年、2012—2014 年分别向辽河口滩涂海域投放 0.6 亿、1.5 亿、1.5 亿、0.8 亿粒文蛤苗种（张安国，2015）。

二、主要做法

（一）滩涂文蛤资源修复

通过模拟辽河口文蛤幼虫扩散路径和预测文蛤潜在的适宜性生境，在辽河口海域建立文蛤资源修复示范区。同时，在成熟的文蛤苗种培育技术保障下，以及辽宁省地方标准 DB21/T 2046—2012《文蛤增殖放流技术规程》的指导下，国家海洋环境监测中心联合盘山文蛤原种场（国家级文蛤原种场）等部门连续进行了多年的文蛤增殖放流实践活动（袁秀堂等，2021）。

1. 辽河口文蛤资源恢复示范区建设

辽河口文蛤资源恢复分为苗种培育区、苗种投放区和商品蛤采捕区三部分来实施，并建立了文蛤资源恢复示范区。文蛤资源恢复示范区面积约为 5 000 亩，位于辽河口西岸的盘山海域滩涂，坐标为东经 121.611 45°—121.647 59°、北纬 40.795 90°—40.810 16°。

（1）文蛤苗种培育区的确定

为保证文蛤野生资源的有效恢复，在盘山文蛤原种场（国家级文蛤原种场）利用野生文蛤原种作为繁育增殖放流苗种所用文蛤亲贝。盘山文蛤原种场拥有 4 500 m³ 育苗水体，池塘文蛤保种面积 300 亩，滩涂文蛤养殖和保种面积为 1 万亩。盘山文蛤原种场的文蛤人工育苗、苗种室外越冬培育及养成技术已达到国内先进水平。

（2）文蛤增殖放流区的确定

文蛤增殖放流区的选择主要考虑以下两方面因素：一是该放流区属泥砂质海底，水质状况良好、流速适中，单细胞藻类丰富，是文蛤的自然产卵场和幼虫附着区域，基本符合文蛤苗种底播潜居及正常生长的环境条件。二是放流区域与文蛤苗种培育区域（盘山文蛤原种场）距离较近，便于苗种的运输。

（3）商品蛤采捕区的确定

由于文蛤具有"跑滩"迁移的生态习性（李庆彪等，1997；陈胜林等，2006），随着个体的增长，在增殖放流区的文蛤苗种会迁移到辽河口盘山海域滩涂附近区域，因此选定辽河口西部盘山海域滩涂区域作为文蛤商品蛤的采捕区。

文蛤资源修复示范区的合理规划和分区实施措施，为辽河口文蛤资源的恢复奠定了坚实的基础，并为文蛤资源的修复效果提供了重要保障。

2. 辽河口滩涂文蛤增殖放流实践

2012 年 7 月、2013 年 7 月和 2014 年 7 月在辽东湾盘山海域附近进行了大规模文蛤苗种增殖放流活动，投放文蛤苗种（1 周龄个体，壳长约为 1.1 cm）累计达 3.7 亿粒左右。增殖放流方式依照辽宁省地方标准 DB21/T 2046—2012《文蛤增殖放流技术规程》，由作业人员有序将文蛤苗种均匀撒播在选定海区。

3. 辽河口文蛤资源修复效果评价

根据辽河口文蛤增殖放流前后资源量的监测数据来分析文蛤资源量的变化趋势，并从种群生态学的角度分析其种群的潜在变化趋势，从而评估文蛤资源的修复效果。

经过连续三年的文蛤增殖放流，辽河口盘山海域文蛤个体分布密度总体呈现逐渐上升的趋势。2013年文蛤的分布密度达到3.1个/m²；2014年和2015年的分布密度逐渐上升，分别为6.1个/m²和6.9个/m²；2016年分布密度出现回落，为2.3个/m²，但仍然是增殖放流前文蛤分布密度的3.5倍。实施文蛤增殖放流后，辽河口盘山海域文蛤的生物量总体呈现上升趋势，2015年达到最高值，为68.25 g/m²，2016年则为32.91 g/m²，是增殖放流前文蛤生物量的2.7倍。另外，文蛤个体在辽河口盘山海域滩涂的分布范围逐步扩大。上述结果表明，与增殖放流前相比，辽河口滩涂文蛤个体的数量和生物量以及分布范围明显增加，文蛤资源得到了一定的补充（袁秀堂等，2021）。

调查监测结果显示，增殖放流前，即2011年和2012年，辽河口文蛤种群中1龄个体所占比例均较低，仅为14%和13%。此类型种群出生率小于死亡率，表明增殖放流前辽河口盘山海域滩涂的文蛤年龄结构不合理，其资源结构已经遭到破坏，资源自身的恢复能力较弱。经过连续的文蛤苗种增殖放流，辽河口文蛤种群表现为增长型种群，随着2龄个体的生长成熟和3龄个体的相对稳定，该区域文蛤种群数量显著增长。

为了研究大规模、连续增殖放流活动对辽河口文蛤遗传多样性的影响，系统评估重要经济生物资源修复行为的潜在生态后果，袁秀堂等（2021）采用7对微卫星引物对增殖放流区域内连续四年（2013—2016年）回捕的文蛤群体进行了遗传多样性跟踪监测，分析了其遗传多样性、种群遗传结构及变化规律，评估和预测了其未来遗传多样性的变化趋势。结果表明，本地文蛤的遗传结构发生一定分化。从分子遗传学角度来看，文蛤远距离异地养殖或者增殖放流可能对当地野生群体的遗传结构造成影响（Yamakawa et al.，2012）。因此，文蛤增殖放流应尽量"就地取材"，避免异地文蛤种质资源污染当地文蛤。在选用优良苗种的同时，应适当增加放流苗种培育的亲本数量，提高有效群体数量，避免放流群体遗传多样性降低和遗传结构改变，并制定科学合理的遗传多样性监测方案，以确保增殖放流活动的科学合理开展。

（二）滩涂沙蚕资源修复

1. 辽河口沙蚕资源修复示范区建设

根据对辽河口滩涂湿地生物区系特征和沉积质本底调查结果，大连海洋大学与辽宁省盘山县海洋与渔业技术中心合作开展了沙蚕资源修复与滩涂生境修复示范区建设（周一兵等，2020），示范区位于辽东湾辽河口西岸盘山潮滩，面积为1 000亩。

2. 辽河口沙蚕资源修复实践

周一兵等（2020）构建了以沙蚕-翅碱蓬及其根际微生物为修复类群的原位复合生物修复模式。2009年6—9月于盘锦鑫龙湾水产有限公司（暨辽宁省省级沙蚕原种场）开展了沙蚕人工繁殖、中间育成和滩涂增殖的生产性试验。2009—2010年在翅碱蓬生长季节通过种植、移植等手段在原有裸露滩涂建立了翅碱蓬植被。项目实施以来，沙蚕生产量显著提高，其年产量变动于0.82～2.87 kg/hm²，平均为2.06 kg/hm²；示范区滩涂翅碱蓬覆盖率为60%，年产量平均为7.11 kg/hm²。

（1）场地选择

选择地势平坦、靠近河口、大潮汛可自然纳潮4次以上、适宜翅碱蓬生长且富含有机质的中高潮滩涂为宜。

（2）滩涂改造

可在增殖滩涂最低潮位处筑一条长堤，高 10～15 cm。滩面在放苗之前进行机械翻耕、松土，翻耕、松土的深度大于 30 cm，同时清除蟹类等敌害生物。放苗前一周内按 450～750 kg/hm² 向滩面施发酵、晒干并碾碎的畜禽类有机肥。

（3）建立翅碱蓬共生环境

在适宜翅碱蓬生长的滩涂，于 3 月中旬至 4 月上旬，进行翅碱蓬人工播种。用条播和撒播两种方法，均匀播种，覆土 1～2 cm，压实。条播播种量为 33～66 g/hm²，撒播播种量为66～132 g/hm²。

（4）移植方法

将经中间育成的沙蚕（10 刚节以上），采用干涂播苗方法移入滩涂，即将苗种轻轻地与发酵、晒干、碾碎过筛的禽畜肥料拌匀，在涂面上均匀撒播。放苗宜在大潮退潮后进行，有较长的干露时间，涨潮前 1 h 应停止播苗。

（5）移植密度

滩涂增殖量为 667～2 000 尾/hm²。

（6）滩涂增殖的养护

巡查：每天巡查 1 次，尤其是大潮汛期间，应加强防范。发现堤坝漏洞及时补堵；发现蟹类、螺类等敌害立即清除，数量多时用蟹笼等网具加以捕捉。

采捕：除沙蚕繁殖期 6—7 月外，其余各季节可根据市场需求随时起捕。

3. 辽河口沙蚕资源修复效果评价

（1）沙蚕生产量估算

生产期间沙蚕捕获测产结果表明，生产企业日人均采捕沙蚕 8.6 kg，按示范区面积6 000 亩、全年采捕时间 150 天、平均每天 140 人次计，估算示范区沙蚕产量为 180.6 t，沙蚕平均亩产量为 30.1 kg/亩，较增殖放流前提高 16.7%。

（2）沙蚕和翅碱蓬对沉积质中碳、氮、磷生源要素的生态修复效果

沙蚕组织干重中氮、磷和碳含量分别为 81.3 mg/g、0.58 mg/g 和 346 mg/g，翅碱蓬组织干重中氮、磷和碳含量分别为 25.6 mg/g、0.16 mg/g 和 375 mg/g。

根据沙蚕、翅碱蓬组织生化分析结果，以及示范区沙蚕与翅碱蓬产量（翅碱蓬平均产量按 106.7 kg/亩计），可估算沙蚕对整个示范区沉积质碳、氮、磷的年积累量分别可达2 574.24 kg、604.87 kg 和 4.32 kg，翅碱蓬则分别为 9 322.9 kg、636.44 kg 和 3.98 kg。二者以生产量的形式积累示范区滩涂沉积质合计为碳 11 897.14 kg、氮 1 241.31 kg 和磷 8.3 kg。

三、取得成效

（一）滩涂渔业资源修复经济效益

辽河口连续多年的文蛤增殖放流活动，可惠及营口、盘锦、锦州等地沿海渔民 2 000 余户。从经济效益来看，如果放流文蛤成活率按 40% 计算，养成规格为 6～7 cm，可实现商品文蛤累计采捕量 3 000 t，按目前市场价格 40 元/kg 计算，可创产值 1.2 亿元，利润约5 000 万元，受益渔民年人均可增加收入 0.9 万元以上。

沙蚕资源恢复技术成果已辐射大连、山东等地，推广养殖面积 6 300 余亩。在此基础上，开展了多种沙蚕资源恢复方式的研究工作，包括沙蚕室内工厂化养殖，目前已建设养殖

车间 8 座，养殖面积 4 800 m^2，养殖产量平均 1 kg/m^2，收获沙蚕约 4.8 t。

（二）滩涂渔业资源修复社会效益及生态效益

辽河口连续多年的文蛤增殖放流活动，加强了社会各界对增殖放流的认知和参与程度，营造了社会各界关注海洋生物资源养护的良好氛围，提升了当地渔民对海洋渔业资源和海洋生态环境的保护意识，进一步普及了增殖放流等科学知识，为实现辽河口滩涂海洋生物资源合理及持续利用奠定了基础，并产生了良好的生态效益和社会效益。

沙蚕和翅碱蓬不仅具有重要的经济意义，同时对辽河口潮滩沉积环境改善起着重要作用，既能大量利用和去除沉积质中的生源要素，又能在河口滩涂沉积环境中起到重要的碳汇作用，对陆海交错带沉积生境的修复具有重要意义。

四、经验启示

（一）制定政策控制风险

滩涂渔业资源修复中存在风险，譬如在增殖放流中存在生态风险。渔业水域生态保护与修复的目的一方面是要恢复资源数量，另一方面也要保证恢复水域生态系统不会受到破坏、特种的自然种质遗传特征不受干扰。所以，政府管理部门应制定整体性的保护与修复管理政策。

（二）建立科学方法，评估修复效果

我国滩涂渔业水域保护与修复的基础研究工作相对滞后，没有形成有效的海洋渔业恢复研究应用技术，开展的相关资源恢复工作缺乏科学指导，在很多方面是依靠经验在进行。因此，应建立科学的方法来评估资源恢复效果。

（三）多方参与

滩涂渔业水域的生态保护与修复必须建立有效机制，在保护与修复过程中各机构扮演不同角色。政府、相关科研单位及相关协会应积极参与，各司其职，省、市、站（场）三级筹措资金，公益为先，集中放流，共同看护和采捕，并从每年的采捕收益中回流部分资金，用于增殖放流的苗种培育。各地方增殖站共同监管和护养，加强管理，降低采捕强度，使滩涂生物资源获得休养生息的机会。充分利用滩涂优势，积极进行放流增殖，增加资源的补充群体。对于申请国家人工增殖放流项目的单位，政府应拟定当地合理的招标条件，审核适合条件的单位，进行严格考察。放流的苗种供应单位应持有《水产苗种生产许可证》（省级以上原、良种场优先），确保苗种供应单位的育苗生产设施、设备状况、技术保障能力能够满足增殖放流苗种的数量及质量要求。

（四）加强宣传教育

应该把滩涂渔业水域的生态保护与修复工作放到战略高度，通过各种途径教育民众了解滩涂渔业水域及资源对国家发展的作用以及对普通百姓生活的影响。由于宣传力度不够，广大人民群众对滩涂渔业保护与修复的作用和意义认识不足，对增殖放流活动的科学性缺乏了解，出现乱捕增殖放流对象的行为。同时，群众对生态资源可持续发展的意识也较低。为了提高群众科学渔业生态保护与修复的意识，应该加强电视广播等新闻媒体的宣传与对当地政府生态保护与修复项目的宣传。

（袁秀堂　张安国　毛玉泽）

第二节　滩涂红树林生境修复

我国对红树林滩涂湿地生态系统的保护和修复采取了十分有效的措施。一方面，通过建立国家级、省级、市级红树林保护区，对适宜红树林生长的区域进行保护和修复，成功的案例包括福建省漳江口、九龙江口红树林生态修复区，广东省珠江口、湛江红树林生态系统保护和修复区，广西北海山口、北仑河口红树林生态系统保护区，海南东寨港红树林生态系统保护与修复区等。另一方面，通过人工构建的综合技术应用，扩充和修复红树林滩涂生态系统，包括对渔业功能的修复等，如在深圳海上田园建立的滩涂红树林种植-养殖耦合系统修复技术示范等案例。

一、发展历程

20 世纪 80 年代以来，海产养殖成为红树林沿岸居民致富的重要途径，因受养虾业的高额利润驱使，毁林围塘养殖竞相发展。特别是在菲律宾、泰国、厄瓜多尔和中国等，大面积的红树林湿地被改造成了养虾池塘，如菲律宾有约 50% 的红树林已被改造成养殖半咸水鱼和虾的池塘。在意识到红树林湿地重要的生态和经济价值后，人们开始寻找一种由经济效益优先的生态破坏性开发转变为红树林环境资源可持续利用优先的非转换性利用的生态开发的方式（eco‐development），力求维持全部或部分红树林群落结构和生态服务功能，在兼顾红树林生态恢复的情况下进行合理的水产养殖开发（Aucan et al.，2000）。红树林与海水养殖的结合主要有两种典型模式：一种是在天然红树林中增养殖水产动物，开展红树林基围养殖的生态开发模式（Baran et al.，1998；陈桂珠，2005）。东南亚地区称之为红树林友好养殖（mangrove‐friendly aquaculture）或环境友好养殖（environment‐friendly aquaculture）。另一种是对基围鱼塘内部滩地进行改造，将红树林移植到基围内，开展红树林种植-养殖耦合模式（mangrove plantation‐aquaculture coupling system）（Nunes et al.，2003；Thimdee et al.，2004；Matos et al.，2006）。

在东南亚地区，红树林友好养殖已得到广泛认可。1999 年菲律宾东南亚渔业发展中心组织了第一届红树林友好养殖研讨会，并出版论文集。在印度尼西亚和越南，与中国香港米埔传统基围相似的红树林友好式"森林渔业"养殖系统已经成功实施，并达到一定规模。在越南湄公河三角洲地区，为了解决红树林和养殖的用地矛盾，1986 年政府成立了 22 个国家森林渔业企业（state fisheries forestry enterprises，SFFE），组织养殖户同时进行较高效益的对虾养殖和较低效益的红树林种植及木材生产（Johnston et al.，2000；Kristensen et al.，2006），对虾养殖采取与中国香港米埔相似的养殖户承包的传统和粗放型运作模式，并规定红树林地不少于用地面积的 60%，红树林地和养殖水域可以间隔分布（混合型）或分隔两边（分开型）。目前对虾年产量为 $100\sim400\ kg/hm^2$，红树林种植 20 年后收获，总产量可达 $180\ m^3/hm^2$（Demetropoulosa，et al.，2004）。

目前，大量的研究主要在探究天然红树林与水产动物资源之间的关系。2001—2005 年，陈桂珠等在国内外率先开展了滩涂海水种植-养殖系统技术研究，分析了红树林对基围鱼塘的水质净化效应及对养殖动物生长的影响，探索了新型红树林滩涂集约式海水养殖模式生态耦合系统的可行性（陈桂珠，2005；黄凤莲等，2005；彭友贵等，2005）。试验地点位于深圳西海岸,将原有的滩涂基围鱼塘区改建成海上田园生态旅游区,设置 9 个基围养殖试验塘(3.3~4.4 hm²)和 1 个对照塘(1.8 hm²)。试验塘中构筑种植岛分别栽种 3 种红树植物:秋茄、桐花树和速生种海桑,每种红树植物分别按 3 种面积比例种植,即红树林种植岛面积分别占试验塘面积的 45%、30%、15%,对照塘不种红树植物。所有养殖塘均统一人工投苗投饵养殖美国红鱼和星洲红鱼。系统运转 18 个月后的监测结果表明:秋茄、桐花树和海桑的生长状况良好,单位面积生物量分别比种植时增加 4.6 倍、24.1 倍和 103.5 倍。含大量污染物的涨潮海水(第Ⅳ类或劣于第Ⅳ类水质)进入基围后,经过红树林湿地净化,水体中无机氮和磷酸盐含量逐渐下降,溶解氧量上升,达到国家海水水质标准的第Ⅱ类或第Ⅲ类水质。美国红鱼和星洲红鱼养殖 1 年后试验塘平均产量 5 310 kg/hm²(桐花树塘产量最高),比对照塘提高 19%。养殖动物的成活率及产量与水体氮磷含量有一定相关性,与水体溶解氧量呈显著正相关。因此,滩涂红树种植-养殖耦合生态系统既能净化水源、改善养殖水体环境,又能促进养殖动物的健康生长,提高养殖产量,是滩涂海水养殖可持续发展的一种新模式。

二、主要做法

(一)建立自然保护区对红树林滩涂进行生态修复——以深圳福田红树林保护区为例

福田红树林自然保护区位于深圳湾北东岸深圳河口,1984 年正式创建,1988 年获批为国家级自然保护区,沿海岸线长约 9 km,平均宽度约 0.7 km,位于东经 114°03′、北纬 22°32′,总面积为 367.64 hm²。毗邻拉姆萨尔国际重要湿地——香港米埔保护区,是中国面积最小的国家级自然保护区。自然保护区内地势平坦、开阔,有沼泽、浅水和林木等多种自然景观,福田红树林自然保护区已被"国际保护自然与自然资源联盟"列为国际重要保护组成单位之一,同时也是中国"人与生物圈"网络组成单位之一。

福田红树林自然保护区与河口南侧香港米埔红树林共同形成一个半封闭且与外海直接相连的沿岸水体,具有河口和海湾的性质。该处河海相互作用,咸淡水混合,有潮汐现象,细物质沉积丰富,水质肥沃,为红树林湿地的发育提供了良好的地貌与物质环境。福田红树林自然保护区主要地貌类型有冲积平原、沿海沙堤、红树林滩涂、泥质滩涂、滩涂潮沟水道等类型。福田红树林有高等植物 175 种,其中红树林植物 16 种,本地自然生长的红树林植物 12 种,如海漆、秋茄、桐花树、白骨壤、老鼠勒、木榄等(林鹏,2001;昝启杰等,2013)。

福田红树林保护区也是重要的鸟类栖息地,共有鸟类约 200 种,其中 23 种为国家重点保护鸟类,国家一级保护鸟类 2 种,国家二级保护鸟类 21 种。如卷羽鹈鹕、海鸬鹚、白琵鹭、黑脸琵鹭、黄嘴白鹭、鹗、黑嘴鸥、褐翅鸦鹃等,其中全球极度濒危鸟类黑脸琵鹭在此处的数量约占全球总量的 15%(林鹏,1997;何斌源,2007)。

保护区对红树林生态系统的保护措施主要包括:

一是明确功能分区。福田红树林区域核心区分为两块,总面积 122.2 hm²,占保护区总面积的 33.3%。核心区是红树林生长最茂盛地区,是许多冬候鸟包括黑脸琵鹭等濒危鸟类的栖息地和觅食地,也是当地多种鸟类的繁殖地。缓冲区分为两块,共计面积 116.58 hm²,占保护区总面积的 31.7%。缓冲区范围内的基围鱼塘和芦丛洼地,是从湿地到陆地的过渡地带,生境复杂多样,因此鸟类种群呈现多样化,是各种动物及鸟类的觅食区。实验区面积 123.26 hm²,占保护区红树林区域总面积的 33.5%。

二是进行本底资源调查。1993—1994 年福田红树林自然保护区管理局第一次对保护区开展了全面系统的生物资源与生态环境调查，出版了专著《福田红树林生态系统研究》。因 1997 年国务院重新调整了福田红树林保护区的红线范围，加之福田保护区周边环境的变化较大，2000—2001 年福田红树林自然保护区管理局再次对保护区的生物资源与生态环境状况组织了全面性、比较性、系统性的调查和研究，对福田红树林自然保护区的生物多样性、资源状况、生物动态变化的情况做到了详尽了解，并于 2002 年出版了专著《深圳湾红树林生态系统及其持续发展》。

三是开展环境监测。主要从植物、底栖生物、鸟类及水质方面进行生态监测，目前鸟类监测已经进行了 15 年，植物和底栖生物的监测进行了 6 年，近年又开始了对水质的监测，多年的监测数据为保护区管理局的决策、深圳市的城市规划、保护区周边开发项目的环境评价提供了丰富的资料和科学决策的证据。

四是开展专题研究。根据保护区实际工作中遇到的问题，有针对性地开展专题研究。1998—2003 年，先后从国家林业和草原局、广东省林业局、广东省科技厅、深圳市科技局和深圳市福田区科技局争取到专题研究课题 20 多个，具有代表性的有国家"九五"攻关专题"沿海红树林恢复与发展技术（96 - 007 - 03 - 04）"、广东省自然科学基金项目"海桑种群生态场的研究"、深圳市科技局项目"深圳湾红树林持续发挥技术研究"等。

（二）构建滩涂红树林种植-养殖耦合系统——以深圳海上田园为例

案例地点位于深圳市宝安区沙井镇海上田园生态旅游区，属南亚热带海洋季风气候，全年温暖湿润，雨量充沛，年平均气温 24 ℃，多年平均降雨量 1 875 mm。该地区濒临珠江口东海岸，滩涂资源丰富，海涂从东北向西南每隔 2～3 km 有一条河涌入海，成片鱼塘分布于河涌之间。鱼塘与河涌由围堤相隔，涨潮时（平均高潮位 2.40 m，平均低潮位 1.04 m）海水进入河涌，并通过水闸控制流入或流出鱼塘。

2002 年 3 月按照图 14 - 1 所示的技术路线，建成了种植-养殖示范系统。试验塘内分别按照不同比例种植桐花树、秋茄和海桑（图 14 - 2）。系统运行 18 个月后的生态监测显示，示范区内水质明显改善，溶解氧量上升，养殖动物生长良好，该生态耦合系统取得初步成功（彭友贵等，2004；陈桂珠等，2005）。

为了进一步筛选更适宜的红树植物及确定搭配种植方式，提高养殖水质净化效果，于 2007 年 4 月构建了新的红树林种植-养殖原位水处理系统，由 1 个种植木榄纯林、1 个种植红海榄纯林、1 个种植木榄-红海榄混交林（种植比 1∶1）的 3 个基围养殖塘，以及 1 个不种红树植物的对照养殖塘组成，面积共 98.5 hm²，塘内养殖水直接由海排入且养殖过程不换水（图 14 - 3）。采用种植岛的方式种植红树，均以 1 年生树苗种植，种植面积占养殖塘总面积的 15%。2007 年 8 月分别在不同系统中投放尼罗罗非鱼苗种，鱼苗体长 20～30 mm，平均体重 0.22 g，均不投饵，在天然条件下养殖。系统运转 1 年后的监测结果表明，在新型种植-养殖耦合系统中，木榄纯林养殖塘的红树生长良好，对养殖水体的净化能力也较其他 2 个种植塘强（徐姗楠等，2010a；徐姗楠等，2010d）。

三、取得成效

（一）促进生态系统修复，社会效益和经济效益显著

自从深圳福田红树林自然保护区设立以来，通过保护区管理局组织实施的一系列红树林

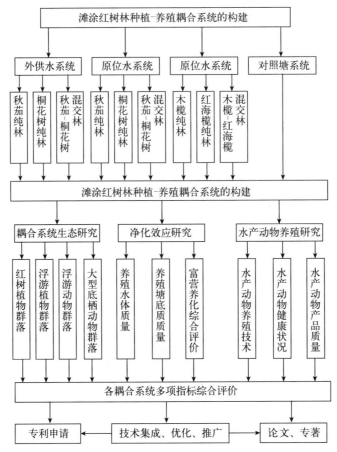

图 14-1 滩涂红树林种植-养殖系统耦合试验示范研究技术路线

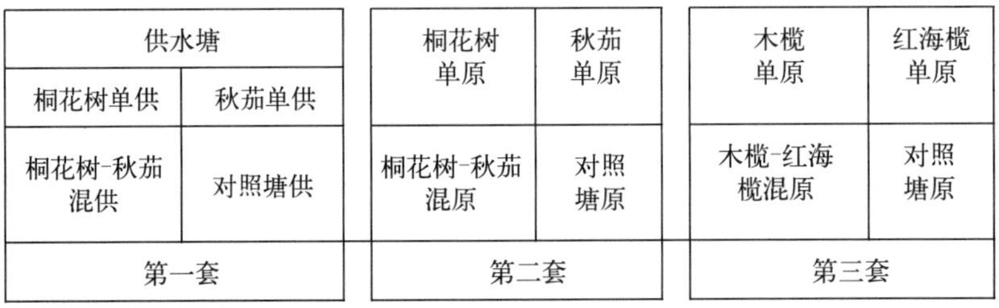

供水塘		桐花树 单原	秋茄 单原	木榄 单原	红海榄 单原
桐花树单供	秋茄单供				
桐花树-秋茄 混供	对照塘供	桐花树-秋茄 混原	对照 塘原	木榄-红海 榄混原	对照 塘原
第一套		第二套		第三套	

图 14-2 深圳海上田园滩涂红树林种植-养殖耦合系统分布示意图

注："供"指使用外供水系统；"单供"指外供水系统且单种红树植物；"混供"指外供水系统且混种红树植物；"原"指原位水系统；"单原"指原位水系统且单种红树植物；"混原"指原位水系统且混种红树植物。

生态系统修复措施，红树林群落结构趋于稳定，海岸防护的生态功能显著提升，红树林底栖生物、鸟类的种类数、个体数和群落生物多样性指数都显著提高。2007—2011 年，鸟类种类数由 99 种上升至 110 种（昝启杰等，2013）。

此外，由于福田红树林生态系统拥有美丽的红树林景观、优美的海岸风貌和大量的越冬候鸟，每年可吸引 300 万～400 万人次的市民观看红树林和鸟类，红树林生态系统修复间接拉动的年均旅游收入达 2 000 多万元，具有显著的社会效益和经济效益（昝启杰等，2013）。

木榄种植塘

对照塘

图 14-3 红树林种植-养殖耦合试验系统

（二）红树林-养殖耦合系统可促进系统内的物质转换和能量传递，提高养殖生态效益和经济效益

对于我国目前大多数养殖系统而言，养殖水环境污染已成为制约水产养殖业持续健康发展的关键因素（Troell et al.，2003）。其中，一个主要原因是外来输入的营养物质过量，而系统尚未完全建立顺畅的能流通道，从而导致系统内部的能流发生阻滞。对比红树林种植塘和对照塘生态系统特征参数可以发现，与对照塘相比，红树林种植塘的能流规模和生物量明显增加，但系统回流至碎屑量比对照塘中更多，说明对照塘中有更多的能量尚未消耗，这与该系统中碎屑能流途径的重要性较低是一致的，从而也导致了红树塘的生态系统转化效率高于对照塘。从系统食物网的复杂程度和连接指数来看，红树林种植塘生态系统较对照塘生态系统食物网间联系更复杂，系统的稳定性更高。生态系统成熟度最重要的指标 TPP/TR（总初级生产量/总呼吸量）参数值表明，红树林种植塘的生态系统稳定性较对照塘高22.3%（徐姗楠等，2010b；徐姗楠等，2010c；Xu et al.，2011）。

对比无红树种植的对照养殖塘和引入红树后的种植-养殖塘生态系统的特征参数，结果表明，将红树植物引入基围养殖塘后，明显提高了基围养殖系统的能流效率和系统的稳定性。可见，构建红树林种植-养殖系统是优化养殖结构、完善能流流动通道的一种有效的人工调控手段。

（三）红树林-养殖耦合系统可有效提高养殖生态容量

尼罗罗非鱼、草鱼、鲢和鳙是红树林种植-养殖系统的主要养殖鱼类，以红树林种植塘的尼罗罗非鱼为例来进行养殖生态容量的估算（Duarte et al.，2003）。当在红树塘的 Eco-path 模型内逐步提高尼罗罗非鱼的生物量，我们发现系统中浮游动物的 EE（生态营养转换效率）上升明显。当浮游动物的 EE 变得不合理，即 EE>1 时，尼罗罗非鱼的生物量为8.43 t/hm²。对比尼罗罗非鱼引入前后生态系统的特征参数发现，系统大量引入了尼罗罗非鱼，除使得系统的总生物量上升了 38.85%，系统的总呼吸量上升了 29.21% 外，其他的生态系统特征参数，如系统总消耗量、总输出量、流向碎屑总量以及初级生产力等的变化幅度均小于 8%，由此确定红树林种植-养殖系统中尼罗罗非鱼的养殖生态容量为 8.43 t/hm²。基于尼罗罗非鱼养殖生态容量的评估原理，根据 Ecopath 模型分析表明，系统中草鱼、鲢和鲻的养殖生态容量分别为 1.77 t/hm²、4.32 t/hm² 和 3.51 t/hm²。结果表明，在引入红树林后，种植-养殖系统的养殖生态容量比对照塘的养殖生态容量上升了 14.8%（Xu et al.，2011）。

四、经验启示

随着全球人口增长及气候变化，人类对食物来源的需求越来越大，而可耕地面积却日益减少。海洋是蓝色的宝库，相较于目前日益短缺的陆地资源，海洋资源尚有进一步开发利用的余地。然而，早期对天然渔业资源的掠夺式开发已导致了全球渔业资源的严重衰退，当人们意识到这个问题时为时已晚。目前虽然大多数国家都制定了相应的渔业资源养护政策，但很多资源的破坏已经达到了不可逆的程度，即使能够恢复，也需要花费几十年乃至更多的时间。

根据联合国环境规划署、粮食及农业组织和教科文组织政府间海洋学委员会于 2009 年联合发布的《蓝碳：健康海洋固碳作用的评估报告》，地球上超过一半（55%）的生物碳或是绿色碳捕获是由海洋生物完成的，这些海洋生物包括浮游生物、细菌、海藻、盐沼植物和红树林。海洋植物的碳捕获能力极为强大和高效，虽然它们的总量只有陆生植物的 0.05%，但它们的碳储量（循环量）却与陆生植物相当。海洋生物生长的地区还不到全球海底面积的 0.5%，却有超过一半或高达 70% 的碳被海洋植物捕集转化为海洋沉积物，形成植物的蓝色碳捕集和移出通道。

在我国华南沿海的大部分地区，由于高温、低盐等环境条件限制，台风等灾害性天气影响频繁，大型海藻在滩涂养殖系统中的应用受到很大限制，因此迫切需要建立一种适合华南沿海滩涂区域的可持续的生态养殖模式。红树林作为华南沿海滩涂常见的木本植物群落，生态适应性强，对水体中的氮、磷等营养物有显著的净化效果，对重金属和有机污染物也有很好的吸附作用。红树林种植-养殖系统的监测结果表明，该系统既能实现水体净化，改善养殖环境，又能促进养殖动物的健康生长，有效地保证了养殖水产品的食用安全，是当前值得在华南地区大力推广的滩涂基围养殖新模式。

今后一段时期，红树林滩涂的保护应强调其渔业生态功能，可以从以下几方面着力开展相关保护和修复工作。

一是大力保护和修复现有的红树林生态系统，可以采取如"禁止和限制人类活动，实现生态系统结构和功能的自然恢复""着重治理外来入侵生物，实现红树林保护区的综合保育管理""开展人工种植，实现红树林面积扩充与生态修复""清理过度和无序养殖区，构建人工红树林湿地生态系统修复区""退垦还林，人工构建具有休闲观光的红树林湿地生态系统"等相关措施。

二是大力推动规模化的海洋森林工程建设，突出红树林生态系统对水质净化和渔业资源保育的功能，包括浅海海藻（草）床建设、滩涂红树林恢复和生物质能源新材料开发等，尽快建立我国渔业碳汇计量和监测体系，科学评价渔业碳汇及其开发潜力，探索生物碳减排增汇战略及策略。

三是创新水产养殖模式，引入红树林滩涂生态系统，开展基围系统集约化养殖生态控制系统技术研究，构建不同养殖区域以人工湿地、水生植物、好氧反应等为主的低生态位能量吸收模型，开发池塘养殖生态工程技术，促进渔业生产模式的转变和高效生产。

参考文献

陈桂珠，彭友贵，2005. 滩涂海水种植-养殖系统技术研究［M］. 广州：中山大学出版社：1-264.

陈洪全，张华兵，2016. 江苏盐城沿海滩涂湿地生态修复研究［J］. 海洋湖沼通报（4）：43-49.

陈胜林，李金明，刘振鲁，2006. 潮间带文蛤移动习性调查与研究［J］. 齐鲁渔业（6）：9-10.

顾彦斌，2013. 东营文蛤生态学调查及其标志放流技术研究［D］. 青岛：中国海洋大学.

何斌源，范航清，王瑁，等，2007. 中国红树林湿地物种多样性及其形成［J］. 生态学报，27（11）：4859-4870.

黄凤莲，陈桂珠，夏北成，等，2005. 滩涂海水养殖生态模式研究［J］. 海洋环境科学，4（1）：16-20.

姜亚洲，林楠，杨林林，等，2014. 渔业资源增殖放流的生态风险及其防控措施［J］. 中国水产科学，21（2）：413-422.

李庆彪，董景岳，房轼范，等，1997. 渤海湾潮间带文蛤群体组成、分布和移动习性的调查［J］. 海洋学报（中文版）（6）：116-120.

梁维波，于深礼，2007. 辽宁近海渔场海蜇增殖放流情况回顾与发展的探讨［J］. 中国水产，7：72-73.

林鹏，1997. 中国红树林生态系［M］. 北京：科学出版社.

林鹏，2001. 中国红树林研究进展［J］. 厦门大学学报（自然科学版），40（2）：592-603.

彭友贵，陈桂珠，佘忠明，等，2004. 红树林滩涂海水种植-养殖生态耦合系统初步研究［J］. 中山大学学报（自然科学版），43（6）：150-154.

彭友贵，陈桂珠，武鹏飞，等，2005. 人工生境条件下几种红树植物的净初级生产力比较研究［J］. 应用生态学报，16（8）：1383-1388.

徐姗楠，陈作志，黄洪辉，等，2010a. 红树林种植-养殖耦合系统中尼罗罗非鱼的食源分析［J］. 中山大学学报（自然科学版），49（1）：101-106.

徐姗楠，陈作志，黄小平，2010b. 底栖动物对红树林生态系统的影响及生态学意义［J］. 生态学杂志，29（4）：812-820.

徐姗楠，陈作志，李适宇，2010c. 红树林水生动物栖息地功能及其渔业价值［J］. 生态学报，30（1）：186-196.

徐姗楠，陈作志，郑杏雯，等，2010d. 红树林种植-养殖耦合系统的养殖生态容量［J］. 中国水产科学，17（3）：393-403.

尹增强，章守宇，2008. 对我国渔业资源增殖放流问题的思考［J］. 资源与环境（3）：9-11.

袁秀堂，赵骞，张安国，等，2021. 辽东湾北部海域环境容量及滩涂贝类资源修复理论与实践［M］. 北京：科学出版社.

昝启杰，许会敏，谭凤仪，等，2013. 深圳华侨城湿地物种多样性及其保护研究［J］. 湿地科学与管理（3）：58-63.

张安国，2015. 双台子河口文蛤资源修复及其与环境的相互作用［D］. 宁波：宁波大学.

张秀梅，王熙杰，涂忠，等，2009. 山东省渔业资源增殖放流现状与展望［J］. 中国渔业经济，27（2）：51-58.

周一兵，杨大佐，赵欢，2020. 沙蚕生物学——理论与实践［M］. 北京：科学出版社.

Aucan J，Ridd P V，2000. Tidal asymmetry in creeks surrounded by saltflats and mangroves with small swamp slopes［J］. Wetlands ecology and management，8：223-231.

Baran E，Hambrey J，1998. Mangrove conservation and coastal management in southeast Asia：What impact on fishery resources［J］. Marine Pollution Bulletin，37：431-440.

Demetropoulosa C L，Langdonb C J，2004. Enhanced production of Pacific dulse (Palmaria mollis) for coculture with abalone in a land – based system：nitrogen，phosphorus，and trace metal nutrition［J］. Aquaculture，235：433 – 455.

Dong J，Jiang L，Tan K，et al.，2009. Stock enhancement of the edible jellyfish（*Rhopilema esculentum* Kishinouye）in Liaodong Bay，China：a review［J］. Hydrobiologia，616：113 – 118.

Duarte P，Meneses R，Hawkins A J S，et al.，2003. Mathematical modeling to assess the carrying capacity for multi – species culture within coastal waters［J］. Ecological Modelling，168：109 – 143.

Johnston D，Van Trong N，Tuan T T，et al.，2000. Shrimp seed recruitment in mixed shrimp and mangrove forestry farms in Ca Mau Province，Southern Vietnam［J］. Aquaculture，184：89 – 104.

Kitada S，2018. Economic，ecological and genetic impacts of marine stock enhancement and sea ranching：A systematic review［J］. Fish and Fisheries：1 – 22.

Kitada S，Nakajima K，Hamasaki K，et al.，2019. Rigorous monitoring of a largescale marine stock enhancement program demonstrates the need for comprehensive management of fsheries and nursery habitat ［J］. Scientific Reports，9：5290.

Kristensen E，Alongi D M，2006. Control by fiddler crabs（Uca vocans）and plant roots（Avicennia marina） on carbon，iron，and sulfur biogeochemistry in mangrove sediments［J］. Limnology and Oceanography， 51：1557 – 1571.

Masuda R，Tsukamoto K，1998. Stock enhancement in Japan：review and perspective［J］. Bulletin of Marine Science，62（2）：337 – 358.

Matos J，Costa S，Rodrigues A，et al.，2006. Experimental integrated aquaculture of fish and red seaweeds in Northern Portugal［J］. Aquaculture，252：31 – 42.

Nunes J P，Ferreira J G，Gazeau F，et al.，2003. A model for sustainable management of shellfish polyculture in coastal bays［J］. Aquaculture，219：257 – 277.

Solomon D J，2006. Salmon stock and recruitment，and stock enhancement［J］. Journal of Fish Biology，27： 45 – 57.

Thimdee W，Deein G，Sangrungruang C，et al.，2004. Analysis of primary food sources and trophic relationships of aquatic animals in a mangrove – fringed estuary，Khung Krabaen Bay（Thailand）using dual stable isotope techniques［J］. Wetlands Ecolgy and Management，12：135 – 144.

Troell M，Halling C，Neori A，et al.，2003. Integrated mariculture：asking the right questions［J］. Aquaculture，226：69 – 90.

Wang Q，Zhuang Z，Deng J，et al.，2006. Stock enhancement and translocation of the shrimp *Penaeus chinensis* in China［J］. Fisheries Research，80（1）：67 – 79.

Xu S N，Chen Z Z，Li S Y，et al.，2011. Modeling trophic structure and energy flows in a coastal artificial ecosystem using mass – balance Ecopath model［J］. Estuaries and Coasts，34：351 – 363.

Yamakawa A Y，Imai H，2012. Hybridization between *Meretrix lusoria* and the alien congeneric species *M. petechialis* in Japan as demonstrated using DNA markers［J］. Aquatic Invasions，7（3）：327 – 336.

（刘　永　徐姗楠　李纯厚）

第十五章

CHAPTER 15

长江河口湿地生态系统构建

长江口是全球最大的河口之一，海陆交汇，生境独特且脆弱，长江口的健康直接关系着太平洋西岸乃至全球的生态健康。长江口生境条件得天独厚，孕育了丰富的渔业生物资源，堪称我国渔业资源的宝库。长江口的产卵场、索饵场、育幼场和洄游通道（"三场一通道"）的重要功能使其成为全球渔产潜力和生物多样性最高的区域之一，也是长江流域和东海区渔业资源的重要补充地，在我国渔业发展中具有极其重要的战略地位。长江口历史上曾有刀鲚、凤鲚、银鱼、白虾、中华绒螯蟹等著名的"五大渔汛"，经济效益和社会效益十分显著；还出产鲥、刀鱼、河豚等被称为"长江三鲜"的名贵水产品；是中华鲟、胭脂鱼、江豚等珍稀濒危物种的庇护地；天然蟹苗、鳗苗等苗种资源支撑全国河蟹和鳗鲡等水产养殖业的发展。长江口优良渔业种质资源是上海这一国际大都市唯一可输出的天然资源，可服务全国。然而，长江口区域也是我国人口密度最大、经济社会发展最快的区域之一，随着高强度岸线的开发，长江口生态环境和渔业资源面临严重的威胁，直接造成大量栖息地被破坏，产卵场、索饵场等丧失，"五大渔汛"消失，濒危物种增加，严重影响到生物群落结构的稳定和生物多样性，甚至对整个区域的生态平衡也产生一定威胁。因此，开展水生生物受损栖息地的修复和重建工作，保护并科学利用长江口渔业资源，维护长江口生态平衡刻不容缓。针对长江口湿地资源遭到破坏和侵占，长江口"三场一通道"功能下降的现状，中国水产科学研究院东海水产研究所河口渔业研究团队根据研究实践经验，结合长江口的生境特征，提出了构建"人工漂浮湿地"、开展长江渔业生境替代修复重建的研究思路，开创了长江河口生态修复新模式，为河口生态修复提供了借鉴。

第一节　发展历程

据调查统计，长江口原有湿地总面积达 35 万 hm^2。然而，20 世纪 50 年代以来，大面积的造地运动（滩涂围垦）和水利工程建设，致使长江口区潮间带湿地丧失达 57%。湿地面积的锐减直接导致部分区域的湿地生态功能丧失，许多水生生物失去了赖以生存的栖息地，从而使长江口水域水生生物的保育功能降低，出现了水生生物多样性降低和水体荒漠化的趋势。1985 年以来，长江口的水生生物种类减少了 40%，底栖动物种类下降了 54%（减少 74 种）、生物量减少 88.6%，浮游生物种类减少 69%。另外，依赖长江口区育幼或洄游的珍稀濒危动物数量也急剧减少。2014 年，在长江口通过张网捕鱼，周年获得的鱼类共 50 种，远低于 50 年前，并且还有继续下降的趋势（史赟荣等，2014）。如何恢复长江口水域的生物多样性是研究的热点问题。

诸多学者正在寻找可行的生态修复方法，这些方法包括直接修复和间接修复。其中，增殖放流补充野生生物资源为直接修复方法，目前已向长江口水域增殖放流河豚、中华绒螯蟹、贝类等多种水生生物，有效补充了野生生物资源；种植植物、投放人工鱼礁等是间接修复方法，如关洪斌等（2009）在沿海水域种植单叶蔓荆取得了良好的生态修复效果。这些生态修复手段在一定程度上能够改善栖息地环境并且直接增加生物多样性，但这些方法的水环境立体空间利用率较低，为提高水环境综合利用效率，人工漂浮湿地技术无疑是一种值得尝试的技术手段。人工漂浮湿地亦称人工浮岛，是采用无土栽培技术对受损自然水域进行人工修复的方法，具有防止堤岸侵蚀、保护海岸线、为野生动物提供栖息地、美化环境等多种生态功能。国内学者将该技术应用于内陆水域如城市内河、湖泊等并取得良好效果（王鹤霏等，2013），而其他国家也通过构建人工漂浮湿地来增加生物多样性（Sirami et al.，2013）。近年来，人工漂浮湿地在长江口开放水域的应用，初步实现了人工漂浮湿地对修复水域的氮、磷吸收（姚东方等，2014）和重金属去除（Huang et al.，2017a）等水质净化作用，并为鱼类、蟹类提供了隐蔽场所（Huang et al.，2020a；Huang et al.，2020b；赵峰等，2020），通过投放人工漂浮湿地对受损水域的修复，使相应水域的生态环境得到了改善，为鱼类等生物提供了良好的栖息、繁殖、索饵、育肥的场所，生态系统得以修复（高宇等，2016；高宇等，2017；Huang et al.，2017b）。

第二节　主要做法

针对长江口大量滩涂湿地被侵占和退化，导致水生动物产卵场、索饵场等栖息地受到破坏的现状，以修复水生动物栖息地为重点，建立"水面植物浮床＋水下产卵场"相结合的三维立体式人工漂浮湿地。人工漂浮湿地通过在水面浮床种植挺水植物，可为水生动物和鸟类栖息、摄食等提供遮蔽和藏匿场所，同时，水生植物的根系一方面可以吸收水体中的氮、磷等富营养物质，另一方面，植物根系可以为鱼卵、浮游动物及饵料生物提供附着基质；在水下产卵场吊养沉水植物和悬挂附着基质，构建饵料生物附着、鱼类产卵和仔稚鱼的索饵栖息场所。通过人工漂浮湿地的构建，为修复水域营造了一个适于水生动物繁殖发育和索饵肥育的小型生态系统，起到特定受损水域生态修复的目的。

一、产卵附着基质筛选

丰富、适宜的附着基质是产黏性卵鱼类成功进行产卵繁育、完成早期生活史的关键条件之一，也是构建产黏性卵鱼类人工生境、恢复其产卵场的必要条件。已有研究表明，产黏性卵鱼类对附着基质有明显选择性，且不同附着基质对鱼卵孵化效果具有显著影响。研究选用7种不同材料开展了不同附着基对鲫卵附着、受精和孵化的影响，以期为产卵场恢复重建的选材提供依据。

1. 实验设计

用40目聚乙烯网制作长6 m、宽10 m、深5 m的网箱，网箱围口处用直径3 cm的绳索围住，制作好的网箱四周用铁锚拉住绳索，在网箱四周用聚乙烯泡沫浮球将网箱浮起，网箱底部四周用重物下沉固定。在网箱内部悬挂不同的基质，每种基质用1条直径为0.25 cm的聚乙烯绳索悬挂，在该绳索上每隔0.5 m悬挂1个基质，每个悬挂点用1个泡沫浮球浮起。每排聚乙烯绳索的间隔距离为1 m，选择7种基质，包括天然河道的水生植物（眼子菜、芦苇根、马齿苋），人工基质（棕榈片、聚乙烯网片、竹片），以及垂落在河流的陆地植物枝条（圆柏枝）。

试验鲫来自崇明岛，选取性腺发育良好、体形一致、2～3龄个体作为亲本。雌鱼选择腹部膨大、卵巢明显的个体；雄鱼选择活力充沛个体。选取雌鱼64尾，雄鱼8尾。雄性个体平均体长为17.1 cm，平均体重为143.21 g；雌性个体平均体长为15.6 cm，平均体重为173.31 g。向雌雄鱼注射催产剂（绒毛膜促性腺激素与促黄体激素混合使用），人工催产后，每隔1 h巡视网箱1次。当网箱中的基质上有鲫卵黏附时，检查不同基质上的附着情况。随机取不同基质各10片，带回实验室分别定量培养。

每个基质选取10个5 cm×5 cm样方进行受精卵附着的统计。8 h后观察附着基质上受精卵的颜色，以辨别受精卵是否受精：如果鱼卵泛白，说明该鱼卵没有受精；如果鱼卵清澈透明且有明显的内外层结构，则受精成功。采用扫描电镜观察7种不同附着基质的鲫受精卵外部结构。

测定项目包括鲫卵的附着密度、受精率、孵化率、死亡率，以及正常鱼卵与畸形鱼卵的电镜观察。对孵化异常的仔鱼采取形态学拍照和心跳次数统计。鲫卵附着密度、受精率、孵化率、死亡率的计算公式如下：

$$附着密度＝各样方鲫卵附着数之和/样方总面积$$
$$受精率＝受精鱼卵数/实验鱼卵数×100\%$$
$$孵化率＝孵化个体数/受精鱼卵数×100\%$$
$$死亡率＝总死亡卵数/实验鱼卵数×100\%$$

采用Excel 2010软件分析实验数据并制图，利用SPSS 20.0软件对鱼卵的附着密度、受精率、孵化率、死亡率等进行方差分析，取$P<0.05$为差异显著。

2. 不同基质鲫卵附着情况

在实验研究的7种基质上，鱼卵均会附着（图15-1），但是单位面积的鱼卵附着情况存在明显差异（图15-2）。可以看出，河道里的水生植物是鲫卵的良好附着基，单位面积内附着率较高。而人工基质的附着效果存在着明显的差异，棕榈片附着数和水生植物相当，而聚乙烯网片、竹片附着效果较差。圆柏柏枝上单位面积鱼卵的附着数低于水生植物，高于人工基质网片和竹片。

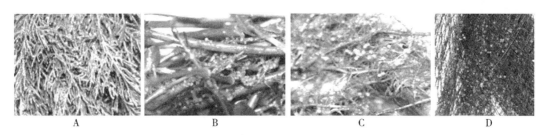

图15-1　鲫卵在不同基质上的附着情况
A. 圆柏枝　B. 马齿苋　C. 芦苇根　D. 棕榈片

3. 不同附着基上鲫卵的受精率、孵化率与死亡率

在统计的10个样方中，单位面积的鲫卵受精、孵化情况如表15-1所示。鲫卵在基质上受精率依次为：马齿苋＞聚乙烯网片＞芦苇根＞眼子菜＞棕榈片＞圆柏枝；孵化率大小顺

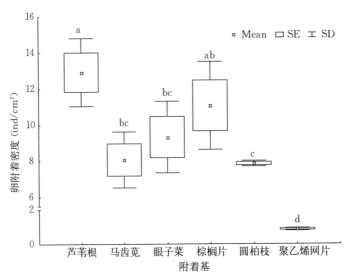

图 15 - 2　不同基质上鲫卵附着密度

注：柱状图上若有一个字母相同则表示无显著差异。

序为：马齿苋＞眼子菜＞芦苇根＞棕榈片＞聚乙烯网片＞圆柏枝。图 15 - 3 为不同基质上鲫卵死亡率比较。

表 15 - 1　不同附着基上鲫卵的受精率与孵化率

项目	芦苇根	马齿苋	眼子菜	棕榈片	圆柏枝	聚乙烯网片
受精率（%）	71.00±1.17	79.06±1.17	69.04±3.92	62.90±3.24	57.00±2.20	78.05±7.09
孵化率（%）	48.12±1.45	69.25±2.10	48.34±1.89	45.06±2.10	5.02±0.80	43.13±1.84

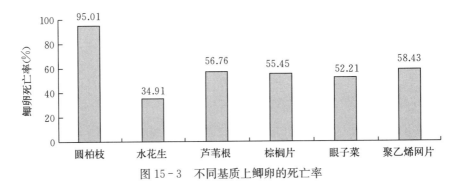

图 15 - 3　不同基质上鲫卵的死亡率

4. 正常鲫受精卵与异常鲫受精卵外部结构的对比

对附着于不同基质的鲫受精卵进行扫描电镜观察，附着在圆柏枝的鲫受精卵的外部结构发生异常变化，其余的鲫受精卵呈现正常的外部结构（图 15 - 4）。正常鲫受精卵的外部附着有藻类、悬浮物等，细胞膜表面呈现规则的孔道，虽然附着有不同的水体中的悬浮物，但是这些孔道依然清晰。而发生了病理性变化的鲫受精卵的细胞膜表面呈现面积不同的病斑，这些病斑已经封住了细胞膜表面的通道。

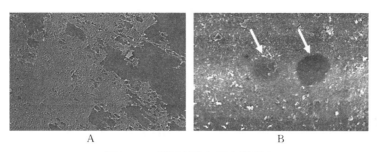

图 15-4　鲫受精卵扫描电镜观察

A. 正常状态　B. 异常状态

5. 正常发育的鲫仔鱼和异常发育的鲫仔鱼形态学观察

正常发育的鲫仔鱼全身透明清晰、无畸形、心脏清晰可见且无充血。而异常发育的鲫仔鱼则表现为身体骨骼畸变、全身色素分布异常、心脏充血严重（图 15-5）。仔鱼受精卵在圆柏枝上的平均心率为 121 次/min，而在芦苇根、马齿苋、眼子菜、棕榈片、聚乙烯网片、竹片上发育的鲫仔鱼的平均心率为 183 次/min（图 15-6）。

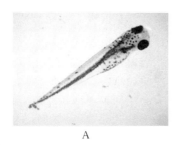 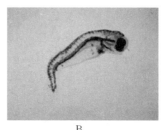

图 15-5　鲫初孵仔鱼外部形态

A. 正常发育个体　B. 异常发育个体

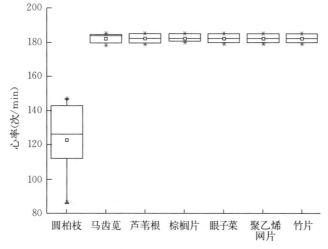

图 15-6　不同基质鲫初孵仔鱼心率

一个物种之所以能够繁衍生息，在于它能够成功完成其生活史，一旦生活史某一环节发生断裂，就会给种群更新造成威胁。在天然河道里，鲫喜欢在水草多的地方繁殖。由于河岸带特征与河床结构存在较大的差异，相当比例的河岸为硬质河岸，植物难以生长，基本失去了水陆交错带应有的生态功能。产黏性卵的鱼类的生活史在产卵时缺失，进而导致野生种群资源退化。在水生生态系统中，水生植物是重要的初级生产者，植物生境不仅是鱼类喜好的栖息场所，更是鱼类繁殖产卵的重要生境，在鱼类的早期生活史阶段，水生植物及其凋落物够充当避难所和鱼类产卵介质，缓解鱼卵的环境胁迫。针对鱼类在产卵过程中对水生植物的选择利用，已展开了诸多研究。河道整治导致鱼类的产卵场发生变化，硬质岸坡导致了水陆交错带生态功能的丧失。在水草缺乏的河道，产黏性卵的鱼类会将鱼卵附着在漂浮的水面物质上，这些物质包括岸边垂落的树枝及生活垃圾，然而，河岸边垂落的圆柏枝能够在水体中释放 3 种可溶性的化学物质：水芹烯、乙酸龙脑酯、对薄荷-1-烯-4-醇，通过实验可以看出，鲫受精卵在圆柏枝上的孵化率很低，并且鲫受精卵产生了不同程度的损伤。这 3 种有机物从圆柏枝释放后，融合到鲫受精卵卵膜，导致鲫受精卵发育呈畸形或死亡。因此，挑选合适的基质作为黏性鱼卵的附着基质，可帮助鱼类完成完整生活史。

近年来，在自然因素和人类因素的影响下，大面积的围垦工程导致鱼类失去产卵的附着基质，导致产卵场、索饵场区域逐渐减小，鱼、虾、蟹等野生生物资源显著减少，生物多样性受到破坏。保护及恢复野生渔业资源的意义重大。针对产卵场受破坏及鱼类资源的衰竭现状，虽然已出台相关法律法规和濒危动物保护策略，并采取人工增殖放流及投放人工鱼礁的方法进行修复，但目前还未考虑原位生态修复，且产卵场的替代功能研究甚少，而产卵场修复是保证鱼类种群更新的关键环节，合适的鱼卵附着基质，能够有效帮助鱼类完成生活史。选取植物根系作为鱼卵的附着基质，可以和生态浮床相结合，恢复产卵场；而作为人工基质的棕榈片能够替代水生生态系统的附着基质。综上所述，水生植物及无毒天然基质在鱼类完成完整的生活史方面均可发挥同等重要的作用。

二、水生植物筛选

在长江口水域构建人工漂浮湿地，考虑工程设计之前要先进行水面生态浮床植物的筛选。鱼卵附着研究表明，芦苇根和马齿苋均有利于鱼类产卵附着和孵化，适宜作为浮床植物。面对长江口复杂的水文环境，以及课题研究所要解决的"漂浮"湿地这一问题，需要解决水生植物无土栽培技术、研究在长江口水域无土栽培情况下的生长习性以筛选适宜的水面生态浮床植物。

1. 芦苇无土栽培复合体

在目前单一的小水体生态浮床构建过程中，一般是将水生植物的植株或其根茎等通过简单包裹直接插在浮床基质或悬挂在浮床框架上。然而，在自然开阔水域，由于风浪较大，常导致浮床植物不能有效附着在浮床上，且植株易折、易倒伏，不能正常生长。课题组针对这一难点，研发了一种芦苇无土栽培复合体，具体如下：

芦苇根状茎无土栽培复合体包括支撑体、紧固体和着生体三部分（图 15-7）。支撑体分为上、下两层，构成复合体的最外层，由楠竹竹片两两相连、扎紧，制成长方形或正方形竹片排，竹片宽度约 4 cm，长度根据实际需要而定，竹片间距约 0.23 m；紧固体也分为上、下两层，位于支撑体内侧，由聚乙烯网片组成，网片孔径 1 cm，网片大小与支撑体竹片排相同；着生体也分为上、下两层，位于紧固体内侧，由棕榈片或麻片组成，大小与支撑体竹片排的大小相同；上、下两层着生体之间放置芦苇根状茎。

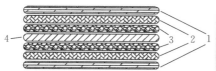 

图 15-7　芦苇根状茎无土栽培复合体
1. 支撑体　2. 紧固体　3. 着生体　4. 芦苇根状茎

这种芦苇根状茎无土栽培复合体的安装使用如下：①将下层支撑体、紧固体和着生体依次铺开；②将芦苇根状茎平铺于下层着生体上；③再将着生体、紧固体和支撑体依次覆盖至芦苇根状茎上；④用聚乙烯扎带穿透复合体，将上、下两层支撑体扎紧、系牢。此复合体的好处在于可以将芦苇根状茎固定在复合体内，为芦苇根状茎的发芽和生长提供支撑，同时着生体还可以为芦苇生根提供基质，保持芦苇生长过程中的稳定性。

2. 芦苇无土栽培与狐尾藻吊养技术

根据长江口水域水体理化因子特征和水生植物分布特点及环境因子需求，选择了本地生长的挺水植物芦苇和沉水植物狐尾藻作为主要实验对象，开展了水生植物种养技术研究。

（1）材料与方法

芦苇：采用地下茎无性繁殖方式，地下茎的选择以根节处越冬芽饱满为基本原则（图 15-8）。设置高密度（HD）组和低密度（LD）组 2 个实验组，HD 组地下茎的种植密度平均为 300 芽/m^2，LD 组地下茎的种植密度平均为 50 芽/m^2（以根节计算）。

狐尾藻：采用吊养方式，每瓶种植 5~8 株。利用塑料瓶作为种植和固定的容器，塑料瓶去底，将植物的根系固定在瓶口处，植株则露出瓶底漂浮在水中。瓶内填入少量泡沫塑料，使吊瓶呈向上漂浮式（图 15-9）。植物种（移）植后，定期观察和抽样统计发芽率及植株生长情况。

图 15-8　芦苇地下茎越冬芽　　　　　　图 15-9　狐尾藻吊养

（2）芦苇地下茎发芽及生长情况

发芽率：芦苇地下茎种植 1 周后开始发芽（图 15-10），经统计，平均发芽率为 26.4%（表 15-2）。

植株密度：经连续监测和统计，芦苇植株密度与发芽率并非完全一致，而是随着种植时间呈上升趋势。种植 6 周后，HD 组芦苇植株平均密度为 352 株/m^2（图 15-12A）；而 LD

组芦苇密度仅为 20～45 株/m²。

植株高度与根系长度：芦苇发芽后基本能保持正常生长，形成一定的芦苇群落，但 HD 组与 LD 组芦苇生长状况具有一定差异（表 15 - 2），HD 组要优于 LD 组（图 15 - 12B）。两组根系的生长未呈现显著差异，根系长度最大值为 26.0 cm，平均值为 14.5 cm（图 15 - 11）。

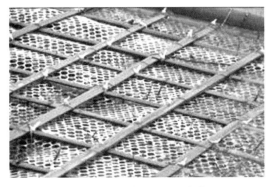
图 15 - 10　芦苇地下茎发芽

图 15 - 11　芦苇地下茎根系

表 15 - 2　芦苇地下茎发芽率与生长 6 周后植株高度

组　别	发芽率（%）	平均发芽率（%）	高度范围（cm）	平均高度（cm）
HD 组	28.6		40.2～89.0	62.5
		26.4		
LD 组	24.2		24.6～49.0	40.0

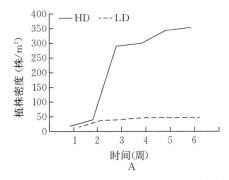

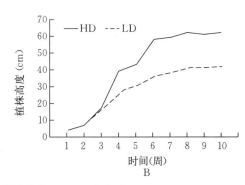

图 15 - 12　水面生态浮床芦苇的植株密度（A）与高度（B）

在长江口水域条件下，以无土栽培方式种植芦苇可以正常生长，形成一定的芦苇群落（图 15 - 13）。有研究表明，芦苇具有较强的分蘖能力，且极易受到其群落的影响。从本研究结果来看，芦苇种植密度和发芽率对其分蘖（植株密度）和植株的生长均具有较为显著的影响。HD 组植株密度较 LD 组提高了 7 倍，HD 组株高比 LD 组提高了 56%。因此，在今后实验中应充分考虑浮床芦苇的种植密度，以保证形成一定的芦苇群落，达到芦苇良好生长的目的。

图 15-13　水面生态浮床芦苇生长情况

（3）狐尾藻生长情况

经检查，吊养的狐尾藻生长尚好，植株可生长存活，根系生长良好（图 15-14）。但实验水域风浪较大，多数植株被打断，部分吊瓶内植物被冲散。经分析，主要是由于植株根系固定不牢，吊瓶间距小，长的植株容易绞在一起被折断。另外，尽管狐尾藻吊养可以正常生长存活，但由于长江口水域水质混浊度较高且风浪影响严重，加上狐尾藻属于沉水植物，因此，在长江口水域漂浮湿地构建过程中，不适宜大面积选用狐尾藻作为生态浮床植物。

图 15-14　吊养狐尾藻的植株（A）与根系（B）

三、人工漂浮湿地单体结构构建

人工漂浮湿地单体由水面植物浮床和水下产卵场两部分组成，二者之间通过直径 5 mm 的聚丙乙烯绳索绑紧固定（图 15-15）。现将人工漂浮湿地单体水面和水下两部分结构的组成分述如下：

1. 水面植物浮床

水面植物浮床呈"三明治"结构（图 15-16），主要由框架、竹片夹、网片、填料和植物 5 部分组成。

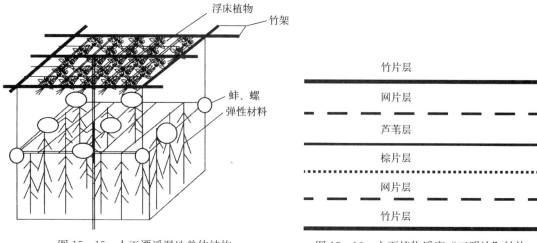

图 15 - 15　人工漂浮湿地单体结构　　　　图 15 - 16　水面植物浮床"三明治"结构

① 框架。所制作框架为正方形，以 5 根 4 m 多长的楠竹（直径 5 cm 以上）构成，框架底部等距排列 3 根楠竹，与上部的 2 根楠竹两两相交，用直径 5 mm 的聚丙乙烯绳索绑紧。植物浮床框架内面积为 16 m²。

② 竹片夹。用于夹紧网片和植物。竹片夹一组 2 片，由细长竹片构成，竹片规格为长 4 m、宽 2 cm，厚度适中，去除竹间隔。竹片纵横各 17 片，垂直交错排布，各交错点打孔以铁丝和扎带扎紧系牢。

③ 网片。用于夹紧所种植的植物。采用聚乙烯无节结网片，网目规格为 1.5～2.0 cm。每个浮床床体使用 2 片网片，分上层网片和底层网片，网片面积为 16 m²。

④ 填料。主要是作为植物根系着生的固定基，采用棕榈、化纤材料和土工布分别进行实验，结果显示棕榈浸泡后单层使用为佳。面积为 16 m²。

⑤ 植物。选用长江口区常见的芦苇作为水面挺水植物构建植物浮床。浮床制作主要是利用芦苇地下茎的无性生殖方式，使其生长为水面植物。

水面芦苇浮床制作时，首先在浮床框架上铺设底层竹片夹，竹片夹四周与浮床框架绑紧。然后，在底层竹片夹上依次铺底层网片、填料和芦苇地下茎，然后再铺上层网片和上层竹片夹。最后使用塑料扎带和铁丝，穿过上下层竹片夹、上下层网片、棕片填料和芦苇地下茎层，夹紧系牢（图 15 - 17、图 15 - 18）。

2. 水下产卵场

水下产卵场主要由主体框架、悬挂支架、附着基质、沉水植物和浮球 5 部分组成（图 5 - 19）。

① 主体框架。用钢管制作主体框架，钢管直径为 40～60 mm，直接焊接或用十字扣扣紧。主体框架长、宽、高规格为 4 m×4 m×2.5 m。

② 悬挂支架。主要用于悬挂附着基和吊养沉水植物。在主体框架顶部和底部分别按 80 cm 间距焊接直径 15～20 mm 镀锌管 5 根，上下 2 层悬挂支架上均焊上相对应的圆形环，方便悬挂。

③ 附着基质。主要用于产黏性卵鱼类产卵和水生生物附着。选用材料有棕榈片、塑料绳丝和麻袋片。框架上的 5 根镀锌管分别悬挂 3 种附着基质和吊养沉水植物，附着基质

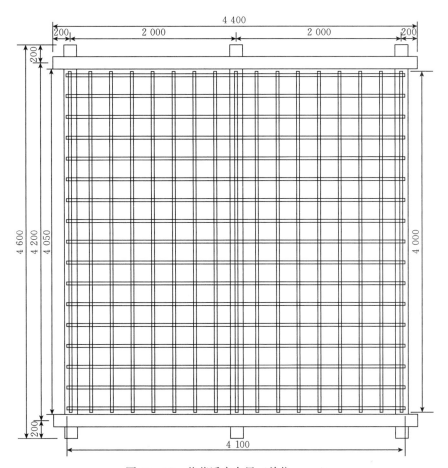

图 15 - 17 芦苇浮床布局（单位：mm）

每排悬挂 6 挂，每挂基质上分别包括 10 片棕榈片、10 片麻袋片和 10 缕塑料绳丝。

④ 沉水植物。利用塑料瓶作为种植植物和固定植物的容器，将塑料瓶瓶底剪去一部分，植物的根系固定在瓶内瓶口处，植株则露出瓶底漂浮在水中。瓶内填入少量泡沫塑料，使吊瓶呈向上漂浮式。吊瓶下端分别固定在 1 根平放的钢管上。钢管两端用长 1 m 的绳索固定在水面框架上，这样所有吊瓶均被固定在水下 800 mm 处。

⑤ 浮球。由泡沫塑料制成，每个产卵场单体用浮球 12 个。浮球为圆柱体，底面直径500 mm。浮球置于框架四周。

图 15 - 18 芦苇浮床

图 15 - 19　水下产卵场结构

四、人工漂浮湿地的选址与联体安装

1. 人工漂浮湿地的选址

历史上，长江口青草沙水域一带滩涂湿地环境优良，是许多鱼类的天然栖息场所。然而，随着青草沙水库工程的建设和运行，虽然解决了上海市的供水问题，但从生态环境的角度来看，"高滩成陆，低滩成库"的总体布局势必会导致长江口湿地面积的减少，加剧长江口水生动物栖息地的破碎化，对水生动物的产卵、索饵和育幼造成一定影响，使水库邻近水域的生态环境发生改变，进而引起整个长江口水域的资源环境的变化。青草沙水库堤坝外东南侧水域（图 15 - 20）处于原青草沙水域下端，受到南支径流与海水倒灌的共同影响，具有独特的水域特征，而且由于水库堤坝及其丁坝的缓冲，避开了长江口南支径流的直接冲击，加上与长兴岛沿岸的共同作用，形成了特殊的缓流区，为水生动物栖息提供了良好的水文特征。但由于工程建设，大坝周边水域底质环境基本遭到破坏，丧失了水生动物产卵、索饵的基本条件。因此，可通过构建人工漂浮湿地为水生动物提供产卵、索饵等栖息环境，形成水生动物的人工替代栖息地。

图 15 - 20　人工漂浮湿地安装位置

2. 人工漂浮湿地联体安装

考虑到经济性和实用性，将人工漂浮湿地单体组装成联体方式，结合漂浮湿地选址位置，沿丁坝南侧呈排状排列，每排将 11 个漂浮湿地单体联成一个联体结构，共设置 4 排，漂浮湿联体结构及布局见图 15-21。

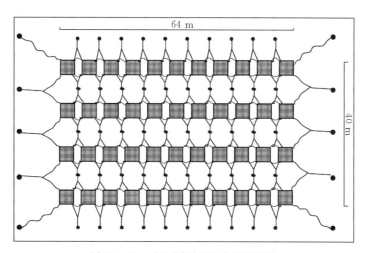

图 15-21 人工漂浮湿地布局及结构

人工漂浮湿地安装步骤：

① 人工漂浮湿地单体组装。在陆地上，将人工漂浮湿地单体的水面植物浮床与水下产卵场上下固定，然后在单体 4 个角上系上固定绳套。

② 竹锚制作与打桩。选择长 1.5 m、直径 10 cm 以上的楠竹制作竹锚，在楠竹一端约 0.45 米处用铁丝绑扎一圈竹片，在铁丝绑扎处设一能固定绳索的孔。竹锚制成后，用机械将竹锚未绑扎铁丝的一端斜向打入拟设漂浮湿地位置的江底淤泥之中。

③ 漂浮湿地联体安装。将漂浮湿地单体用船运至安装位置，将 4 个角固定在预留的桩绳上。桩绳选用直径 20 mm 的聚丙烯绳索，桩绳长度与水深的比值为 5∶1。两个单体之间间距为 2 m，用直径 10 mm 的绳索连接。

3. 人工漂浮湿地结构及材料在长江口的应用效果

2013 年，分两批共安装人工漂浮湿地单体 44 个，面积为 704 m²。形成了长度为 64 m、宽度为 40 m 的漂浮湿地水域，修复水面面积达 2 560 m²，水下产卵场体积达 7 680 m³（图 15-22）。

图 15-22 人工漂浮湿地

考虑到框架材料的安全性、实用性及经济性等各方面因素，漂浮湿地采用刚性较好的钢管和具有柔性的楠竹作为主框架材料。研究发现，所选用的主框架材料基本能符合项目实施地的环境要求，在漂浮湿地取材和安装技术上是可行的。但是，目前这种主框架材料还未经历长江口区台风所导致的大风大浪等恶劣天气的考验，同时，实验研究中还发现了以下事项需要改善：一是水面植物浮床的固定技术。从本实验研究中发现，植物浮床的固定十分重要，关系到水面挺水植物的生长和存活。因为漂浮湿地浸泡在水中，受到风浪影响，浮床随水流摇摆波动，导致浮床结构中各层构建物之间相互交错、挤压，容易使中间的植物受到损伤，从而导致水面植物生长不良，因此在今后的选材和固定技术上应加以注意。二是湿地单位的布局。目前各人工漂浮湿地单体之间留有 2 m 左右的间距，在潮汐和风浪的作用下会导致单体之间的碰撞和挤压，使单体受损。在操作中，可根据实际情况调整单体间的距离，减少单体之间的碰撞，从而降低单体受损率。

五、人工漂浮湿地设计优化与完善

针对实验研究过程中出现的问题，对人工漂浮湿地的设计与制作进行了进一步优化和完善，并增加了用于监测人工湿地生态功能的单体结构设计。

1. 框架设计优化

主要体现在湿地单体结构牢固性方面，采取的措施：一是湿地单体面积由 16 m^2 减小至 9 m^2；二是竹片夹两两相交处增加了紧固锁定装置；三是单体连接处增加了轮胎和泡沫，防止挤压，增加浮性；四是去除了水下产卵场的框架结构，采用直接悬挂产卵基质的方式。

2. 铁框框架式漂浮湿地设计与制作

采用铁框结构组装漂浮湿地的组合模式，可以增加单体结构的稳固性，应用于河口淡水区，该结构由人工漂浮湿地单体、浮球、轮胎、绳索等组成。组合模式中，人工漂浮湿地单体为整个人工漂浮湿地的主体部分，内部填充水生植物，外部覆盖塑料网片和竹排进行固定。泡沫浮球位于人工漂浮湿地单体横向两侧的端部，为整个人工漂浮湿地提供浮力支撑，此外，泡沫浮球还具有一定的抗挤压能力，防止人工漂浮湿地在受到风浪影响时在水平表面上变形、扭曲和折叠等。外部套一个塑料网袋防止泡沫浮球意外破碎后进入水体污染环境。轮胎设置在人工漂浮湿地单体框架间直接接触的位置，主要在人工漂浮湿地单体受风浪影响时提供缓冲作用，同时具有耐挤压和抗拉伸作用。绳索缠绕在泡沫浮球表面，控制泡沫浮球的位置，另外穿过轮胎中心的空隙，把轮胎固定在不同人工漂浮湿地单体之间。具体结构参数：人工漂浮湿地单体纵向长度为 3.6 m，横向长度为 3.0 m，浮球空隙宽度为 30 cm。泡沫浮球是直径为 38 cm、高为 57 cm 的圆柱形泡沫。泡沫浮球外部套一个 80 目、长为 80 cm、宽为 60 cm 的塑料网袋。轮胎外径为 60 cm，内径为 40 cm，宽为 19.5 cm，厚度为 14.0 mm。绳索直径为 17.5 mm。图 15 - 23 为该组合模式结构的示意图和实物图。

3. 采样湿地单体研发

研发设计了一种镶嵌式湿地浮床，主要用于整体采样，该结构由粗细镀锌钢管框架、角钢区隔、环形结构、钢筋、固定环、环形扣等组成。固定装置中，镶嵌式湿地浮床的整体框架由横向的 2 根镀锌粗钢管和纵向的 6 根镀锌细钢管通过焊接组成，为整个镶嵌式湿地浮床结构提供支持。粗细镀锌钢管两端开孔用钢片焊接密封，防止钢管内部进水后锈蚀。镶嵌式

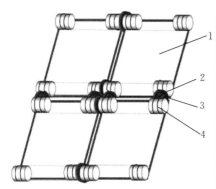

图 15 - 23　铁框框架式漂浮湿地示意图与实物图
1. 漂浮湿地单体　2. 泡沫浮球　3. 轮胎　4. 绳索

湿地浮床单体的整体框架由四周的等边角钢围成整体，然后由纵横交错的 4 条角钢把镶嵌式湿地浮床整体分割为 9 个相等的镶嵌式湿地浮床单体。等边角钢和角钢的下边沿，组成镶嵌式湿地浮床分隔的底部，为镶嵌式湿地浮床单体提供支撑。环形结构焊接在每个镶嵌式湿地浮床单体横向上边沿，供钢筋穿过。钢筋穿过镶嵌式湿地浮床单体上边沿焊接的环形结构，对镶嵌式湿地浮床单体进行固着。钢筋的两端通过环形扣和镀锌粗钢管上钢筋穿过的固定环进行固定。镶嵌式湿地浮床单体下面通过等边角钢和角钢的下边沿进行支撑，上边沿通过上部穿行的钢筋牢固地锁在镶嵌式湿地浮床单体的分隔中。

　　具体结构参数以及组装过程：镀锌粗钢管的长度为 3.8 m，直径为 48.0 mm，厚度为 3.5 mm；镀锌细钢管的长度为 3.0 m，直径为 33.7 mm，厚度为 3.3 mm；镀锌粗钢管和镀锌细钢管通过焊接构成了镶嵌式湿地浮床结构的框架。框架中横向 2 根镀锌粗钢管，纵向 6 根镀锌细钢管，这样既可以节约成本，又可以使框架足够牢固。同时，镀锌细钢管上面可以焊接由等边角钢和角钢组成的镶嵌式湿地浮床单体。粗细镀锌钢管两端开孔用钢片焊接密封。等边角钢的长度为 3.0 m，边宽为 4.0 cm，边厚为 3.81 mm，用于围成镶嵌式湿地浮床单体整体的外围框架。角钢的长度为 3.0 m，下边宽度为 7.6 cm，高度为 4 cm，厚度为 3.81 mm，用于对镶嵌式湿地浮床单体的整体框架进行分割，把镶嵌式湿地浮床整体分割为相等的 9 个单体区间，等边角钢和角钢的下边沿，组成镶嵌式湿地浮床分割的底部。环形结构为折弯的钢条，长度为 15 cm，直径为 6.44 mm，焊接在横向上边沿后高度为 6 cm，内径为 3.5 cm，环形结构可以供钢筋穿过。钢筋的长度为 3.1 m，直径为 17.77 mm，钢筋两端设有圆孔，圆孔直径为 8.0 mm，可供环形扣穿过。钢筋穿过镶嵌式湿地浮床单体分隔上边沿焊接的环形结构。固定环为环形钢条，钢条直径为 3.0 mm，环直径为 3.0 cm，固定环焊接在环形结构旁边的镀锌粗钢管。环形扣为不锈钢带螺登山扣，长度 5.0 cm，宽度 3.0 cm，开口宽度 1.0 cm，具有轻便、防腐蚀、防锈等优点，用来扣在钢筋和固定环上，以固定钢筋不从环形结构脱落。所有焊接处均用油漆密封，防止在水中锈蚀。图 15 - 24 为镶嵌式湿地浮床的示意图与实物图。

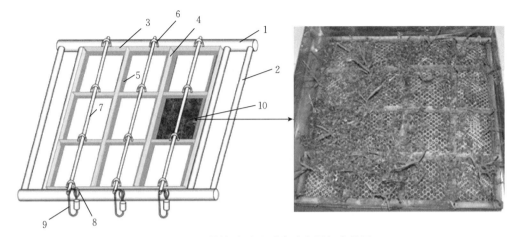

图 15-24　镶嵌式湿地浮床示意图与实物图

1. 镀锌粗钢管　2. 镀锌细钢管　3. 等边角钢　4. 角钢　5. 角钢的下边沿
6. 环形结构　7. 钢筋　8. 固定环　9. 环形扣　10. 镶嵌式湿地浮床单体

第三节　取得成效

1. 开创了河口水生生物栖息地生态修复的新模式

针对长江口栖息地不断衰退的状况，率先提出了以人工漂浮湿地的方式进行长江口水生生物栖息地生态修复的新思路，开创了长江口水生生物栖息地生态修复的新模式。

2. 发明了水面植物浮床与水下产卵场相结合的立体人工漂浮湿地

根据长江口自然栖息地功能需求，既使漂浮湿地上层水生植物正常生长，又保证长江口水生生物赖以生存的产卵场、育幼场、索饵场功能的正常发挥，综合两种功能需求发明了"水面植物浮床＋水下产卵场"的立体人工漂浮湿地，并通过实践证明了其产卵场和索饵场功能，初步了解人工漂浮湿地对水生动物产卵和索饵的影响及其作用机制。

3. 成功建立了长江口自然水域芦苇无土栽培技术

通过采集获取自然生长的芦苇地下茎，完成在浮床中的无性繁殖过程，成功建立了人工漂浮湿地上芦苇的无土栽培技术，建成后的人工漂浮湿地成功应用于长江口开放水体，并经历了初级抗风浪实验。通过芦苇在人工漂浮湿地上的生长，初步了解芦苇浮床的固碳效果和净水能力。

总之，通过人工漂浮湿地的构建，成功完成了芦苇在浮床上的无土栽培，芦苇的不断生长对自然水体水质产生了一定的净化作用；通过人工漂浮湿地下附着基的设置，有效地为水生生物提供隐蔽、产卵、索饵等场所；通过人工漂浮湿地的构建，成功修复了相应水域的产卵场、索饵场等栖息地功能，具有明显的生态修复成效。

第四节　经验启示

长江口水域构建人工漂浮湿地后，修复区水生生物群落结构较为完善，可形成微观生态系，有利于水生动物产卵、索饵和栖息，技术上可行。但是，从具体实施来看，还存在诸多的问题有待于进一步完善和优化：

① 由于人工漂浮湿地构建成本相对较高，目前构建面积有限，无法更充分地发挥其生态功能，建议进一步加大推广示范，扩大中试范围，加速长江口生态环境的修复改善。

② 目前，人工漂浮湿地主要框架材料为钢管和楠竹等，尽管具备一定的刚性和柔性，但未经历进一步台风等恶劣天气的检验，今后应进一步加强构建材料选择，筛选出适于长江口水域环境特点的材料，优化和完善人工漂浮湿地构建技术，保证人工漂浮湿地的牢固性、实用性和经济性。

③ 加强人工漂浮湿地的生态功能研究，完善和优化研究方案及方法，进一步阐明人工漂浮湿地的生态功能和作用机制，建立完整的理论基础。

总体来看，人工漂浮湿地提供了一种河口受损湿地修复的新途径，为河口湿地动态保护提供了范例，弥补了现有技术的不足。在这个"原生微生态系统"的天然"理想湿地实验室"中，可以开展很多重要的河口湿地生态学问题研究。但由于处于探索阶段的人工漂浮湿地构建成本相对较高、构建面积有限、抗风浪能力有待加强等，在恢复和重建长江口受损湿地的具体操作中还存在诸多问题，有待于进一步完善和优化，以保证人工漂浮湿地的可移动性和可复制性，加强其牢固性、实用性和经济性。鱼类产卵场恢复重建技术在一定程度上修复或重建丧失的鱼类产卵场，为鱼类提供了产卵环境，促进了鱼类优质苗种产出量，提高了鱼类多样性；同时，人工漂浮湿地的构建还有利于长江口水域水体净化、减少岸线侵蚀等。因此，该技术市场前景广阔，在长江口案例研究的基础上，也要同时推进该技术在其他河口区域的应用。

参考文献

高宇，宋超，张婷婷，等，2017. 人工替代栖息地对长江口湿地的补充作用研究 [J]. 环境保护科学，43（3）：63-70.

高宇，赵峰，张婷婷，等，2016. 人工替代栖息地的效益初探：以长江口为例 [J]. 环境保护科学（3）：45-49.

关洪斌，王晓兰，杨岚，2009. 盐生植物单叶蔓荆对盐碱地的修复效应研究 [J]. 资源开发与市场，25（11）：965-968.

史赟荣，晁敏，沈新强，2014. 长江口张网鱼类群落结构特征及月相变化 [J]. 海洋学报，36（2）：81-92.

王鹤霏，贾艾晨，张晓东，等，2013. 人工浮岛对城市景观用水水质净化效果的研究 [J]. 环境保护科学，39（5）：14-17，45.

姚东方，赵峰，高宇，等，2014. 浮床植物芦苇在长江口水域的生长特性及对氮、磷的固定能力 [J]. 上海海洋大学学报，5（23）：753-757.

赵峰，黄孝锋，宋超，等，2020. 长江口中华绒螯蟹幼蟹对人工漂浮湿地生境的选择利用 [J]. 中国水产科学，27（9）：1003-1009.

赵峰，黄孝锋，张涛，等，2015. 利用人工漂浮湿地恢复长江口生物多样性研究初探 [J]. 渔业信息与战略，30（4）：288-292.

Huang X F, Zhao F, Gao Y, et al., 2017a. Removal of Cu, Zn, Pb, and Cr from Yangtze Estuary using the *Phragmites australis* Artificial Floating Wetlands [J]. BioMed Research International,

ID6201048. DOI：10. 1155/2017/6201048.

Huang X F，Zhao F，Song C，et al. ，2017b. Effects of stereoscopic artificial floating wetlands on nekton a-bundance and biomass in the Yangtze Estuary [J]. Chemosphere，183：510 - 518.

Huang X F，Zhao F，Song C，et al. ，2020a. Larva fish assemblage structure in three - dimensional floating wetlands and non - floating wetlands in the Changjiang River estuary [J]. Journal of Oceanology and Lim-nology. DOI：10. 1007/s00343 - 020 - 0078 - 6.

Huang X F，Zhao F，Song C，et al. ，2020b. Hatchery technology restores the spawning ground of phyto-philic fish in the urban river of Yangtze Estuary，China [J]. Urban Ecosystems，23：1087 - 1098.

（赵 峰 宋 超）

第十六章
CHAPTER 16
白洋淀"以渔养水"生态修复

第一节　发展历程

一、区域概况

白洋淀属海河流域大清河南支水系,由143个大小淀泊和3700条沟壕组成,总面积366 km²,平均年蓄水量13.2亿 m³,是华北地区最大的淡水湖泊,素有"华北之肾"的美誉(江波,2017)。白洋淀水域包括芦苇荡、沼泽、台田以及湖滨带等独特的自然地貌,是许多珍稀鸟类、鱼类、水生植物等野生动植物的重要栖息地。历史上,白洋淀有"九梢入淀""鱼肥蟹鲜,渔船如梭""人以水势汪洋故名,内出鱼藕以利军民"之称,白洋淀丰水年多,干旱年较少(朱金峰,2020)。但是,20世纪60年代以来,由于自然条件变化和人类活动等影响,淀区水源不足、水位不稳、水域面积不断萎缩,先后出现多次干淀现象,水域面积也从20世纪50年代的561 km²缩减到目前的366 km²,水资源开发率已高达166%。目前淀区补水主要依靠"引黄济淀"和"南水北调济淀"。同时,由于流域污染较重,20世纪80年代以后,淀区水质不断恶化,水体整体呈富营养化状态,水体生态系统破坏严重,白洋淀已不复以前景象(刘淑芳,1995;沈会涛,2008;王瑜,2011)。

以渔养水是以湖泊水环境保护和渔业资源可持续利用为主要目的,以现代生态学理论和社会经济发展规律为基础,根据湖群各湖区特定的资源环境特征,通过人工放养和增殖适当的土著经济水生动物,调控和优化水生生物群落和食物网结构,有效促进湖泊生态系统的物质循环与能量流动,达到既保护水环境又合理利用水体渔业资源的一种优质高效的渔业模式(谷孝鸿,2018)。该渔业模式围绕湖泊渔产潜力估算技术、名优水产品增养殖技术、可持续捕捞技术、生境修复技术、湖群功能分区渔业管理技术等核心技术,推动湖泊渔业向合理利用生物资源和生态空间的良性循环过渡,为湖泊渔业从传统高产型到优质高效型的结构性转变奠定基础。

我国湖泊渔业有着悠久历史,自20世纪50年代,我国湖泊渔业经过60多年的快速发展,历经天然捕捞、资源增养殖、规模化"三网"(网箱、围网和网拦)养殖等过程,湖泊渔业产量得到了大幅度提高,很多湖泊成为重要渔业生产基地,在解决土地资源紧张、水产品供应不足和"三农"问题等方面作出了很大贡献(赵思琪,2018)。然而,在片面追求高产和经济效益的过程中,湖泊超负荷放养、过度捕捞、大量施肥投饵、湖区滥围滥圈等不合理的渔业措施对天然水域环境造成了严重的负面影响,如水体富营养化加剧和生物完整性破坏等(叶碧碧,2011;张敏,2016)。我国人口、资源与环境之间的矛盾十分突出,水资源相对贫乏,决定了我国淡水渔业的根本出路在于以水环境保护为前提,对传统的湖泊渔业对象和结构进行调整和优化,将湖泊渔业的战略重点由传统的常规鱼类(草鱼、鲢、鳙、鲤等）转移到优质高价的名优水产品上来，发展健康生态渔业模式，建立环境友好的渔业系统。

二、存在的问题

白洋淀平均水深 3.6 m，有 12 万亩芦苇，属浅水沼泽型湖泊。区域内现有 39 个村落，有近 10 万乡镇居民，人均水资源量仅为全国平均水平的 8%，自然禀赋较差。20 世纪 80 年代以来，随着当地经济的快速发展，白洋淀区域的生态环境问题日益严峻。突出表现在以下几个方面：

1. 水资源严重短缺，干淀事件频发

白洋淀历史上丰水年多，干旱年较少，素有"十年九涝"之说。20 世纪 80 年代以来，在全球气候变暖背景下，白洋淀气候干旱，干淀频发。据统计，白洋淀 20 世纪 60 年代干淀 1 次，20 世纪 70 年代干淀 3 次，1984—1988 年曾连续 5 年干淀。除气候干旱的原因，人为因素也是导致白洋淀干淀的重要原因。随着流域内经济发展和人口增加，为满足用水需求，各地在入淀的主要河道上兴建了大中型水库 140 余座，导致主要入淀河流除拒马河外均出现季节性断流（张素珍，2007；贾毅，1992；弓冉，1993；温志广，2003）。另外，保定市人均水资源量远低于全国平均水平，地下水连年超采，水位快速下降，进一步加剧了白洋淀流域水资源的短缺。近十几年来，虽然通过多次跨区域调水（如"引黄济淀"工程），一定程度上缓解了干淀的问题，但仍然无法从根本上解决水资源紧缺问题。

2. 环境污染严重，水域富营养化问题突出

白洋淀从北、西、南三面接纳瀑河、唐河、漕河、潴龙河等 9 条较大的河流入淀，由于流域内工业以及淀区旅游业的发展，淀区水质逐年恶化。据《河北省环境状况公报》资料显示，2011 年白洋淀水质在 Ⅳ 类到劣 Ⅴ 类之间，2014 年有 6 个监测断面水质在 Ⅳ 到 Ⅴ 类之间。水体中的超标项目主要为高锰酸盐指数、五日生化需氧量、氨氮和总磷，属于有机污染类型（保定市水利局，2016；姜海，2003）。入淀河流输入性污染占 40%～60%，淀内生活污染、畜禽污染、水产污染占 20%～30%，内源污染 10%～20%。在入淀河流中，除拒马河水质较好（基本可达 Ⅲ 类）外，其余河流主要接纳流域内工业和生活废水，水质较差，其中府河的污染最为严重（孙添伟，2012）。

3. 生物多样性下降，水生生物资源衰退严重

历史上白洋淀水域辽阔、水质良好、生物资源丰富，尤以盛产鱼、虾、蟹、贝、芦苇而著名。20 世纪 60 年代之前，淀区水生物资源丰富，为淀区居民提供了大量的优质鱼类和水生植物（蔡端波，2010）。20 世纪 80 年代以后，随着淀区环境的恶化，生态种群结构遭到严重破坏，致使白洋淀的水生生物种群结构发生了明显变化，鱼类种类及数量不断减少，鱼类由 20 世纪 50 年代的 54 种减少至 2010 年的 30 种，2018 年 3 次调查显示种类最多仅为 27 种，洄游性鱼类基本消失或绝迹。浮游植物种类减少 28.6%，浮游动物减少 18%。浮游生物已由 129 个属减少到 92 个属，底栖无脊椎动物由 35 种减少到 25 种。维管束植物数量锐减，现已呈零星分布，20 世纪 90 年代之前能监测到的部分植被、生物群落已经不复存在（刘春兰，2007）。鸟类数量也降低到历史最低值，栖息鸟类种类大幅减少，一些鸟类已经绝迹。白洋淀整体生态功能退化，沼泽化、草型化。

第二节　主要做法

2017年4月，中共中央、国务院决定设立河北雄安新区，并把白洋淀划为核心区域，习近平总书记强调"建设雄安新区一定要把白洋淀修复好、保护好"。雄安新区建设是"千年大计、国家大事"，为贯彻落实总书记重要指示，农业农村部于2018年启动了"白洋淀水生生物资源环境调查及水域生态修复示范"项目，在中国水产科学研究院的组织下，统筹多方科研力量，发挥专业优势，经过近两年的努力，取得了初步的成效，适于白洋淀水域生态环境修复的"以渔净水、以水养鱼"模式逐步形成，生态修复示范效果引发社会广泛关注，为再现白洋淀"苇绿荷红、水清鱼肥"的美好生境提供了重要途径。

1. 系统开展资源与环境调查，摸清本底状况

在白洋淀流域"一区两库四河"开展春、夏、秋三个季节的水生生物资源环境调查与生境遥感监测，获取了调查水域的浮游植物、浮游动物、底栖动物、水生植物（包括入侵植物）、鱼类等资源组成和分布的定性和定量数据；获取了相关水域不同季节的水环境（22项监测/检测指标）及沉积环境（7项检测指标）数据；获取了2018、2019年度白洋淀流域整体水资源的调用状况、工业污染企业的治理现状、淀区生活污水及垃圾的处理状况，以及淀区周边各县区化肥、农药使用量状况等数据；获取了上游水库土地利用和水域形态变迁的历史数据（图16-1、图16-2）。

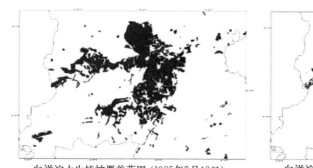
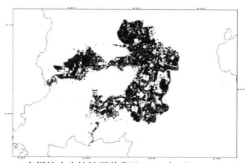

白洋淀水生植被覆盖范围（1985年7月18日）　　白洋淀水生植被覆盖范围（2017年6月16日）

图16-1　白洋淀水生植物覆盖范围对比

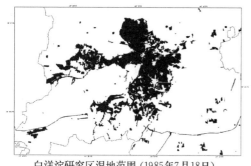
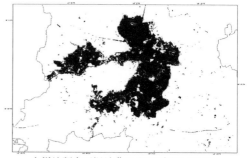

白洋淀研究区湿地范围（1985年7月18日）　　白洋淀研究区湿地范围（2017年6月16日）

图16-2　白洋淀研究区湿地范围对比

为了解白洋淀水面和绿地的变化情况，开展了生境遥感监测及评估（图 16 - 3）：研究制定了《白洋淀专项土地及水域利用分类体系》，分类体系共分 13 个一级类、25 个二级类，为白洋淀专项遥感监测和图像解译工作奠定了工作基础；对白洋淀流域水生生境进行遥感监测，共获取了遥感图像 47 景，制作淀区湿地、水生植被、土地和水域利用等专题图件 62 张。收集了 1984—2019 年上游水库多种类型的遥感图像 23 景，解译获取了不同年代上游水库及周边地区水域和土地利用面积和分布变迁情况，为从时间尺度上了解和掌握白洋淀湿地面积变迁情况积累了科学数据；制作了专题图件 40 幅，为实施白洋淀生态大保护提供了依据。

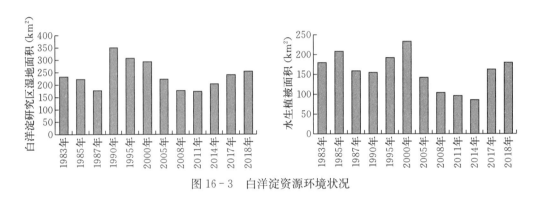

图 16 - 3　白洋淀资源环境状况

2. 开展流域性治理技术研究

（1）鱼类群落结构优化技术

基于营养盐供给的上行效应和基于食鱼性鱼类捕食的下行效应是调控湖泊食物网和各营养级生物量的主要途径，基于这种认识，营养盐的控制和食鱼性鱼类的放养已经成为湖泊生态修复的重要手段。

鳜的增殖主要通过选择优质亲本、调整放养数量及规格、选择适宜放苗地点、增加捕捞强度等方式，提高鳜的产量和渔产值；河蟹的放养通过调整河蟹苗种规格和来源、减少影响河蟹生长与存活的鱼类数量、保护和重建水生植被等措施，提高湖泊渔业生态系统的整体效益；团头鲂的放养需要增大苗种规格、保证苗种种质纯正、夏花冬片合理搭配、合理划分禁渔期和禁渔区等，并结合湖泊饵料生物资源的动态变化科学制定放养方案和管理措施。

渔产潜力评估是合理放养的重要依据，其实质是研究水体中不同营养级生物通过能量转化和利用后最终可形成渔产品的最大量，对于合理开发利用湖泊天然饵料资源具有十分重要的意义。通过水生生物资源调查和生物能量学方法，根据湖泊不同水生生物的生物量、P/B 系数（生物年生产总量与生物量比值）、饵料系数及饵料利用率等，可估算水域内不同食性鱼类和蟹类的渔产潜力，并在此基础上指导湖泊鱼类资源的合理放流与优化调控。以渔产潜力评估结果为依据的湖泊渔业调控，一方面可以更精确地实现饵料资源的多级利用，提高渔业产量和产值；另一方面也有利于维持水生生物群落结构的稳定与健康，实现湖泊生态系统的自我调控和完善。因此，进行增殖放流、鱼类资源结构优化等渔业调控管理工作时，应以水生生物资源调查和渔产潜力评估为前提和实施基础。

根据生态修复区现有生物种群结构和水域生产水平，增殖放流了鲢、鳙、黄颡鱼、黄尾鲴、翘嘴鲌、蒙古鲌、鳜、乌鳢、团头鲂、长春鳊、青虾、中华圆田螺、三角帆蚌、中华鳖等 14 种水生动物（表 16-1、表 16-2）。

表 16-1　2019 年鲥鮨淀鱼类苗种人工放流种类、目的、密度及规格

序号	放流种类	放流目的	放流密度（尾/亩）	苗种规格
1	鲢	滤食浮游生物，通过非经典生物操纵控制浮游植物，净化和保护水质	25.5	>100 g/尾
2	鳙	滤食浮游生物，通过非经典生物操纵控制浮游植物，净化和保护水质	8.5	>100 g/尾
3	黄颡鱼	利用底栖动物和虾类等饵料生物资源，丰富食物链层级	11.3	>2 cm/尾
4	鳜	利用中下层饵料鱼资源，通过经典生物操纵控藻，并控制底层扰动性鱼类	3.4	>3.3 cm/尾
5	乌鳢	利用中下层饵料鱼资源，通过经典生物操纵控藻，并控制底层扰动性鱼类	2.2	>3.3 cm/尾
6	翘嘴鲌	利用上层饵料鱼资源，通过经典生物操纵控藻，丰富食物链层级	4.1	>3.3 cm/尾
7	蒙古鲌	利用上层饵料鱼资源，通过经典生物操纵控藻，丰富食物链层级	3.2	>3.3 cm/尾
8	黄尾鲴	利用有机碎屑资源，丰富食物链层级，减少营养物质沉积	4.5	>2 cm/尾
9	团头鲂	适度利用沉水植物和底栖动物等资源，控制沉水植被过度生长	1.4	>25 g/尾
10	长春鳊	适度利用沉水植物和底栖动物等资源，控制沉水植被过度生长	3.1	>25 g/尾

表 16-2　2019 年鲥鮨淀螺、贝、虾、鳖苗种人工放流种类、目的、密度及规格

序号	放流种类	放流目的	放流密度（只/亩）	苗种规格
1	三角帆蚌	滤食浮游生物，通过非经典生物操纵控制浮游植物，净化和保护水质	9.4	>6 cm/只
2	中华圆田螺	利用有机碎屑和着生藻类等资源，净化和保护水质	51.3	>0.8 g/只
3	青虾（日本沼虾）	利用有机碎屑和着生藻类等资源，保护和恢复白洋淀土著经济物种	205.1	>0.5 cm/只
4	中华鳖	利用中下层饵料鱼资源，保护和恢复白洋淀土著经济物种	1.8	>10 g/只

（2）可持续捕捞管理技术

通过规定适宜的捕捞空间、捕捞时间、捕捞对象和渔具渔法，避免过度捕捞，实现湖泊渔业资源的保护和可持续利用。捕捞水域的确定应避开重要渔业对象的主要产卵场、育幼场和越冬场，起捕规格的确定应考虑渔业对象的生长速度、最小性成熟年龄及体长，捕捞限额的确定应考虑渔业对象的资源状况和种群单位补充量。同时，对渔业对象的捕捞应根据生物学特点进行，如河蟹在秋冬季生殖洄游期可以较完全地回捕，鳜则可在除生殖期外的其他时期捕捞。还可通过捕捞把不利于主养品种存活和生长的鱼、虾种群规模控制在较低水平。如

每年3—7月以"迷魂阵"捕捞克氏原螯虾（此虾与河蟹有食物和空间竞争关系），缓解竞争压力，有利于河蟹的成活和生长。再如鲤，因其在生态学上有多种负面效应（摄食底栖动物，与河蟹有食物竞争，使沉积物再悬浮而对水体浑浊度具有实质性的影响等），且市场价格较低，因此可在其生殖季节大量捕获。

（3）栖息生境营造技术

栖息生境营造主要关键点是人工鱼礁，设计原理与海洋牧场的原理相接近，现代海洋牧场是一种基于生态系统的利用现代化技术支撑、采用现代管理理论与方法进行管理，最终实现生态健康、资源丰富、产品安全的海洋渔业生产方式。

白洋淀人工鱼礁主要针对底栖性鱼类的恢复，底栖性鱼类大部分是以肉食性为主的杂食性鱼类，食物包括小鱼、虾、各种陆生和水生昆虫（特别是摇蚊幼虫）、小型软体动物和其他水生无脊椎动物，食性随环境和季节变化而有所差异。小规格的底栖性鱼类主要摄食桡足类和枝角类，长成后主要摄食浮游动物以及水生昆虫。8 cm以上个体，摄食软体动物（特别喜食蚯蚓）和小型鱼类等。

底栖鱼类如黄颡鱼，白天栖息于水体底层，夜间则游到水体上层觅食，对水质的要求很高。因此，将白洋淀人工鱼礁结构上设计为拼装结构，以组合成不同的形状。人工鱼礁以生物质填料为基材，通过模块化设备加工而成，是一种表面粗糙多微孔、空隙率高、自带弱碱性、对低浓度磷酸盐有较好的物理吸附化学络合作用且易于微生物附着生长的模块化材料。生物质模块填料的尺寸规格为：900 mm×900 mm×120 mm，模块中心区域设置一个直径220 mm的圆形主孔、围绕主孔均匀分布了8个直径110 mm的圆形辅孔，以确保模块化填料主体结构的水流通透性和接触面积。生物质模块填料设置耦合型插槽，便于组合铺装，可根据实际应用的需求进行多块生物质模块填料的拼装组合。生物质模块填料的比表面积高达9.7 m²/g，抗冲击负荷，易于吸附污染物，填料上生物膜存在合理的梯度分布，污泥龄长，具有良好的生物亲和性，强化厌氧、硝化、电子功能传递。制作过程中，保证一定的孔隙率，以便于生物膜的生长，同时为底栖性鱼类鱼卵附着提供场所，材质上附着的原生动物以及小型底栖生物可以为底栖性鱼类提供饵料（图16-4）。

图16-4　复合人工鱼礁

（4）层级养护技术

多营养级组合增殖与养护是我国湖泊渔业可持续发展追求的模式，通过定量分析湖泊食物网结构及营养动力学特征，掌握不同生态类型的鱼类在食物网中的作用和功能，精准调控不同生态类型鱼类的种群规模与结构。在实践中，开展滤食性鱼类（鲢、鳙）、碎屑食性鱼类（黄尾鲴、花鲭）、食鱼性鱼类（鳜、鲌、黄颡鱼）和杂食性甲壳类（河蟹、青虾）等多营养级组合种类放养与捕捞管理，建立以水质保护和优质产出为目标的多营养级渔业利用模式。通过查明重要土著经济种类（鲤、鲫、鳜、乌鳢、鲌、鲇、黄颡鱼、团头鲂、青虾、中华鳖等）的产卵条件、产卵场分布及产卵群体生态需求，建设不同形式的人工鱼巢和其他助产设施，降低人工增殖放流的成本和强度；确立相应的禁渔区、禁渔期、最小捕捞规格和捕捞限额。

3. 建立白洋淀"以渔养水"工程模式

（1）"以渔控草"工程

对白洋淀不同植被盖度区域进行分区差异处理，将草鱼置于封闭式网笼中，以放牧形式实现对指定区域沉水植物过量生长的有效控制。每个鱼笼使用大孔径的围网，使沉水植物容易进入鱼笼中，从而便于草食性鱼类的摄食。初步设计每4个鱼笼通过固定支架进行镶嵌式组合，且网笼通过漂浮物悬浮水面，便于随时移动（图16-5）。

对不易建设围隔的区域选用对水生植物摄食强度较小的杂食性鱼类，在实际操作过程中，风险较小。依据目前白洋淀实际情况，主要杂食性鱼类有鲤、鲫和黄颡鱼。其中黄颡鱼为偏肉食性的杂食性鱼类；而鲫主要是以植物为食，个体较小；鲤对动物性和植物性食物的摄食均较强。

（2）"水下森林"营造工程

通过调整水温、控制水位、改变茎插方式、选择培养土等方式，形成了篦齿眼子菜

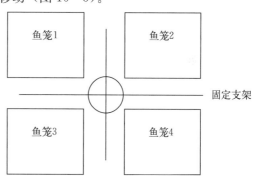

图16-5 草型淀草食性鱼类控草网笼

直接扦插方法，具体实施步骤为：选取颜色鲜绿、生长健壮的篦齿眼子菜，从叶顶端向下截取35～40 cm，用清水冲洗3～4次，选择湖泊底泥和黄土的混合物作为培养土，将得到的外植体的茎插入培养土中，放入盛有天然湖泊水的水池中进行培养，保证水池中的水没过容器，池水的深度为0.4～0.5 m，外植体的茎插入培养土中的长度为15～20 cm，且外植体的分枝处插入培养土的深度为4～6 cm，株距为8～10 cm，种植密度为10～20株/m²，培养5～8天后向水池中加水至水深0.8～1.2 m，继续培养5～8天后即作为种苗移栽。篦齿眼子菜直接扦插繁殖方法操作简单，成本低廉，生根率为99%以上，移栽成活率为99%，且扦插篦齿眼子菜长势良好。

在水体光照较差、水深较深的水体中恢复水生植被，可优先选择有冠层种类；而在水体较浅、水质较好水体中可选择无冠层种类。不同沉水植物耐污能力不同，需要根据修复区域水质情况进行选择。一般而言，穗状狐尾藻、轮叶黑藻和金鱼藻等广布物种，耐污能力都较强；竹叶眼子菜也具有一定耐污能力，且茎的柔韧性强，一般可在流水环境或风浪较大区域种植；而苦草和黄花狸藻等沉水植物为清洁水体指示物种，耐污能力最差，可在水体水质有所提升以后进行人工增殖。不同水生植物的季节动态也较为明显，菹草一般在秋冬季节萌发生长，群落生物量在春季达到最大，而夏季全部消亡；其他沉水植物一般春季萌发，秋季生物量最大，冬季消亡。因此在不同季节可选择不同的沉水植物进行"水下森林"营造。

（3）"以螺改底"工程

螺类是湖泊、河流等淡水水体中常见的底栖动物，是水生生态系统的重要组成部分。螺类等底栖动物在水底的活动可造成底泥再悬浮，促进氮、磷营养盐向水体释放，影响沉积物营养盐通量；而释放的氮、磷营养盐又被藻类利用，螺类通过摄食藻类、有机碎屑、小型无脊椎动物以及高等水生植物碎片从而促进水体净化；螺类等底栖动物的分泌物可使水体中的颗粒悬浮物迅速絮凝为团状而沉降，对降低水体悬浮物含量、提高水体透明度有着显著作用。在白洋淀水草丰富的区域放养环棱螺 250 kg/亩，能够有效地改善底泥环境，分解过量有机碎屑，加速生态系统的物质循环过程。

（4）鱼类产卵场建设

为保护上游库区土著物种的生存环境，提高物种多样性，控制外源性污染和潜在入侵水生动物，在鱼类资源增殖区开展关键物种栖息地生态工程建设，营造关键物种适宜生存环境；在滨岸带开展关键物种人工产卵场建设，提高关键物种资源补充量，开展建设沿岸带生态防控网、生态浮岛、生物防控栏、人工鱼巢等设施，安装浮床 1 500 m，种植挺水、浮叶、沉水等植物 4 000 m²，建设沿岸带生态防控区。

生物防控网总长为 600 m，高度为 15 m；上端配置浮球，底部配置专用配重，单个配重坠为 60 g（图 16-6）。生物防控网采用聚乙烯材料，单根线为 12 股，网孔孔径为 40 mm。安装在围隔外侧，并等距固定在围隔边缘。

图 16-6　生物防控网

人工鱼巢总设计面积为 7 500 m²，分 3 种载体制作。3 种不同载体分别是：棕榈皮载体、仿真水草载体、超细纤维填料载体（图 16-7）。每种载体分别做三层，即表层、中层和底层，用于对比这三层载体挂卵情况。表层深度为水面以下 0.5 m；中层深度为水面以下1.5 m；底层深度为底泥以上 0.5 m。

漂浮式人工鱼巢是由 100 个 5 m×15 m 的模块组成。单模块两端以自制的漂浮机构为主体，两漂浮机构之间用有浮球的绳子连接在一起，绳子的间距为 1 m（图 16-8）。鱼巢挂卵载体用直径为 4 mm 的尼龙绳串联在一起，下端挂配重块，然后再固定在带有浮球的连接绳上（图 16-9），其余模块依次按照上述步骤操作，最终组装完成即可。

沉底式人工鱼巢是将载体固定在绳子上，下端配置重块（多孔砖），上端配有小浮球（直径 50 mm 左右的 PVC 浮球），然后再整体放置在指定区域（岸边浅水区），确保载体悬浮在底泥以上 50 cm 左右的位置（通过绳子长短来控制）（图 16-10）。

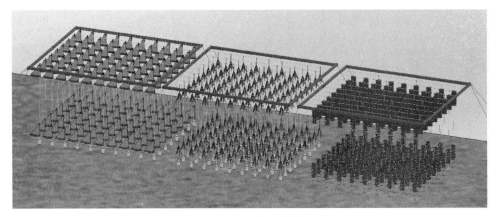

图 16-7　人工鱼巢

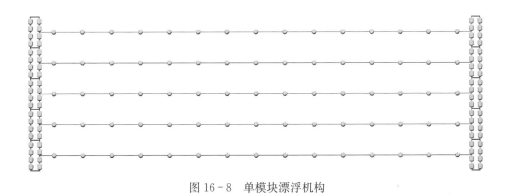

图 16-8　单模块漂浮机构

图 16-9　漂浮式人工鱼巢单模块

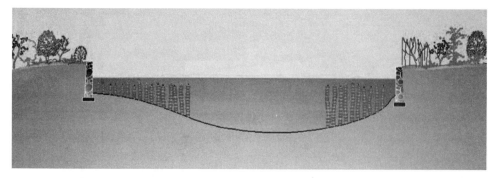

图 16-10　沉底式人工鱼巢

（5）入淀河流生态修复

根据上游河流主要鱼类生态需要和周边面源污染控制要求，在上游河流重要鱼类活动区建设具有鱼类生长繁育、外来物种防控、污染净化等功能的复合人工生境系统，形成河道生态走廊示范模式（朱浩，2010）。

入淀河流生态修复区主要由污染处理区、栖息生境区、生态屏障区组成。污染处理区由藕塘组成，主要利用水生植物处理富营养水体；栖息生境区由相通的斑块化湿地组成，湿地深水区中放置人工鱼礁，主要为土著鱼类提供栖息场所；生态屏障区由垛田组成，通过不同结构形成的壕沟实现富营养化水体的净化和屏障。

① 地形改造，清淤清草。对生态修复区内杂草、淤泥进行清理，保留四周河道及水生植物，清淤土方堆筑河埂，并种植挺水植物固化河埂；清理后杂草异位处理；对生态修复区进行土方改造，构建污染物截留区和栖息生境区。

② 改造泵站，控制水位。在生态修复区进水口位置进行泵站改造。放置两台轴流泵，用于提升入淀河流流入生态修复区水量，保持生态修复区内常年固定水位。

③ 构建生态坡岸。根据区域立地条件和生境多样性原则，结合护坡稳定和安全的要求，区域护坡设置3种不同的坡降比，分别为1∶7、1∶4和1∶3。

④ 植被恢复。植被恢复工程中选择的植物应有利于发挥湿地净化功能，能够提高生物多样性，适合当地种养，同时兼顾景观效果（朱浩，2011）。

由陆地向水面方向根据坡降比的差异分别配置挺水植被带（主要包括芦苇、野茭白等）、沉水植被带（主要包括轮叶黑藻等）和浮叶植被带（主要包括芡实等）。

⑤ 构建人工鱼礁。定制2种不同的人工鱼礁，为不同种类的鱼类提供多种流速的水文环境，为洄游性生物提供洄游通道，营造多样性的栖息生境。

⑥ 放养鱼类，构建生态系统。根据鱼类不同的食性特点，增殖放流土著鱼类，使这些鱼类在养殖过程中相互捕食与竞争。

（6）水草筏架种植工程

筏架种植结构为大型水域深水种植水草的筏架，主要包括支撑杆、种草绳、配重块、浮子、调节杆等（图 16-11）。支撑杆直立插在水域的底泥中，并用固定绳斜拉支撑杆进行固定，防止支撑杆在风浪的作用下倾斜。两根支撑杆各自与种草绳（用网眼较小的渔网或拦网绕成的直径30～40 mm的粗绳）的一端连接，种草绳长度略超过两根支撑杆之间的间距，再将狐尾藻、苦草等沉水植物（仅依靠水体中营养盐即可生长）的根须多次缠绕在种草绳的网孔中进行固定。再沿种草绳不同位置，每隔一段距离通过吊绳连接浮子，吊绳的长度可调；沿种草绳不同位置，每隔一段距离通过一坠绳连接一配重块。

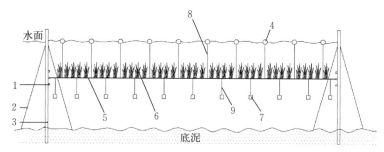

图 16-11 筏架种植结构

1. 调节杆 2. 固定绳 3. 支撑杆 4. 浮子 5. 种草绳 6. 水草 7. 配重块 8. 吊绳 9. 坠绳

水草离水面太近，阳光直射会导致水草死亡，而水草太深会导致无法获取光照，也会导致死亡。浮子和配重块主要用于调节种草绳在水中的平衡，从而维持种草绳及水草在水中的深度。但由于水草的不断生长，草叶增多，浮力不断增大，配重块与浮子之间的平衡随时间推移被打破，因此，水草生长一段时间后需要更换较大配重块，重新维持种草绳及水草在水中的位置。

由于湖泊水位会发生季节性变化，种草绳及水草离水面高度进而改变，因此需要调节种草绳的位置。而调节杆可以分为多个档次，在不同水位时调节种草绳到合适位置，进而保持水草的最佳生长位置。

（7）壕沟清理与植被恢复工程

针对目前壕沟淤塞导致水体流速降低、纳污自净功能减弱的现状，规划采取疏浚壕沟、沟通水系的方式，提高水体流速，改善鱼类栖息生境，提高物种多样性。北部连通小三角淀，使淀区水体南北方向畅通，提高水体自净能力。

通过清理疏浚提升淀区壕沟湿地系统的净化和涵养功能，扩大壕沟湿地的面积，形成可以吸纳淀区水体底质中营养盐的缓冲带。通过清理壕沟底部的长年未腐烂的芦苇根、浮草、沉积物垃圾，提供水生植物所需的生长条件，恢复壕沟水生植被。

对目前已产生的壕沟内部水体污染物和沉积物，规划采取清除底泥和垃圾的措施以达到移出富营养沉积物、减少沉积物毒性的目的。后续规划设计过程中应探明底泥分布情况，并了解底泥有机质含量及其释放状态，根据不同情况区别对待，分别采取疏浚、治理、保留和保护等不同措施。

采取了以上措施之后，在内部水体周围种植沿岸水生植物带和水岸湿生植物带，并将以现有沉水植物为基础的 6 条壕沟区域整体改造成沉水植物种质保护区，起到恢复湿地生态平衡与多样性的目的（朱浩，2013）。

植物的种植尽量选用本地植物种类和水体净化植物。重点引入本地特色经济物种，如苦草、菹草、大茨藻、眼子菜等，同时引入环境指示物种作为环境变化监测的指标。

在种植时应考虑群落系统的种间关系，以形成体现自然湿地系统的植被类型，如芦苇群落、荷群落、莲群落、菱群落、水葱群落、茭笋群落、慈姑群落等。

第三节 取得成效

构建上游水库生物操控试验示范区，示范区的水质在3—5月处于贫营养状态，6—8月处于中营养状态；生态修复区的生物多样性指数、均匀度指数、丰富度指数均有不同程度的增加。沿岸带生态防控区、生态浮岛、生物防控栏的建设，使示范区的水质明显提升。

种质保护区水生生态系统的自我净化能力明显提升，水生生物资源恢复到合理状态。保护区生物多样性提升20％以上，种质区的水质恢复为Ⅲ类水，明显优于修复前；水质综合营养状态指数为54.06，明显低于修复前，且水质为轻度富营养状态，有向中营养转变的趋势；种质区的生物多样性指数、均匀度指数、丰富度指数均有不同程度增加。

"脱氮除磷"水质修复示范工程实现化学需氧量下降28.79％、总磷下降25％、总氮下降30％、透明度提高18.92％等良好效果；另外"微生态调控"示范工程实现了透明度提高112.12％、浊度降低48.45％、总磷降低55.56％、化学需氧量降低36.54％等良好效果。在淀区实验区域，开展了"水下森林"营造技术示范工程。

水体总氮、总磷、氨氮、高锰酸盐指数、五日生化需氧量、石油烃等水质指标分别维持在1.0 mg/L、0.1 mg/L、0.5 mg/L、9.0 mg/L、4.0 mg/L、25 μg/L以下，主要水质指标处于地表Ⅳ类之内，鲫鲹淀综合污染指数恢复到轻度污染状态，达到了预期目标。

淀区水草得到有效控制，水面漂浮死亡杂草减少80％以上，水面青碧；生物种群结构得到优化，多样性增加20％以上，鱼类清洁指示种明显增多；鱼类结构得到改善，计划年持续捕鱼150 t；壕沟自净能力明显提升，鱼类栖息环境得到改善。

第四节 经验启示

白洋淀"以渔养水"生态修复的初步成功表明，"以渔养水"对于建设水域生态文明、保障优质水产品供给、推动产业融合、促进渔民增收等有重要作用。为了更好地推进"以渔养水"的科学发展，应按照"创新、协调、绿色、开放、共享"发展理念，以实施乡村振兴战略为抓手，以满足人民对优美水域生态环境和优质水产品的需求为目标，按照"生态优先、资源恢复、产业升级"的绿色发展思路，全面实施"以渔养水"生态修复，有效发挥"以渔养水"的生态服务功能，加快体制机制创新，强化科技支撑作用，走出一条水域生态修复与渔业生产相协调的高质量绿色发展道路。

1. 开展资源环境调查与潜力评估，发挥资源环境调查功效

白洋淀生态修复项目建立了水生生物资源种类组成、数量分布、栖息生境等基本信息数据库。结合白洋淀水域浮游植物、浮游动物、游泳生物、初级生产力、水质理化指标等常规监测的基础数据，确定了白洋淀水体水生生物增殖放流适宜种类。结合滤食性鱼类食性等，明确了滤食性鱼类增殖潜力、适宜放流量和种类搭配比例，提出了白洋淀水域增殖放流规划，补充白洋淀水生生物种类和数量，加强了水生生物资源跟踪监测与放流效果评估，有效地促进了白洋淀水生生物资源的养护与恢复。

以上研究方法将扩展到白洋淀流域乃至整个华北地区，继续开展水域生物资源环境、功能定位、渔业方式等调查评价，研究建立生物资源多元评价体系，评估重要水域渔业资源的结构特征和开发潜力；研究完善水域生态风险评估方法，分析主要污染来源、污染生态过程及对生态系统的影响等。同时，研究分析不同水域的功能定位、发展规划、渔业方式和社会发展要求等，制定华北地区乃至全国的"以渔养水"增殖容量标准和技术规范，建立主要流域的综合信息动态数据库，为全国水域渔业资源的养护和利用提供科学指导。

2. 完善渔业资源养护技术，让"以渔净水"再放异彩

白洋淀"以渔净水"创立了水生生物生态屏障构建、关键水生物种栖息生境营造和水生生物分级养护三大"以渔净水"核心技术。研制了以生物沉降拦截为主的垄沟湿地、以污染物净化为主的微生物固定化立体生态浮岛，形成了适宜白洋淀区域的多层次水生生物生态屏障技术。通过生态坡岸工程建设、漫滩生态系统构建、湿地生态系统恢复，建立了对应产卵场、越冬场、索饵场和栖息地等不同区域的生境营造技术。通过与消落带挺水植物搭配，结合水生生物监控保护、合理配置、生态预警技术，实现了淀区水生生物区域分级养护。通过系列修复水体技术研究，建立了适合白洋淀水域生态系统结构重建、生物群落结构完善与优化、功能恢复与适应性管理的技术体系。促进了白洋淀水生生物资源的保护与利用、生态环境的改善与修复、生产功能的服务与产出、生态系统的平衡与稳定。

在前期研究基础上，应系统开展白洋淀水域渔业资源种群动态、食物网演变特征、种群衰退与恢复机理等基础理论研究，开展水生生物资源养护措施和效果评估，突破衰退渔业种群及生态关键种规模化苗种培育、种质保障和增殖放流的技术屏障，提出增殖放流规划，建立增殖放流的技术、方法和标准，加强对"以渔养水"的效应评估；提出重要经济鱼类和其他品种最小可捕标准，制定幼鱼资源保护管理制度，研究重要濒危物种人工繁育、救护保护、驯养繁殖和保护等关键技术，恢复水域生物多样性和完整性。

3. 优化"以渔养水"技术，为水域生态修复提供解决方案

以保护白洋淀水环境为前提，对淀区渔业功能合理定位，合理规划白洋淀流域渔业功能区，确定不同水域的环境容纳量。持续加强重点渔业水域监测力度，扩大监测范围，完善监测网络，在经济鱼类和土著鱼类主要洄游通道、产卵繁殖场、索饵场、越冬场实施生态环境动态监测，及时掌握渔业水域生态环境变化；重点研究鱼类栖息地人工生境营造与人工替代栖息地构建技术。研究水生食物链（网）优化构建、生境营造、生态屏障构建、生物层级养护等关键技术，优化生态系统结构。研究不同水域的生态结构和鱼类资源变化规律，研发关键鱼类资源量调控技术，优化增殖放流、围隔牧养、生物操控、外来物种防控等生态渔业技术；研发定向捕捞、机械作业、精准监控、智能管理等高效生产技术及设施设备，制定"以渔养水"操作规程，不断提升白洋淀"以渔养水"模式水平。

开展白洋淀"以渔养水"水域生态修复试点推广工作，综合运用净水渔业技术、生态工程化修复技术进行试点研究与示范，发挥生物净水技术在水域生态环境治理中的独特作用，探索水域生态修复模式，评价生态修复效果，将白洋淀打造为"以渔净水"生态修复模式的成功案例，总结相关的经验和方法，推广到国内其他重要湖泊，为落实和推进我国生态文明建设提供长期稳定的技术支撑，为建设蓝绿交织、清新明亮、水城共融的生态城市贡献渔业中坚力量。

4. 加强"以渔养水"管理体系建设，让白洋淀成为生态渔业典范

针对白洋淀水域生态系统破坏、生态功能日益衰减等问题，开展不同类型水域生态系统健康标准的界定，筛选评价指标，特别是生物完整性指标在水域生物群落多样性评价中的应用，选择合适的生态系统健康评价方法，开展水域生态系统健康评估。根据不同水域重要资源种群变动趋势及主要环境驱动因素，明确生态系统健康维护目标，从资源生态特性和社会经济发展方面确定区域资源养护和利用的原则、管理措施和制度，构建"以渔养水"资源生物重建和适应性管理理论框架。此外，还应根据"以渔养水"生态渔业发展目标、技术要求和标准，研究适合白洋淀水域的资源养护、增殖放流、捕捞和环境容量等的综合管理技术规范；研发"以渔养水"退化诊断、生态修复监测、修复效果评估等的综合评价技术规程；研究病害防控、外来物种阻隔、全程机械化、精准监控的管理方法，运用"以渔养水"的物联网、大数据、人工智能等现代信息化管理技术等，构建"以渔养水"标准化和规范化管理技术体系。

我国湖泊生物资源的衰退与水体污染已成为制约湖泊渔业可持续发展的重要因素，湖泊渔业资源增养殖和渔业环境修复是重要的解决途径。湖泊渔业应由传统的"以鱼为中心"转移到"以水为中心"的观念上来，以水质保护为目标确定渔业的环境容纳量，提出适宜的渔业方式和渔业规模，强调种群资源补充和增殖放流在水生生物资源养护中的重要作用，修复和重建受损的水生态系统结构与功能，实现"鱼水和谐、共同发展"，保障湖泊渔业与生态环境的协调发展。

参考文献

蔡端波，肖国华，赵春龙，等，2010. 白洋淀底栖动物组成及对水质的指示作用 [J]. 河北渔业（3）：27-28.

弓冉，1993. 白洋淀水量变化原因分析 [J]. 地理学与国土研究，9（2）：36-40，49.

谷孝鸿，毛志刚，丁慧萍，等，2018. 湖泊渔业研究：进展与展望 [J]. 湖泊科学，30（1）：1-14.

贾毅，1992. 白洋淀环境演变的人为因素分析 [J]. 地理学与国土研究，8（1）：31-33.

江波，陈媛媛，肖洋，等，2017. 白洋淀湿地生态系统最终服务价值评估 [J]. 生态学报，37（8）：2497-2505.

姜海，2003. 白洋淀区域环境问题研究 [D]. 天津：天津大学.

刘春兰，谢高地，肖玉，2007. 气候变化对白洋淀湿地的影响 [J]. 长江流域资源与环境，16（2）：245-250.

刘淑芳，李文彦，文丽青，等，1995. 白洋淀浮游植物调查及营养现状评价 [J]. 环境科学，16：11-13.

沈会涛，刘存歧，2008. 白洋淀浮游植物群落及其与环境因子的典范对应分析 [J]. 湖泊科学，20（1）：773-779.

孙添伟，陈家军，王浩，等，2012. 白洋淀流域府河干流村落非点源负荷研究 [J]. 环境科学研究，25（5）：568-572.

王瑜，刘录三，舒俭民，等，2011. 白洋淀浮游植物群落结构与水质评价 [J]. 湖泊科学，23（4）：575-580.

温志广，2003. 白洋淀湿地生态环境面临的危机及解决措施 [J]. 环境保护（9）：33-35.

叶碧碧，曹德菊，储昭升，2011. 洱海湖滨带挺水植物残体腐解特征及其环境效应初探 [J]. 环境科学研究，24（12）：1364-1369.

张敏，宫兆宁，赵文吉，等，2016. 近30年来白洋淀湿地景观格局变化及其驱动机制 [J]. 生态学报，36（15）：4780-4791.

张素珍，田建文，李贵宝，2007. 白洋淀湿地面临的生态问题及生态恢复措施 [J]. 水土保持通报，

27（3）：146-150

赵思琪，代嫣然，王飞华，等，2018. 湖泊生态系统健康综合评价研究进展 [J]. 环境科学与技术，41（12）：98-104.

朱浩，刘兴国，裴恩乐，2010. 大莲湖生态修复工程对水质影响的研究 [J]. 环境工程学报，4（8）：1790-1794.

朱浩，刘兴国，吴宗凡，等，2013. 上海市大莲湖生态修复区富营养化评价及氮磷平衡研究 [J]. 水土保持通报，33（6）：157-160.

朱浩，张拥军，裴恩乐，等，2011. 大莲湖生态修复工程对浮游植物群落结构的影响 [J]. 环境工程学报（10）：2391-2395.

朱金峰，周艺，王世新，等，2020. 白洋淀湿地生态功能评价及分区 [J]. 生态学报，40（2）：459-472.

（刘兴国　谢　骏　陈家长　朱　浩　李志斐　孟顺龙　陈晓龙）

第十七章

千岛湖保水渔业

第一节 发展历程

千岛湖（新安江水库）位于浙江省淳安县境内，经纬度坐标为东经 118°34′—119°15′、北纬 29°22′—29°50′，是 1959 年新安江水库大坝建成后形成的巨大人工湖，其中新安江是最主要的入库地表径流，占入库地表径流总量的 60% 左右。千岛湖既是一座山谷型水库，具有湖泊型水库的典型性状，兼有发电、防洪、旅游、养殖、航运及工农业用水等多种功能，同时又是我国东部地区为数不多的良好饮用水源地。但是，伴随着社会经济的发展，输入千岛湖水体的营养物不断增多，以及当地群众对渔业资源的过度捕捞等原因，千岛湖水体生态系统呈富营养化的趋势，已引起社会各界的关注和重视。尤其是 20 世纪 80—90 年代，大规模的网箱养殖遍布湖面，每年几万吨的饲料撒进湖里，虽然富了部分百姓，却污染了湖水。水体营养物质大量积累，导致蓝藻大量繁殖，水体遭到污染，水质下降。

千岛湖水体藻类的异常增殖引起了水体透明度下降以及水产品异味等问题。1998—1999 年千岛湖中心湖区和威坪水域发生了大面积的季节性蓝藻水华（韩晓霞，2013），2004—2005 年威坪库湾又出现曲壳藻异常增殖，2007 年在坪山水域出现水华束丝藻异常增殖，2009 年安阳水域出现曲壳藻异常增殖，2010 年发生较大范围的鱼腥藻异常增殖，严重影响了水体的透明度，显示了生态灾害的破坏力（朱广伟，2013），水环境及生态问题日趋凸现（韩伟明，1996；吕唤春，2002）。

1998 年，由中林森旅控股有限公司与淳安县共同投资设立的杭州千岛湖发展集团有限公司，承担起千岛湖水生态保护修复的光荣使命。公司成立以后，制定了严格的渔业法规，建立了全方位的立体打防体系，多管齐下，形成一套"以渔护水、以人护渔"的长效机制。他们增加鲢、鳙的投放量，通过鲢、鳙来抑制水库内藻类的生长，达到了净化水质的目的。鲢、鳙经过多年的自然生长，将水中的氮、磷等营养物质转化为鱼体蛋白质，还能有效提高水体的生物自净能力，实现经济发展与环境保护的统一。

"以渔改水"是湖泊富营养化治理过程中提出的一个概念，其核心是基于食物网原理利用鱼类生物操纵进行富营养化湖泊生态修复的措施。改水不仅可以控制藻类密度，还可以改善水生生态系统结构。"以渔改水"从物质流动的角度可以实现水质保护，从水中提取出磷等植物营养物质，减少其在水层环境中的负荷，提高水的纯净程度并延长湖库的寿命。Shapiro 等提出"渔业操纵"概念，并定义为在湖泊、水库水体中，通过鱼类的添加或移除建立完备的食物网和高效的牧食链，从而实现改善水体水质状况和优化水生态结构的目的。Meijer 等认为，在湖泊外源污染被截断，现有的修复措施不能有效降低营养盐的情况下，生物操纵可以加速湖泊修复过程；但是相对来说，小型湖泊较为容易，大型湖泊（＞1 000 hm²）较为困难。事实证明，渔业操纵是最经济的水体修复措施。

水域生态系统的动态平衡受上行效应（bottom－up effects）和下行效应（top－down effects）的双重调节。肉食性鱼类是湖泊生态系统中主要的顶级消费者，其捕食作用通过下行效应影响湖泊鱼类及其他生物群落，甚至影响水体理化因子，从而影响整个湖泊生态系统的结构和功能。肉食性鱼类捕食压力增加，使食浮游动物的饵料鱼类密度减少，浮游动物密度增加，浮游植物数量减少，从而使水体的叶绿素浓度和初级生产力降低。国外研究表明，放养肉食性鱼类可以改变湖泊水质。

富营养化湖泊中发生水华是持续性的过程，研究表明，当每升水体中蓝藻数量超过 8×10^7 个时，浮游动物不能有效摄食蓝藻，繁殖力也随之下降。要实现富营养化水体中营养物质的最少转化，仅靠肉食性鱼类食物链调控是不够的，此阶段营养物质的输入速度远超过了长牧食链的自然调控过程，需要增加短食物链的滤食性和底层杂食性鱼类如鲢、鳙等，直接摄食蓝藻等浮游藻类，实现初级生产力的快速有效转化，以抑制富营养化趋势，稳定水质。

鲢、鳙是我国湖泊食物网结构区别于国外湖泊的最显著特征。关于鲢、鳙是否能控制藻类过度增长，学术界有不同观点，但不可否认的是，鲢、鳙的增殖放流确实快速地从湖体中移除了氮、磷等营养物质。刘其根等也认为，在点源污染得到有效控制的水体中，利用鲢、鳙控制富营养化水体的藻类过度增长是可行的。

目前，针对湖泊富营养化的状态，实施"以渔控藻"渔业改水措施是以鲢、鳙增殖放流为主的非经典生物操纵。"以渔控藻"渔业改水最成功的是武汉东湖，中国科学院水生生物研究所的科研人员在 28 km² 的湖区中放养鲢、鳙完全消除蓝藻水华达十几年之久。卢子园在淀山湖围隔试验中发现，鲢、鳙对水质的恢复起到了积极的作用，鲢、鳙 80 g/m³ 密度时对亚硝态氮、总氮浓度的降低以及水体透明度的提高最有效，且蓝藻数量明显降低（2010）。谢松光发现鲢、鳙在一些湖泊的鱼产量中常可占 40％以上，如武汉东湖鲢、鳙产量占 90％以上，滆湖鲢、鳙产量占 45％以上，千岛湖鲢、鳙产量占 50％以上，在这些湖泊水体中鲢、鳙控藻实验的实际状况证明其具有较好的遏制蓝藻水华的效果。此外，滇池、阳澄西湖等湖泊中也进行了相关的鲢、鳙控藻实验或放流调控，均取得了较明显的控制蓝藻等大型藻类的效果。国外学者也在诸多富营养化的湖泊水库中试验了非经典生物操纵技术的可行性，其中有失败也有成功的案例，例如在法国的 Villerest 水库和德国的 Saidenbach 水库中放流鲢、鳙后，浮游藻类的数量并未下降；但在美国佛罗里达州的 Apopka 湖和巴西的 Paranoa 湖中，蓝藻等大型浮游植物的数量明显得到滤食性鱼类的控制。

综上所述，非经典生物操纵可以成功运用到各类富营养化水体中，尽管有时会受限于滤食性鱼类密度或大型浮游动物数量等因子而难以达到预期调控效果，但该理论在经典生物操纵技术无法实施的富营养化水域，一定程度上可以实现控制蓝藻水华生物量的目标。

第二节 主要做法

保水渔业是于 2000 年起在千岛湖开展的以人工放养鲢、鳙和控制凶猛鱼类为主要措施的渔业试验。通过渔业的合理利用（放养或捕捞适当的鱼类种类及其数量），水体中的鱼类群落结构更趋合理，使其更适合受胁迫生态系统的物质循环和能量流动，有望缓和甚至抵消外界干扰对水体的影响，从而有利于水环境的稳定。目的是使千岛湖食物网结构更趋合理，有利于营养物的再循环和再利用，从而增强水体对营养物的净化作用。

1. 划定资源增殖区，计算渔产力，恢复重要鱼类生境

资源增殖区是在大型水域划定不少于 30% 的水域面积，通过实施常年禁捕及控制其他破坏渔业资源及其生境的行为而建立的区域。渔产力的计算一般根据 GB 3838—2002《地表水环境质量标准》，按各类水质的最高限计算最大氮、磷贮留量，然后根据氮、磷收支分别对水域的渔产力进行测算。千岛湖周围植被茂盛，沿岸居民相对较少，因此，相比国内很多的大型湖泊，千岛湖的初级生产力较低，通过推算，千岛湖鲢、鳙养殖区的鲢、鳙生物量密度为 240 kg/hm² （冯超群，2018）。

为了保护鱼类资源，千岛湖实施了以下生境保护措施：

① 将在水库水域完成生活史的鱼类或其他经济水生生物种群的产卵场、庇护场、索饵场、越冬场和洄游通道等重要生境纳入资源增殖区实施保护，严禁破坏渔业环境的行为。

② 通过对人工鱼巢和人工鱼礁的构造、大小、材质以及投放地点、数量、形式和水深等开展调查研究和试验，改良水库水域鱼类产卵场。

③ 恢复库区消落区生境，为不同种类鱼类幼鱼提供庇护场所。

④ 对库区大、小入库支流的涉水障碍物进行全面调查，根据条件规划、部署过鱼设施的建设，必要时应考虑涉水障碍物的拆除，以满足库区鱼类进入流水环境繁殖的需要。

2. 加强水库鲢、鳙种群管理

鲢、鳙是千岛湖的主要水产品。大水面鲢、鳙的投放、捕捞经营权归开发总公司统一管理。鲢、鳙年投放量在 500 t 以上；投放鲢、鳙鱼种的规格为每千克 12 尾以内。在合格鱼种数量不足时，应采取外购补充等多种措施和途径，确保投放到位。渔业行政主管部门需做好鱼种投放时的现场验收工作，并及时将鱼种投放情况向县政府汇报。开发总公司要进一步加强拦网管理，开展技术创新，提高拦网护渔作用，特别是要加强对浙皖交界处拦网的检查和监督，以减少鱼类上溯造成的损失。具体为：

① 以维护千岛湖的水生生态系统功能、防止蓝绿藻水华发生、延缓水体富营养化为目的确定鲢、鳙放养量。增殖放流依照《水生生物增殖放流管理规定》（农业部令 2009 年第20 号）执行。鲢、鳙一般投放 2 龄鱼种，放养量依据千岛湖的鱼类资源现存量和可捕获量估算，若每年要从其中捕捞 2 000 t 鲢、鳙，则每年大致需要补充 500 t 的大规格鱼种，从而获得稳定可持续的捕捞量。

② 其他增殖放流鱼类以库区历史资料和本底调查中出现的种类为主，非水库土著种类的放流，需要经过严格的科学论证。一般根据不同种类鱼类的生物学特征，以及其完成生活史的环境需求，确定其放流规格，为保证较高的苗种存活率，一般以 6 月龄至 1 冬龄的个体为宜。

③ 根据水库的自然地理、气候条件，以放流后 5 年为目标年，设置届时鱼类种类结构、密度和存量的目标，结合不同种类的种群增长规律、完成生活史的环境和营养需求，筛选确定放流种类及其放流规模并分解为各年的具体放流指标。各年度不同种类的苗种放流规模依据水域渔产力和放流对象的资源动态特征进行综合评估后确定。其中，以水库氮、磷营养盐的相对值大小确定其营养限制因素，通过计算水域渔产力确定放流规模和技术；依据渔获物

的现存量和补充量完成放流群体随时间变化的资源动态评估。

④ 增殖放流的苗种来源、亲体来源、苗种培育、苗种质量、苗种检验均按照 SC/T 9401—2010《水生生物增殖放流技术规程》中相关细则实施。苗种运输按照 SC/T 1075—2006《鱼苗、鱼种运输通用技术要求》中相关细则实施。

⑤ 根据不同放流种类的生物学特性、拟放流个体规格、放流水域环境条件和水库调度方案确定适宜的放流时间。为实现对天然群体资源量的有效补充，根据放流种类的自然繁殖规律，应选择在天然群体中当年度世代群体规格生长至与所放流个体规格一致时开展放流。

⑥ 放流地点主要在库区资源增殖区饵料资源比较丰富，生境复杂度较高，利于幼鱼适应、栖息和躲避敌害的水域进行增殖放流。

3. 做好野生鱼类资源保护工作

渔业行政主管部门要加强对千岛湖水域的统一规划，着力做好渔业资源的增殖和保护工作。具体为：

① 加强野生渔业资源保护。继续实行季节性休渔制度，适当调整禁渔期，禁渔时间从每年的 4 月 15 日 12 时起，至 7 月 15 日 12 时止。加大库内野生鱼类资源保护力度，促进野生鱼类资源的可持续利用，增加库区渔民收入。

② 大力开展野生鱼类增殖工作。在充分调研、论证的基础上，科学合理地实施人工移植、放流千岛湖原有鱼类品种，开展适宜千岛湖生态的优质鱼类品种的增殖活动，促进野生鱼类资源总量的快速增长。

千岛湖自 2000 年起实施保水渔业以来，每年投放近 50 万 kg 的鲢、鳙鱼种，并且大量捕捞鳡等凶猛鱼类，使得整个湖泊中的浮游植物生物量受鲢、鳙的强烈控制。由于在 1999 年和 2000 年千岛湖连续 2 年进行了大规模的清除凶猛鱼类（鳡和翘嘴红鲌）行动，共捕获鳡 9 000 多尾，产量超过 92 t，有效地控制了水库中的鳡种群（何光喜等，2002），因而使放养鱼种的成活率得到大幅提高。

4. 全面实施养殖证制度，规范网箱养殖管理

全面启动千岛湖渔业发展规划编制工作，为渔业资源可持续发展提供规划指导。通过科学规划，合理布局，确定好养殖区域、养殖品种和养殖容量，控制好养殖密度。引导库区养殖户推广应用环保型养殖技术标准，走"规模化、规范化、标准化、环保化"养殖生产路线，确保保水渔业顺利实施。积极引导捕捞渔民转产转业，减轻水库捕捞压力。全面实施养殖证制度，逐步推行水面有偿使用机制。养殖证发放方案为：大水面渔业经营"绿本"养殖证核发给开发总公司，由开发总公司行使水库养殖经营权；其他单位和个人利用千岛湖水域进行网箱养殖的，其使用水域经开发总公司签署意见，向当地乡镇人民政府递交申请，报县渔业行政主管部门审核批准后发放"绿本"养殖证，许可其使用该水域从事网箱养殖。

① 加强渔业行政执法队伍建设，积极开展公开评议渔政执法人员活动，不断提高渔政执法人员的综合素质和执法能力。完善管理激励机制，将千岛湖鲢、鳙资源保护工作与年初计划的捕捞产量作为渔政工作考核的重要指标。对渎职、失职的渔政执法人员，违反行政规定的给予行政处分，涉及违法的依法追究其法律责任。

② 渔业行政主管部门应充分发挥群管组织作用，有效地保护鱼类资源。沿库乡镇认

真做好本辖区的季节性休渔和渔业资源保护工作。开发总公司作为大水面经营主体，要投入相当的人力与物力组建企业护渔组织，配合渔政部门开展渔业资源保护工作。渔业行政主管部门在重点水域要派驻执法人员到护渔管理组，建立渔政执法快速反应机制，依法对违法违规人员进行处罚，使护渔和渔业行政执法有机结合。实施有奖举报制度，加大执法监督力度。

③ 渔业行政主管部门要加强对渔业法律法规的宣传工作，进一步提高库区群众对渔业资源保护的认识。强化持证捕捞人员管理，有效遏制持证捕捞违规作业。建立渔业捕捞、养殖诚信制度，对违法违规的捕捞户、养殖户可采取吊销许可证、捕捞证等多种形式的制约措施，以减少持证人员违法违规案件的发生。公安、工商等部门要根据各自的职责，积极协助县渔业行政主管部门做好渔业资源的保护和管理工作，严厉打击渔业违法犯罪行为，遏制渔业违法犯罪行为的发生。建立乡镇渔业资源保护与发展目标责任制专项考核制度，进一步强化源头管理。

5. 实施渔业捕捞控制监督管理制度，严格控制捕捞强度

① 严格实行捕捞许可证制度。任何单位和个人在千岛湖内从事渔业捕捞活动，必须持有县渔业行政主管部门核发的捕捞许可证，方可进行捕捞生产。为控制捕捞强度，确保保水渔业得到有效实施，县政府对年度捕捞许可证的发放数量进行核定，严格控制捕捞许可证的发放，一般控制在 500 张以内。加大对超规格网具的监管力度，减轻渔业资源捕捞强度。

② 加强鲢、鳙捕捞管理。鲢、鳙的捕捞生产采取限额捕捞制度，年捕捞限量的确定以前三年投放鱼种的数量为基础，按 1∶4 的比例核定。开发总公司每年在进行捕捞生产前要向县政府提出书面申请，经政府批准后，抄送渔业行政主管部门及开发总公司执行。实行捕捞数量每月报告制度，开发总公司应按时向渔业行政主管部门报送鲢、鳙月捕捞量。强化常年禁渔区渔政管理，着力保护千岛湖渔业资源，努力维持千岛湖水生态平衡。开发总公司捕捞队进入常年禁渔区捕捞鲢、鳙，必须向渔业行政主管部门申请，同意后方可作业，以控制常年禁渔区的捕捞强度。

③ 合理捕捞，合理设置捕捞量和捕捞规格。从延缓水体富营养化的角度来看，一次性捕捞量过大，不利于水体中藻类的抑制。捕捞 2 000 t 鲢、鳙，再投放约 500 t 鱼种，能达到净化水质的目的。过分频繁的放养，以及在鲢、鳙未达到一定规格之前捕捞，都是不合理的。根据鱼类的一般规律，性成熟后鱼体生长速度开始减缓，因此，鲢、鳙在 4 龄或 5 龄之后即应捕捞。商业捕捞严格控制在水库商业渔业捕捞区进行，由渔业资源管理人员负责监管。

④ 捕捞的种类根据渔业技术支撑机构提供的建议名录清单确定，由渔业主管部门公布后开展相关捕捞活动。严格控制野杂鱼捕捞强度。集中力量抓好鲢、鳙的投放经营和管理，尽可能减少野生鱼类的捕捞作业，以减轻自然资源的捕捞压力，促进渔农增收。

⑤ 实施起捕规格限制。渔业技术支撑机构结合渔业开发率，提出库区不同种类商业渔业捕捞的起捕规格建议，渔业主管部门公布后依照执行。渔业利用者应严格执行，渔业资源管理者应严格监管。

⑥ 依据渔获物的现存量和补充量（自然增殖和增殖放流）估算水库不同捕捞对象群体随时间变化的分年度渔获量，提出分年度的可捕额度，并以此为依据提出不同种类的捕捞规

模建议，渔业主管部门公布后依照执行。渔业利用者应严格遵照执行，渔业资源管理者应严格监管。

⑦ 捕捞过程中严格执行《渔业法》关于天然水域渔业捕捞渔具、渔法的有关规定，禁止使用相关法律、法规明确禁用的渔具渔法。对不在禁止名单之列的新渔具、渔法，应由渔业主管部门先行组织评估其危害，然后制定相关的准入制度和使用条件。严格按照不低于现行相关规定的捕捞最小网目尺寸进行控制。

6. 大力实施有机鱼品牌战略，着力打造"中国有机鱼之乡"

加大有机鱼品牌的宣传力度，争创中国名牌农产品和国家有机鱼生产基地，不断扩大千岛湖有机鱼的知名度。采取有效措施，强化千岛湖有机鱼品牌保护。加大对水产品加工环节的监管力度，大力开展水产品流通市场专项整治活动，积极开展放心水产品工程建设，确保水产品质量安全。要高度重视挖掘和发展渔文化，不断延长渔业产业链，提高渔业附加值。培育集养殖、加工、销售、餐饮为一体的渔业产业龙头，带动渔民致富。要加大投入，强化保护，增加千岛湖鱼类资源蕴藏量，发挥生态渔业的保水功能，实现水清鱼丰的双赢效果，促进全县经济和社会的可持续发展。

为合理开发和保护千岛湖水资源，维护水生态平衡，在千岛湖特定区域划定保护区并实行常年封库禁渔，湖区实施区域季节性休渔，减少渔业捕捞证的发放，渔业捕捞证由实施封库禁渔前（1999 年）的 1 000 多个减少到 600 个，全面禁止以野生小杂鱼为饲料的肉食性鱼类网箱养殖，实施了集中定片、总量控制的商品鱼定点养殖。仅 1998—2002 年，就向千岛湖中投放价值达 1 361 万元的鲢、鳙鱼苗共 5 745 万尾。食藻鱼类的增加和土著野生鱼类资源的回升促进了水质的保护，对净化千岛湖水质起到了极大作用。

第三节　实施效果

1. 通过实施保水渔业战略，千岛湖渔业已经进入了良性循环轨道。千岛湖鲢、鳙的放养量自 1999 年的 5 058 t 递增至 2010 年的 8 091 t，鱼产量也逐年提高，从 1999 年的 2 006.5 t（捕捞量）增至 2010 年的 2 084.6 t，占总渔获物的 99.84%。目前千岛湖年投放鲢、鳙量达 700 t 以上，鱼类经济效益已达 10 亿元以上，综合经济效益达 50 亿元。

2. 2000 年以来，千岛湖水生生物蕴藏量日趋合理，湖水透明度提高，水质越来越好，再未发生因藻类过多影响水质的情况。保水渔业开创了千岛湖渔业健康发展的新途径，通过采用生态链活水的保水模式，实现了由"放水养鱼"到"放鱼养水"的华丽转变，使鱼水相辅相成，水更清，鱼更多。

3. 保护渔业资源就是保护水资源，保护水资源就必须保护渔业资源的理念已深入人心，通过"渔业＋"打造生态渔业全产业链融合发展模式，建立起了以保水为前提、以生态为依托、以文化保水为统领的集"养殖、管护、捕捞、销售、加工、烹饪、旅游、科研、文创"为一体的完整的产业链，"做一条价值最完整的鱼"，在淳牌有机鱼、千岛湖鱼头品牌的带动下，千岛湖鱼主题餐饮酒店迅速成长起来。可以说，千岛湖在实践中找到了一条"以渔护水、以水养鱼、以鱼富民"的鱼、水、人和谐相融的生态可持续发展之路（图 17-1）。

图 17-1 千岛湖巨网捕捞

第四节 经验启示

1. 保水渔业的理论基础仍需进一步研究与探索

鱼类作为水生生态系统中的重要组成部分，除了以渔获物的方式从系统中输出，把初级产量转化为次级产量外，还参加了水体物质循环和能量流动。鱼类在摄食、排遗的过程中对生态系统还产生一定的反馈作用。然而，鱼类释放的营养盐对浮游植物群落结构的影响是不确定的：有研究认为，鱼类的活动加速了水体营养盐的释放；有些学者却认为，鱼类释放的营养盐仅起到很小的贡献（李文霞，2006）。在一些湖泊，当鱼类再生的营养盐大于外源负荷时（Burke，1986），鱼类是内源性营养盐来源，且湖泊的内部营养盐循环（如浮游生物营养盐再生量）相对外源负荷较大。鲢主要处在食物链的第二营养级，鳙主要处在食物链的第三营养级，它们的食物链较短。要揭示浮游生物食性鲢、鳙在水层营养物质再循环中的作用仍然是一个相当复杂且困难的课题。

浮游动物被鲢、鳙大量摄食，种群密度降低，其种群生物量周转期也随之缩短，由于水体营养源丰富，被食种群的生物量周转率随着其密度的下降而提高，保持水体浮游动物密度的相对稳定，控制了浮游植物，使两者保持相对平衡（杨丽丽，2013）。显而易见，在千岛湖实施的保水渔业拓宽了营养盐-藻类-鲢鳙的养分流通通道，加快了水体内部的营养物向高营养级的流转过程，这也再次证明了其并没有加速水体的富营养化过程，而是有效化解了来自流域污染的不利影响。

渔业改水有其现实需求和实践基础，但仍需进一步完善，需要围绕一些关键问题开展深入持久的研究，提出可操作的技术措施，如：①基于湖泊水体营养条件下鲢、鳙控藻的临界密度及鲢、鳙最佳比例；②基于鲢、鳙和鲌、鳜等鱼类的滤食能力和捕食食量基础数据提出合理增殖放流的配比及有效的规格；③基于改水效能和饵料生物资源利用最大化的鱼类捕捞数量、规格和捕捞时间等精准捕捞理论与技术。

2. 保水渔业需同其他生态修复手段相结合

渔业改水不是简单的藻类密度降低和水体透明度增加，需要从多个指标层面合理判别，如：①水体环境化学指标，包含水体营养盐状态、透明度以及发展趋势；②水体环境生物指标，包含叶绿素浓度，浮游植物、浮游动物和底栖动物的现存量及其群落结构，以及生物多样性指数和空间异质性指数；③鱼类组成和经济鱼类在全部鱼类产量中的比例指标等，包含现存鱼类的生长状况和群体结构，植食性鱼类和肉食性鱼类的结构比例等。

在以污染排放治理为核心的严控措施前提下，需要进一步加强污水治理收集率、提高除磷脱氮的效率，深度提升处置技术。同时更需要关注治理重点的转移，对于农村和农业，要强化农村污水的收集处置，加强对农村散乱污染物的分类管理及处置；要强化推进生态补偿，调整农业产业结构，大力削减化肥投放量；要全面加强管理并提升农村沟塘、湿地、水渠的生态净化能力；要加强入湖河流滨岸缓冲带生态化改造，做好生态保障建设等。具体措施如下：

① 开展新阶段湖泊的新一轮生态规划。湖泊生态保护的理念已经深入人心，控源截污治理技术也日趋配套完善，未来要不断完善和维护自然稳定的生态系统结构，最终实现湖泊水体的自我修复和持续改善。做好对湖泊区域功能的规划设置，合理保护和管理湖泊天然生物资源及环湖湿地景观，充分发挥其水质保护、景观生态保护和生物多样性保护功能，加快湖泊生态恢复进程，实现湖泊人水和谐、水清草绿鱼好的最终目标。

② 深化和完善以渔改水的技术措施与管理。湖泊的生态恢复核心是建立结构合理的自然稳定的生态系统。国内湖泊渔业改水的实践基础表明，渔业改水有其现实性、必然性和长期性，要制定湖泊渔业管理与水环境保护协同目标。现阶段首先要强化湖泊水库生态渔业管理对策的落实，严格控制大水面渔业的不当行为，要规范捕捞工具和捕捞时限，合理控制捕捞强度，限定捕捞规格和总捕捞量；要优化水面渔业的有利条件和避免人为因素，基于湖泊流域的物种及鱼类生长实际，合理调整开捕时间，使千岛湖鱼类生长的生态渔业效益最大化，使渔业改水和水生生物真正发挥净化主体作用。

③ 湖泊治理及其管理必须走法治化的轨道。充分调整流域综合管理调控的机制体制，建立跨行政区域的湖泊管理机构，制定湖泊管理的法律法规，对湖泊生态恢复和保护进行统一的综合管理，打破行业治理的边界，实现恢复青山绿水生态健康格局的目标。

参考文献

冯超群，徐东坡，陈永进，等，2018. 鲢鳙放流对太湖三国城水域浮游植物的影响［J］. 大连海洋大学学报，33（5）：666-673.

韩晓霞，朱广伟，吴志旭，等，2013. 新安江水库（千岛湖）水质时空变化特征及保护策略［J］. 湖泊科学，25（6）：836-845.

李文霞，冯海艳，杨忠芳，等，2006. 水体富营养化与水体沉积物释放营养盐［J］. 地质通报（5）：602-608.

刘建康，谢平，1999. 揭开武汉东湖蓝藻水华消失之谜［J］. 长江流域资源与环境，8（3）：319-321.

刘其根，张真，2016. 富营养化湖泊中的鲢、鳙控藻问题：争议与共识［J］. 湖泊科学，28（3）：463-475.

卢子园，2010. 淀山湖鲢鳙放养对水质影响的围隔试验［D］. 上海：上海海洋大学.

吕唤春，陈英旭，方志发，等，2002. 千岛湖流域坡地利用结构对径流氮、磷流失量的影响［J］. 水土保持学报（2）：91-92.

王宇庭，叶金云，郑荣泉，2017. 防止和修复湖泊水库富营养化渔业操纵的探讨 [J]. 大连海洋大学学报，32 (4)：451-456.

谢松光，崔奕波，李钟杰，2000. 湖泊食鱼性鱼类渔业生态学的理论与方法 [J]. 水生生物学报，24 (1)：72-81

杨丽丽，刘其根，2013. 鲢鳙占优势的千岛湖浮游动物群落结构特征及其与环境因子的相关性 [J]. 水产学报，37 (6)：894-903.

Burke J S，Bayne D R，Rea H，1986. Impact of silver and bighead carps on plankton communities of channel catfish ponds [J]. Aquaculture，55 (1)：59-68.

Crisman T L，Beaver J R，1990. Applicability of planktonic biomanipulation for managing eutrophication in the subtropics [J]. Hydrobiologia，200：201：177-185.

Domaizon I，Devaux J，1999. Experimental study of the impacts of silver carp on plankton communities of eutrophic Villerest reservoir (France) [J]. Aquatic Ecology，33：193-204.

Jeppesen E，Sondergaard M，Lauridsen T L，et al.，2012. Biomanipulation as a restoration tool to combat eutrophication：Recent advances and future challenges [J]. Advances in Ecological Research，47：411-488.

Meijer M L，Jeppesen E，Van Donk E，et al.，1994. Long-term responses to fishstock reduction in small shallow lakes：Interpretation of five-year results of four biomanipulation cases in the Netherlands and Denmark [J]. Hydrobiologia，275-276：457-466.

Radke R J，Kahl U，2002. Effects of a filter-feeding fish [silver carp，*Hypophthalmichthys molitrix* (val.)] on phyto- and zooplankton in a mesotrophic reservoir：results from an enclosure experiment [J]. Freshwater Biology，47：2337-2344.

Shapiro J，Lamarra V，Lynch M，1975. Biomanipulation：an ecosystem approach to lake restoration [J]. Water Quality and Management through Biological Control.

Sierp M T，Qin J G，Recknagel F，2009. Biomanipulation：a review of biological control measures in eutrophic waters and the potential for Murray cod Maccullochella peelii peelii to promote water quality in temperate Australia [J]. Reviews in Fish Biology and Fisheries，19：143-165.

Yi C L，Guo L G，Ni L Y，et al.，2016. Biomanipulation in mesocosms using silver carp in two Chinese lakes with distinct trophic states [J]. Aquaculture，452：233-238.

（刘兴国　朱　浩　叶少文）

第十八章

查干湖生态旅游渔业

第一节　发展历程

　　查干湖，原名查干泡、旱河，蒙古语为"查干淖尔"，经纬度坐标为东经 124°03′—124°34′、北纬 45°09′—45°30′，地处吉林省西北部，位于内蒙古自治区、黑龙江省和吉林省的金三角地区，是霍林河尾闾的一个堰塞湖。同时是松花江、松花江南源、嫩江三江交汇处和东北平原、松嫩平原、科尔沁草原三原重叠处。查干湖呈狭长状，自东南向西北延伸较长（《中国河湖大典》编纂委员会，2014）。一般情况最大湖水面积 307 km²，湖岸线蜿蜒曲折，周长达 104.5 km。蓄水高程 130 m 时，水面面积 345 km²。蓄水 6 亿多 m³，水质为苏打型盐碱水，是吉林省内最大的天然湖泊。

　　查干湖区具有丰富的自然资源，渔业资源尤为丰富，是吉林省著名的渔业生产基地，有鱼类 15 科 68 种，年产各种鱼类 6 000 余 t，查干湖盛产的胖头鱼获得了国家 AA 级绿色食品和有机食品双认证。辽金以来历代帝王都到查干湖"巡幸"和"渔猎"，举行"头鱼宴"和"头鹅宴"。元代至清初，这一带江流泡沼星罗棋布，银鱼穿梭，水草肥美，雁鸭栖集。沿岸林木葱郁，田野芳草葳蕤，风景如画。2007 年 8 月 1 日，查干湖经国务院批准列为国家级自然保护区。查干湖目前仍保留蒙古族最原始的捕鱼方式，"查干湖冬捕"已被列入吉林省省级非物质文化遗产名录。

　　查干湖鱼类繁多，清代末期捕鱼业开始发展。据记载，1936 年于湖心（夹芯岛）建起兴业渔坊，当年冬拉网 24 趟，每趟拉网捕鱼 120 t。1936 年各种渔具捕获量占比为墚子、冰槽子占 44%，野泡网占 44%，大网 4%，其他 8%。墚子、冰槽子、大网、野泡网等冬季渔具占主要部分。1948 年 2 月出版的《东北经济小丛书·水产》记载当时（嫩江）的主要渔场为大赉城（现大安市）南 25 km 的查干淖尔（查干湖）。墚子、大网等渔具发祥最早，墚子远在清乾隆年间即已开始使用，大网则始于清同治年间，野泡网直至 20 世纪初才出现。新中国成立后，1959 年和 1960 年是查干湖历史上产鱼的黄金年代，1959 年冬最多出网达 48 趟。1960 年鱼产量达 6 142 t，芦苇产量高达 3 万 t。20 世纪 50—60 年代，区内来水丰富，查干湖水面特别大，南至新庙泡，北至通让铁路以北约 10 余 km，仅查干湖就有湿地面积 656 km²，湖内主要鱼类有红鳍原鲌、鲤、鲫、鲇等，沿湖浅水域生长着芦苇、菖蒲、菱、芡实等（杨富亿，1998）。1962 年以后的 10 余年中，由于查干湖主要水源区人类活动加剧，霍林河上游修建了罕嘎力、兴隆、胜利、大段等水库，查干湖湿地面积缩小到 231 km²，其中水域面积 184 km²，芦苇面积 47 km²。20 世纪 70 年代末，查干湖湿地面积逐步退化，水面仅存 50 km²，鱼类及湿地动物、植物受影响严重。

第二节 主要做法

1976 年开始，中共前郭县委、县政府带领全县 10 万各族人民，靠手抬肩挑，经先后两期，历时八载的改造，终于在 1984 年修通了一条长 53.85 km、底宽 50 m 的人工运河——引松渠，使松花江水源源不断地流入查干湖。引松渠不仅给查干湖注入了新的生命，也明显地改变了前郭县区域性的自然状况与生态环境，使查干湖的渔业生产、芦苇生产和旅游事业得到了空前的发展。到 21 世纪初，查干湖水域面积已由开通引松渠前的 50 多 km² 扩大到 420 km²，湿地面积达到了 514.2 km²，年产鱼量稳定在 3 500 t 左右。

近年来，针对查干湖生态环境的修复与改善，按照"改善水质、防止污染、修复生态、融合自然、协调发展"的基本理念，陆续启动了查干湖生态环境保护项目，先后完成了湖滨带生态水岸建设、查干湖生态安全调查与评估、查干湖生态水岸工程建设、查干湖生态隔离保护带建设、查干湖沿岸生态保护带建设。在充分利用引松渠生态补水的基础上，科学调控前置湖水位和水量，通过生态水岸工程、生态围塘工程建设，截至 2019 年，恢复查干湖湿地面积达 58.52 km²。作为国家级自然保护区，查干湖属于内陆湿地和水域生态系统类型的保护区，总面积为 506.84 km²，另设外围保护带面积 146.66 km²。近年来，松原市以查干湖为核心，重点实施河道治理、引水灌溉、生态修复等工程，形成引、蓄、灌、排相结合的河湖连通工程体系和生态循环趋势。

1. 河湖连通工程

松原市西部供水河湖连通工程是查干湖生态群落的恢复工程。涉及松原市 72 个湖泡，主要以查干湖为核心，依托哈达山总干渠及新建、改扩建渠道，利用哈达山水库水源，向前郭、乾安重要湖泡补水。工程运行后，年平均引水量 2.75 亿 m³，最大蓄水总量可达到 17 亿 m³，恢复和改善湖泡湿地面积达 1 028 km²，实现苇田种植面积 17 万亩，新增养鱼水面 57 万亩和养蟹水面 3 万亩，同时可回补地下水，恢复湖泊湿地水源涵养空间，提高水资源承载能力，改善区域生态环境（赵爽等，2012）。

2. 马营泡面源污染拦截整治工程

马营泡面源污染拦截整治工程是查干湖重大污染防范项目，2016 年开工建设，主要包括建设拦污堤、拦污堤大桥和拦污闸。工程可拦截来自马营泡周边油田、村镇、农田的面源污染，以及嫩江洪水倒灌产生的大量受污染水体，具有拦截、整治、调蓄等方面功能，在科学防范和治理农业面源污染方面发挥重要作用。

3. 湖区周围环境改善工程

主要包括清理辖区内湖面、湖岸废弃物及养殖垃圾等。截至 2019 年 12 月，清退影响湖区环境的旅游项目 18 个，取缔商贩摊点 26 处，拆除景区内违章建筑物 43 处共 4 940 m²，拆除景观大路两侧大棚及附属用房、湖边无法接入污水管网的房屋等 126 处共 24 873 m²。2019 年，前郭县和查干湖旅游经济开发区启动环湖生态修复种植结构调整项目，计划用 3 年时间，在沿湖可视范围内实现 4 866 hm² 土地还林、还湿、还草，重点进行中草药、梅花、林果和水生植物种植，在优化区域农业种植结构、培育和发展区域中药材及林果产业的同时，将减少查干湖周边农田农药使用量 13 t、化肥使用量 2 737 t，有效促进查干湖区域生态环境持续改善。

4. 生态渔业

多年来，查干湖渔场坚持"以水养鱼、以渔净水"的生态渔业发展模式，在养殖生产过程中，不投饵、不用药，在捕捞过程中，坚持采用马拉绞盘的传统捕捞方式作业，避免机械设备污染。通过有机标准模式化定向养殖，每年春秋两季定量向湖中投放鱼苗，有力地促进了查干湖渔业生产可持续发展，实现了生态效益、经济效益、社会效益的"三效合一"。以2019年为例，全年投放鱼苗1 000余万尾，消减了氮12.7 t、磷0.65 t，总氮浓度和总磷浓度分别减少1.32%和0.08%，湖泊富营养化趋势得到了有效控制。生态渔业让查干湖的鱼成了"地标性的美食"（王贵金，2019）。

查干湖传统渔业带动了查干湖旅游业发展，连续举办的"中国·吉林查干湖蒙古族民俗旅游节""中国·吉林查干湖冬捕文化旅游节"，大大地提高了查干湖的知名度，旅游业的发展又迅速提升了查干湖渔业的综合经济效益和社会效益（图18-1）。

图18-1　查干湖冬捕

5. 还林还草还湿

在利用引松渠生态补水的基础上，科学调控前置湖水位和水量，并通过生态水岸、生态围塘等工程建设，恢复查干湖湿地。在查干湖周边的4 866 hm² 土地上实施还林、还草、还湿工作，主要表现在两方面：一是对种植业结构进行调整，如发展中草药种植及林果经济，目前种植的1 578.48 hm² 中草药、树木、花卉和水生维管植物已经初步形成了规模；二是调减玉米种植土地面积，减少农业面源污染，大幅消减了查干湖周边农田的化肥、农药使用量，促进了查干湖区域生态环境的持续改善。

第三节　实施效果

查干湖的渔业资源主要为鲫、鲤、翘嘴鲌、鲇等，水域生态恢复是查干湖渔业最直接、最明显、投入小、见效快的经济来源。1992年以来，将自然增殖为主、人工投放为辅，转变为以人工投放为主、自然增殖为辅的养殖方针，强化管理、科学捕捞。据统计，1995—2007年，每年投放鱼种500 t左右。不间断进行苗种投放，严格执行法定的休渔期，在夹芯岛至北大肚划定常年禁捕区，大水面控制生产，渔业生产集中在冬季，使明水期间鱼类有充足的生长时间，并在捕捞过程中通过网目控制等一系列措施加强管理，使得查干湖的渔业资源呈良性循环发展（赵爽等，2012）。

1. 增加了生境多样性

目前，新庙泡、查干湖、库里泡、九曲湖等湖泡实现了生态补水目标，累计恢复和改善湖泡、湿地面积约 610 km²。松花江、嫩江、洮儿河和霍林河 4 条黄金水道汇集流入多个湖泊泡沼，在形成"引得进、蓄得住、排得出"的黄金水道的同时，催生了查干湖生态群落、莫莫格生态群落、向海生态群落、波罗湖生态群落。昔日的池塘干涸、草场退化、盐碱恶化，转化为湖沼密布、湿地恢复、沙消碱淡，为发展生态旅游提供了基础（徐振中等，1991）。

2. 从源头上减少了入湖污染

2009 年在前郭灌区开展了续建配套和节水改造工程，辐射面积近 6 464 hm²。经前郭灌区重点试验站实测，节水率为 24%，减污效果明显；据吉林省水环境监测中心检测，水田退水进入查干湖（新庙泡）之前，化学需氧量削减率为 7.2%（代雪静等，2011）。

3. 对湖区水体进行多级生态化处理

（1）构建水质水量调控模式，减少面源污染物入湖

结合国家水体污染控制与治理科技重大专项的子课题《松花江农田面源污染水质水量调控与工程示范》，提出了遏制农田面源污染及调控田间水质水量的灌溉制度和施肥方式。工程示范水田区的排水中，主要面源污染物的浓度明显降低（高国明等，2015），见表 18-1。

表 18-1　水田排水中主要面源污染物浓度及平均削减率

	氨氮	总氮	总磷	重铬酸盐指数
工程示范区（mg/L）	1.15	1.96	0.27	16.3
莲花泡农场（mg/L）	1.87	2.55	0.37	24.8
达里巴乡（mg/L）	2.34	3.37	0.46	21.5
平均削减率（%）	45.3	33.7	34.9	29.5

（2）构建自然生态排水沟渠，沿程削减入湖污染物

前郭灌区水田各级排水渠受冻融等破坏影响，坍塌、滑坡现象频发，生态系统基本功能受损，影响了削减、利用、移出退水携带营养盐等污染物的功能。生态修复试点工作中提出了在排水沟渠示范建设仿拟自然根系的生态防护技术方法，保护排水渠道及灌区生态环境，转化、利用、移出退水中的营养盐，实现了渠型稳定、不坍塌、不滑坡、不阻水，生态效果良好。

（3）维护排水干渠（引松渠道）两侧湿地，沿程削减入湖污染物

保护和扩大渠道沿岸及两侧的芦苇湿地，可改善水生动植物生境，增强水生动植物对水中污染物的净化、利用、移出能力，是控制进入查干湖农业污染水的重点之一（艾军等，2008）。生态修复试点工作通过科学调控运行水位，增加了前郭灌区排水干渠两岸芦苇湿地面积 12.8 hm²，取得了较明显的效果，见表 18-2。

表 18-2　引松渠道对主要污染物的沿程削减率

	总氮	化学耗氧量	总磷
2009 年（mg/L）	1.55	24.12	0.07
2010 年（mg/L）	1.42	22.38	0.06
削减率（%）	8.3	7.2	6.6

（4）科学调控前置湖水位、水量，扩大前置湖芦苇湿地面积，提高削减、利用污染物能力

新庙泡位于前郭灌区排水干渠末端，是查干湖的前置湖，面积约 35 km²，平均水深 1.5 m，蓄水量 5 500 万 m³，湖内挺水植物（芦苇、香蒲）茂盛，沉水植物（菹草）面积几乎占水面面积的 60% 以上，是查干湖重要的前置湖，出口处设有节制闸（川头闸）。利用节制闸提高运行水位 0.5 m，使排水渠道出口两侧增加芦苇湿地面积 300 hm²，取得了较明显的削减污染物效果（张晓辉等，2007），对主要污染物的削减率见表 18-3。

表 18-3　新庙泡对主要污染物的削减率

	总氮	化学耗氧量	总磷
2009 年（mg/L）	1.35	0.062	26.25
2010 年（mg/L）	1.19	0.061	23.95
削减率（%）	11.60	0.20	8.70

4. 以渔净水

根据水体营养盐和浮游生物量及渔产力的动态变化趋势，结合水生态保护和生物多样性维护的需求，开展增殖放流活动，2009 年至今增加了鲢、草鱼、鲤、团头鲂、青鱼、鳜、怀头鲇等种类的增殖放流。以 2019 年为例，全年投放鱼苗 1 000 万尾，消减了氮 12.7 t、磷 0.65 t，总氮浓度和总磷浓度分别减少 1.32% 和 0.08%。

第四节　经验启示

习总书记提出"查干湖保护生态和发展生态旅游相得益彰，要坚持走下去"，这为查干湖的保护与开发指明了方向。吉林省委办公厅、省政府办公厅联合下发了《关于印发〈查干湖治理保护规划（2018—2030 年）〉的通知》。

2019 年吉林省两会上，"加快查干湖生态治理保护""擦亮查干湖'金字招牌'"第一次被写入政府工作报告。今后，查干湖将把注意力更多放在生态保护上，努力打造生态渔业经济综合体，充分实现保护生态和经济发展两驾马车并驾齐驱。

参考文献

艾军，李梁，姜虹，2008. 查干湖湿地的环境变化与保护 [J]. 东北水利水电（7）：61-63.

代雪静，田卫，2011. 查干湖水质污染分析及控制途径 [J]. 干旱区资源与环境（8）：179-184.

高国明，董建伟，2015. 前郭灌区退水对查干湖水质的影响 [J]. 吉林水利（11）：5-7.

吉林省地方志编纂委员会，1996. 吉林省志：自然地理志 [M]. 长春：吉林人民出版社.

王贵金，2019. 查干湖冬捕 [J]. 吉林水利（3）：1.

徐振中，王锡安，1991. 从生态经济学角度探讨查干湖渔业资源增殖途径 [J]. 农业经济与管理（2）：37-40.

杨富亿，1998. 查干湖的综合开发与利用 [J]. 资源开发与市场（6）：247-249，254.

张晓辉，董建伟，2007.查干湖水体的生物治理初探［J］.吉林水利（12）：3-6.

赵爽，董建伟，张少武，2012.吉林查干湖水生态系统保护与修复措施效果分析［J］.吉林水利（3）：

 1-4.

《中国河湖大典》编纂委员会，2014.中国河湖大典：黑龙江、辽河卷［M］.北京：中国水利水电出版社：

 112-113.

（霍堂斌 都 雪 宋 聃 刘兴国）

第十九章

河流修复与鱼道建设

第一节　发展历程

　　河流生态修复是运用生态系统原理，修复受损河流生态系统的工程方法。其目的是重建健康的水生态系统，修复和强化水生态系统主要功能，实现生态系统整体协调、自我维持、自我演替的良性循环（杨平荣，2012）。

　　拟自然是对河道工程化导致的自然环境破坏所进行的反思，是推动河流进行回归自然改造的研究和实践。1938年，德国风景园林师、建筑师Seifert发表《拟自然水利工法》，首次提出河流拟自然治理的概念，即在完成传统河流治理任务的基础上，达到接近自然、廉价并保持景观美的一种治理方式（谢秀栋等，2013）。随后，各国开展了拟自然理念的研究和应用。20世纪50年代，德国拟自然河道治理工程学派认为用混凝土将河道硬化是导致河流污染等问题的根本原因，强调河流整治必须遵循自然的理念，要将生态学原理应用到河流治理中（刘京一等，2016）。美国学者将生态学与工程学理论相结合，提出了"自然河道设计技术（河川生态工程）"，认为在满足人类生存需要的同时，还要兼顾生物多样性需求和生态系统稳定性。1998年，美国联邦河溪生态修复组织制定了《河溪廊道修复原则手册》，将河流视为一个生态系统，系统地阐述了河流廊道的特点、过程、功能，以及河流廊道的干扰因素和修复方法，并提出，美国在今后水资源开发管理中必须优先考虑河道生态恢复（陈吉泉，1996）。日本河道整治也经历了渠化向拟自然转变的过程，在学习欧美河道拟自然治理理念之后，提出"多自然型河川工法"，颁布《推进多自然型河流建设法规》，将河流生态系统与河畔居民社区的关系等作为一个整体考虑，建设河流环境、恢复水质、维护景观多样性和生物多样性，鼓励使用木桩、竹笼、卵石等天然材料修建河堤（刘京一等，2016）。

　　河道整治必须坚持尊重自然、顺应自然、保护自然的原则，将河流视为一个有生命力的生态系统整体，统筹水资源、水环境、水生态各方需求，在确保防洪安全的前提下，采取工程与生物措施相结合、人工治理与自然修复相结合的方式，全面提升河流生态系统服务功能，实现人水和谐共生。因此，河流修复必须满足以下要求。

　　① 安全性要求。河道的整治与建设，应当服从流域综合规划，符合国家规定的防洪标准、通航标准和其他有关技术要求，维护堤防安全，保持河势稳定和行洪、航运通畅。

　　② 生态性要求。注重生态理念、技术和模式的应用，将河流自然恢复、自我净化、涵养水源等功能有机融合到河道综合整治中，严禁侵占河道和裁弯取直，尽量保持河流自然形态，恢复河流生态功能，维护河道健康，积极营造亲水环境。

　　③ 整体性要求。将河流所在流域视为一个生态系统整体，对山上山下、地上地下、流域上下游、河流左右岸进行整体保护、系统修复、综合治理。

④ 多样性要求。河道整治目标是多样的。一方面，需满足防洪、排涝、灌溉、供水、航运、养殖等经济功能；另一方面，需满足提供生物栖息地、保护生物样性、调节气候、净化环境、涵养水源、打造景观等生态功能，满足人们亲水需要。

第二节　主要做法

一、国外河流修复的主要做法

1. 德国莱茵河

德国莱茵河全长 1 390 km，流域面积 1 850 km²。莱茵河发源于瑞士境内的阿尔卑斯山，流经德国注入北海，沿途流经列支敦士登、奥地利、法国和荷兰。莱茵河是具有历史意义和文化传统的欧洲大河之一，也是世界上最重要的工业运输大动脉之一。1993 年和 1995 年，莱茵河先后发生 2 次洪灾，造成的损失达几十亿欧元。造成洪灾的原因，主要是莱茵河流域生态遭到破坏，莱茵河的水泥堤岸限制了河水向沿河堤岸的渗透。因此，德国对莱茵河进行了河流及沿线岸边回归自然的改造，将水泥堤岸改为自然属性的生态河堤，重新恢复河流两岸的储水湿润带，并对流域内支流实施裁直变弯的改造措施，延长洪水在支流的停留时间，减低主河道洪峰量（图 19 - 1）。

图 19 - 1　德国莱茵河

主要做法：①改善水质。对水质进行全面调查，确定水体中残留有机污染目标值，并对消减效果和目标值进行后评估，在对比实际情况的基础上，再次修正和确定目标值。②恢复生态。对莱茵河生态系统结构和水生、两栖和陆上生物进行分析，保护和恢复两岸冲击带，恢复鲑、鳟等生境。③源头控制。对两岸点源排放的工业或城市污染、非点源排放的农业和大气污染、线源排放的交通和航运污染进行调查统计，并通过经济鼓励的方式，进行治理和规划，防止污染事故，保证工厂安全。

2. 美国查尔斯河

美国查尔斯河是美国马萨诸塞州东部的一条长约 192 km 的河流，源自霍普金顿，向东北方向流过 23 个镇、市后在波士顿注入大西洋。随着波士顿城市的发展，19 世纪末，查尔斯河洪泛频繁，污水横流。为改善这条多泥沙河流的卫生状况，1893 年，当地实施"翡翠项圈"计划，通过采取强有力的治理措施来恢复查尔斯河流域的自然状态，达到控制洪水泛滥和改善河流水质的目的（图 19-2）。

图 19-2 美国查尔斯河

主要做法：①恢复河流的自然状态。对查尔斯河道进行改造，恢复蛇形、弯曲的河流自然形态，减少波浪对河流的冲击。②恢复河流滩地和湿地的蓄水功能。按照自然规律重新构造了滩地和湿地，恢复了约 12.14 hm² 的不规则盆地，重建了约 8.09 hm² 湿地用来接纳洪水。同时，在查尔斯河上游设置了一个潮汐闸门，发挥防御洪水和提高对盆地冲刷的双重作用。③构建沿河公园体系。通过景观规划手段，建成了沿查尔斯河流域贯穿波士顿全城的带状公园体系。查尔斯河景观规划的成功，主要归功于河流自然状态的恢复与河流滩地、湿地蓄水功能的恢复。

现在查尔斯河及其湿地的面貌已成为人类与自然和谐共存的典范，是建立在对自然尊重基础上的成果，在维持城市发展的同时也保持了自然界的稳定性。

3. 日本土生川

土生川位于日本四国地区，流域面积 5.7 km²，河流总长 4.2 km，其河床狭窄，洪水常常泛滥成灾。1989 年，当地政府以"恢复河川原貌"为主题，开启了局部改善工程，用石头创造自然的水际，即通过未经加工的天然石材和植被恢复自然河川，河床材料主要为沙砾和玉石（图 19-3）。

主要做法：①护岸设计采用天然石护岸，河岸栽种柳树及水草等，让鱼、虾有生存空间，河岸植被拥有成长环境。②天然石护岸的石材不需要整形加工，只需考虑形状及空隙的大小或颜色，注意与周围环境的协调。利用重型机具配置巨石，在最下缘放置较大石头，依大小堆积，其间砌石可让人及其他生物自由上下，由人力依石头样式进行调整，并在石头间的空隙栽种植被，另外还在河道中心及两岸的凹部放置了石头。

从土生川施工前不自然、单调的河川景观，到竣工初期的生涩，以及其后两年的发展，现今土生川沿岸植被繁茂，几乎已经看不到以前植入的石头。预期效果逐一呈现，创造了丰富、多样的水流，满足了不同生物对生息环境条件的需求。这项工程既兼顾了安全、景观及生态，还能结合地方的力量，进行例行性维护，使整体工程效果得以长期保持。

图 19-3　日本土生川

4. 韩国清溪川

清溪川流经首尔市中心区，横贯城市东西。1978 年，清溪川被完全封闭为一条城市暗河。2002 年，韩国政府开始拆掉清溪川上的高架桥以及钢筋混凝土盖板，对入河污水进行截流，引入汉江水源，利用中水和雨水作为补充水源，以保证清溪川长期有水。韩国清溪川复原工程将河流环境恢复和历史文化复原相结合，恢复了清溪川的生态和文化风貌，创造了城市文化河流复原的经典范例（图 19-4）。

图 19-4　韩国清溪川

主要做法：①河流治理中，将防洪、生态、景观等很好地结合，在保证防洪的前提下，河道设计为复式断面，分 2～3 个台阶，人们可以通过台阶接近水面，开展亲水活动。②河底防渗层采用黏土和砾石混合物，在清溪川治理中注重生物保护，如湿地、鸟类栖息地等，增加生物多样性。③在河流的不同位置，采用不同的设计手法，强调自然和生态恢复理念，使人们有置身大自然的感觉；护坡以块石和植被为主，同时将人文、时尚等元素融为一体。

5. 新加坡加冷河

加冷河位于新加坡中心区域。20 世纪 60 年代，新加坡将天然河流系统大规模转变为混凝土河道和排水渠系统以缓解洪涝灾害。但在洪涝灾害得以缓解的同时，笔直的运河随着时代发展出现许多问题，与周边景观相容性差、生态系统服务功能弱。2006 年，新加坡实施"活跃、美丽和干净的水计划"，对河流进行生态修复（图 19-5）。

图 19-5　新加坡加冷河

主要做法：①改造河道。借鉴拟自然理念，将加冷河从笔直的混凝土排水渠改造为蜿蜒的天然河流，河道长度由 2.7 km 变为 3 km。②构建水循环系统。融入雨水管理设计，公园上游有生态净化群落，栽种精心挑选的植物品种，过滤雨水和污染物、吸收水中的营养物质，达到减少雨水径流污染、净化水质的目的，同时美化环境；净化后的水输送到宏茂桥水上乐园，最后流到池塘。③美化河流景观。保留受影响树木总量的 30%，剩余的移植到宏茂桥公园及其他场地。水中种植出水植物，形成荷花群等群落；河边设计草坪缓坡，提高亲水性，也可为动物提供栖息场所，提高生物多样性。④注重生态工程技术的应用。综合考虑防止水土流失的要求以及美学和生态学要求，优化施工方法，择优选择合适的技术和植物，如在水流速度快和土壤较易被侵蚀的关键位置，配置较苗壮的植物，在比较平缓的区域配置相对柔弱的植物。

加冷河河流生态修复项目是热带地区具有代表性的自然河流改造工程，也是热带地区首个应用土壤生物工程技术的河流自然化项目。生态修复后，河流与宏茂桥公园融为一体，河流水质改善，景观品质提升。

二、国内河流修复的主要做法

我国的河流生态修复起步较晚。2003 年，董哲仁结合水工学和生态学理论，提出"生态水工学"的理论，指出在满足防洪安全的前提下，将河流看作有生命的生态系统，综合考虑人为控制以及河流的自我恢复。2010 年，高甲荣等出版了《河溪近自然评价——方法与应用》，从定性的角度明确河溪近自然的概念和内涵。2013 年，董哲仁出版了《河流生态修复》一书，全面系统地结合水利学和生态学相关领域的新理念和成果，结合我国国情、水情和河流特点，提出了较为完整的河流生态修复理论和技术方法。2016 年，吴丹子指出，城市河道近自然化是以自然为导向，以城市安全和防洪安全为前提，在满足一定的城市基础设施功能的基础上，通过生态工程技术和空间营造策略，恢复河流自动力过程及部分生态服务功能，使河流趋于自然的一种景观塑造方式。

在具体修复方面，北京市为迎接第 29 届奥运会，开展了生态河流建设（河流生态修复），将 1970 年填埋的北京转河重新挖开进行生态修复，转河也是中国第一个生态河道。2003 年以来，北京在全市推广生态河流建设，在永定河建设绿色生态走廊（总投资 170 亿元，长约 170 km）；2003—2011 年，北京市建设了 10 条生态河道，总长约 100 km（蒋庆云等，2011）。2003 年，上海市为了迎接第 41 届世界博览会，开展了大规模生态河流建设，2003—2007 年，共改造了 5 900 条生态河道，总长约 6 800 km（桑保良等，2007）。广州市以迎接第 16 届亚运会为契机，实施了大规模的生态河流建设，至 2010 年，共完成 121 条生态河流建设，总长 388.52 km（李碧清等，2011）。

鱼道是水利枢纽中供鱼类洄游的人工水道，也是对被破坏的鱼类洄游通道的补救。一般由进口、槽身、出口和诱鱼补水系统组成。进口多布置在水流平稳，且有一定水深的岸边或溢流坝出口附近。常用的槽身横断面为矩形，用隔板将水槽上、下游的水位差分成若干个小的梯级，板上设有过鱼孔，利用水垫、沿程摩阻、水流对冲和扩散来消除多余能量。根据孔形不同，可分为堰式、淹没孔口式、竖缝式和组合式等。17 世纪中期，欧洲开始出现简易斜槽式鱼道。20 世纪初，比利时人丹尼尔创立边壁加糙和全断面加糙的丹尼尔式鱼道。后进一步发展，出现垂直挡板式鱼道（竖缝式斜槽鱼道）。1946 年，加拿大弗雷塞河赫尔斯门两岸建的垂直挡板式鱼道，使鲑成功地通过因塌方而形成的河中障碍。水池式鱼道始建于 1893 年苏格兰胡里坝，是通过短渠连接多级水池建造而成。近代水池式鱼道是在水槽中用隔板构成的梯级水池鱼道。中国于 1966 年在江苏大丰县斗龙港闸建成第一座鱼道，至今已建成两种类型鱼道几十座。

1. 长洲水利枢纽鱼道建设

长洲水利枢纽位于西江干流梧州江段，长洲水利枢纽是国务院 1993 年批准的《珠江流域综合利用规划》推荐开发项目，以发电和航运为主，兼有防洪灌溉、淡水养殖、供水、旅游等综合利用功能。长洲水利枢纽最大坝高 56 m，电站最大水头 16.0 m，设计水头 9.5 m（图 19-6）。长洲水利枢纽工程所处河段是中华鲟（*Acipenser sinensis*）、花鳗鲡（*Anguilla*

图 19-6　长洲鱼道过鱼设施

marmorata）等 6 种洄游性鱼类洄游的必经通道，其中中华鲟为国家一类珍稀保护鱼类，花鳗鲡为国家二级水生野生保护鱼类。长洲水利枢纽鱼道（简称长洲鱼道）为横隔板式设计，位于泗化洲岛外江厂房安装间的左侧和外江土坝的右侧，引用流量为 6.64 m³/s，由下至上布置有入口段、鱼道水池、休息池、观室、挡洪闸段和出口段，鱼道宽 5 m，全长 1 443.3 m，鱼道下游入口设在厂房尾水下游约 100 m 处（图 19-7）。长洲水利枢纽于 2007 年 8 月开始下闸蓄水，鱼道于同期建成，并于 2011 年 4 月 29 日开始试运行。长洲鱼道投入运行以后，2011—2014 年研究人员利用堵截法和水声学监测法等对其过鱼效果进行了研究，共采集到鱼类 40 种，通过鱼道的主要优势种为瓦氏黄颡鱼、赤眼鳟、银飘鱼、银鲴、鳗鲡及鲮等，洄游性种类花鳗鲡、日本鳗鲡、弓斑东方鲀及四大家鱼（青鱼、草鱼、鲢、鳙）等均在鱼道中出现。通过物种累计曲线拟合，预期随着采样次数的增加，鱼道出现的种类数量可达 61 种，说明长洲水利枢纽鱼道具较好的过鱼能力。监测数据显示，鱼道中鱼类多样性及均匀度指数低于坝下江段，坝下江段优势种广东鲂、斑鱯在鱼道中没有采集到，说明鱼道对不同种类的诱导力存在差异。典范对应分析结果表明，坝上水位是影响过鱼效果的关键因素，有必要优化鱼道运行方式以提高鱼道性能，建议将四大家鱼、广东鲂、赤眼鳟及鲮等列入过鱼目标，并在运行方案上进行调整（谭细畅等，2015）。

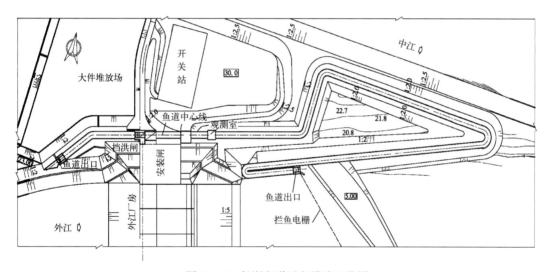

图 19-7 长洲鱼道过鱼设施工艺图

长洲鱼道设计的主要过鱼对象为中华鲟、鲥、七丝鲚、日本鳗鲡、花鳗鲡、白肌银鱼。监测研究表明，日本鳗鲡为优势种类，花鳗鲡偶见，其他种类尚未出现，这可能是由于在长洲鱼道修建前，鱼类本底调查时中华鲟、鲥就难以发现，所以修建后监测其踪迹的难度也较大。目前没有发现七丝鲚及白肌银鱼在珠江的上溯洄游活动，这两个种类有可能已经在西江上游库区形成定居性种群（谭细畅等，2015）。

2. 崔家营航电枢纽鱼道建设

汉江崔家营航电枢纽位于汉江中游丹江口至钟祥河段，于 2005 年 11 月开工建设，2009 年 10 月 28 日首台机组一次并网成功，于 2010 年 8 月 26 日 6 台机组全面建成投入使用。汉江崔家营航电枢纽坝高 13 m，电站最大水头 7.58 m。崔家营航电枢纽鱼道（简称崔家营鱼道）为横隔板式设计，鱼道设计水位差 5.5 m，设计流速为 0.677 m/s，鱼道内流速控制在

0.5～0.8 m/s，流量控制在 1.8～2.8 m³/s，鱼道池室宽度 2 m，水深 2 m，鱼道总长 487.2 m（图 19-8）。崔家营鱼道于 2012 年 2 月投入试运行，主要过鱼对象为鳗鲡、长颌鲚、草鱼、青鱼、鲢、鳙、铜鱼等。2012 年 9 月，采用网具回捕和水声学监测相结合的方法，对崔家营鱼道的过鱼效果进行了监测，在鱼道内通过网具回捕共捕获 37 尾鱼，隶属 4 科 11 种，分别为瓦氏黄颡鱼、鲦、吻鮈、鳊、蛇鮈、马口鱼、圆吻鲴、犁头鳅、铜鱼、鳜、鲢，其中优势种为瓦氏黄颡鱼、鲦和圆吻鲴（图 19-9）。通过在鱼道出口前放置水声学设备，经过 1 267 min 的监测，共获得 658 个目标信号，平均每分钟获得 5 个目标。监测结果显示，崔家营鱼道的建设对恢复河流连通性具有重要意义，为汉江中游鱼类上溯洄游提供了必要条件，但是，其运行的有效性还需要长期监测数据进行论证（熊红霞等，2015）。

图 19-8　崔家营鱼道

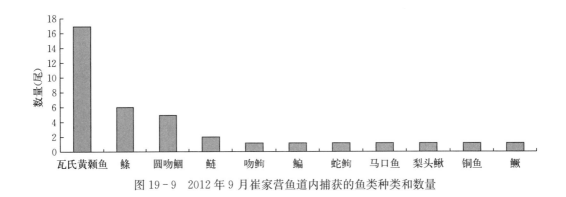

图 19-9　2012 年 9 月崔家营鱼道内捕获的鱼类种类和数量

第三节　经验与启示

一、充分借鉴国外河流生态修复的经验

1. 制定和发布河流生态保护修复标准或规范

国外经验表明，在开展河流生态修复时，制定相应的技术标准或规范是必不可少的。国内一些地区出台了地方标准规范，如江苏省 DB 32/T 2976—2016《内河航道生态护岸工程质量检验标准》，但在全国层面至今尚无河流生态修复的技术标准或规范，现有河道整治设

计规范无法满足河流生态修复要求。

2. 统筹规划河流水资源、水环境和水生态三方需求

河流生态修复是一个多目标、多层次、多措施、多约束条件的系统工程。在解决好防洪问题的同时，需要统筹水利发展、污染防治、城镇景观绿化、生物多样性保护、历史文化保护等规划。合理开发水资源，科学测算生态基流，建立流域上下游生态基流协调机制，保障生态环境需水量；强化污染源头控制，利用河流滩涂地、湿地等未利用地，设置面源生态拦截带；加强河流水系连通，保留原有河道浅滩和深潭，严禁侵占自然河道，保护水生生物生境，提高生物多样性。

3. 妥善处理保护与修复的关系，因地制宜选择生态修复技术和模式

坚持保护优先、自然恢复为主、人工修复为辅的原则，针对河流突出生态环境问题，科学谋划工程项目建设内容，该保护的，坚决不修复；该修复的，要结合实际，遵循自然规律，科学选取技术模式，宜林则林、宜草则草、宜荒则荒。在生态护岸方面，鼓励选择以乡土植物为主，耐水湿、根系发达、具有良好固土能力的植物，营造美丽的自然景观。

4. 强化河流生态修复全过程监管，避免"伪生态、真破坏"

加强河道整治项目环境影响评价管理，确保项目开工前，完成项目环境影响评价前置手续。强化项目施工期间环境影响评价措施落实情况，尤其是生态环境敏感脆弱、自然保护区等地区；对发现的问题，要及时提出整改措施；对逾期未整改到位的，要采取经济、行政、法律等综合措施，坚决落实整改要求。结合项目绩效考核验收，通过开展项目实施对周边生态环境影响评估，切实遏制"伪生态、真破坏"等现象发生。

二、严格制定和落实流域生态环境保护规划

强化国家层面对流域、区域水电开发和鱼类保护的规划制定与指导作用，从全流域角度分析水电规划对相关区域、流域生态系统的整体影响，进一步优化干流水电开发规划，统筹干、支流的开发与保护，最大程度地保护水生态，维持河流健康，特别是保护鱼类主要"三场"及重要水生生物生境，尽可能保持河流的连通性，降低对鱼类洄游的影响，严格落实流域生态环境保护规划。对于建设时间较早、缺少鱼类保护措施的水电工程，需论证增建鱼道等鱼类保护技术措施的必要性。

三、加强鱼道建设的关键技术攻关和基础研究

目前，我国《水利水电工程鱼道设计导则》《水电工程过鱼设施设计规范》已颁布，有利于实现鱼道设计原则和技术要求的统一，但是鱼道建成后的运行管理也需要一定的规范，以督促鱼道的正常维护与运行。加强基础研究，深化河流鱼类资源本底调查和鱼类行为生态学研究，探索适合国内鱼类等水生生物的鱼道关键技术。鱼道设计涉及众多专业学科，是一项需要多方面协调、多专业学科交叉的设计工作，应加强环保、渔业、水利等各专业间以及各专业人员之间的交流和沟通，共同参与鱼道设计研究。

四、加强监管并实行适宜性管理

加强鱼道设计、建设和运行的全过程监管，并实施奖惩机制。应明确长期监管主体，鱼道运行后的监管在目前管理现状中属于比较薄弱的环节，而监管体系应以事后的效果监测为

核心，用监测效果来评估措施的有效性，并加以有效监管。因此，在今后的具体工作中，应加强对各鱼类保护措施的效果监测与评估，使监管有章可依。推行鱼道的适宜性管理，所谓鱼道适应性管理是鱼道建成后，通过正常运行和不断监测，及时发现鱼道所存在的问题，包括鱼道本身设计、资金投入等方面，针对发现的问题重新制定调整实施方案、管理目标，从而确定最优鱼道实施方案，实现河道的纵向连通性及社会经济与生态环境的协调发展。鱼道建成后运行是否有效需要日常监测评估，它是鱼道建设技术进步的前提，也是适应性管理的基础。鱼道中的适应性管理就是针对鱼道运行中所存在的问题及时修订解决，保证鱼道的高效运行。

五、加快相关政策的制定与完善

首先，应加强对建立生态补偿机制的探讨，如可通过相关政策对鱼道运行单位实施电价、水价补偿，充分调动企业的积极性和主动性。同时国家应设立鱼道运行技术和资金支持平台，争取多方面资金支持，采取建立科普基地、发展旅游等措施提高鱼道运行单位的积极性，促进鱼道的有效运行。其次，应加强规划环评的统筹和指导作用，强化环境影响后评价制度。从流域的角度出发，根据流域的水生态分布特点，结合流域的实际情况，全面统筹干流上、中、下游及重要支流的关系，制定流域连通性的恢复方案。同时在流域综合规划和水电开发规划阶段就应考虑河流连通性的问题，将流域连通性的恢复作为流域开发的前置条件。在环境影响后评价中，对于建设时间较早、缺少鱼道等鱼类保护措施的水电工程，需论证增建鱼道等鱼类保护设施的必要性。对于部分小水电站，需研究其对河流连通性、鱼类洄游等的影响，研究将不必要的小水电站进行拆除的对策措施。

参考文献

陈吉泉，1996. 河岸植被特征及其在生态系统和景观中的作用［J］. 应用生态学报（4）：439 - 444.

陈凯麒，常仲农，曹晓红，等，2012. 我国鱼道的建设现状与展望［J］. 水利学报，43（2）：182 - 188.

董哲仁，2004. 河流生态恢复的目标［J］. 中国水利（10）：6 - 9.

董哲仁，2013. 河流生态修复［M］. 北京：中国水利水电出版社.

高甲荣，冯泽深，高阳，2010. 河溪近自然评价：方法与应用［M］. 北京：中国水利水电出版社.

蒋庆云，王素梅，姜思华，2011. 北京市城市河道生态治理存在的问题及对策［J］. 山西建筑，37（14）：204 - 205.

刘京一，吴丹子，2016. 国外河流生态修复的实施机制比较研究与启示［J］. 中国园林（32）：127.

陆昕炜，2014. 浅谈水利水电工程建设中生态水利设计的思考——汉江崔家营鱼道生态设计后的几点想法［J］. 建筑工程技术与设计（13）：8.

桑保良，刘静森，吴景社，等，2007. 开展"万河整治行动"，提升上海农村水环境质量［J］. 中国水利（13）：25 - 26.

谭细畅，黄鹤，陶江平，等，2015. 长洲水利枢纽鱼道过鱼种群结构［J］. 应用生态学报，26（5）：1548 - 1552.

谭细畅，陶江平，黄道明，等，2013. 长洲水利枢纽鱼道功能的初步研究［J］. 水生态学杂志，34（4）：58 - 62.

王珂，刘绍平，段辛斌，等，2013. 崔家营航电枢纽工程鱼道过鱼效果［J］. 农业工程学报，29（3）：

184－189.

王兴勇，郭军，2005. 国内外鱼道研究与建设 [J]. 中国水利水电科学研究院学报，3（3）：222－228.

吴丹子，王晞月，钟誉嘉，2016. 生态水城市的水系治理战略项目评述及对我国的启示 [J]. 风景园林（5）：16－26.

吴晓春，史建全，2014. 基于生态修复的青海湖沙柳河鱼道建设与维护 [J]. 农业工程学报，30（22）：130－136.

谢秀栋，张林，何宗儒，2013. Analysis on characteristic of deformation during the construction of deformed pit [J]. 长春工程学院学报（自然科学版），14（4）：23－26.

杨平荣，2012. 生态修复 [J]. 农业科技与信息（1）：362－363.

Clay C H，1995. Design of fishways and other fish facilities [M]. Boca Raton：Lewis Publishers.

Katopodis C，Williams J G，2012. The development of fish passage research in a historical context [J]. Ecological Engineering，48：8－18.

（刘兴国　朱　浩）

第二十章

青海湖增殖放流生境修复

第一节　发展历程

青海湖是我国最大的内陆盐碱湖泊，地处青藏高原的东北部，距西宁市 150 km。湖面呈椭圆形，周长 360 km，东西长 104 km，南北宽 62 km，水面海拔高程 3 193.6 m，湖泊面积为 4 273.7 km²。湖水平均深度 16 m，最大水深为 27 m，蓄水量达 739 亿 m³。青海湖具有典型的盐碱水特征，湖水 pH 9.2，盐度 15.2，碱度 32 mmol/L。1992 年青海湖被列入国际重要湿地名录，1997 年被国务院批准为国家自然保护区，2007 年农业部批准建立国家级青海湖裸鲤水产种质资源保护区。

湖区属温带大陆性半干旱气候，夏秋季节温凉，冬春季节寒冷。境内多风，年平均风速 3.2～4.4 m/s，年日照时数超过 2 800 h，年平均降水量 300～400 mm，5—9 月降水量占全年的 90％左右。20 世纪 50 年代末，青海湖流域面积 29 661 km²，年径流量 20 亿 m³，是鱼类洄游产卵和湖区鸟类集中区域（冯宗炜等，2004）。

青海湖裸鲤属鲤形目、裂腹鱼亚科，主要分布于青海湖及其支流中，曾是我国重要的经济鱼类之一（陈大庆等，2011）。青海湖裸鲤属于冷水性鱼类，喜欢生活在浅水中，也常见于滩边洄水区或大石堆间流水较缓的地方（图 20 - 1）。青海湖裸鲤在原产地生长速度不快，整个生长期体长无明显快速增长阶段，体重一般在 0.75 kg 左右。青海湖裸鲤曾是青海湖中唯一的水生经济动物，处于青海湖整个生态系统的核心地位，1979 年在国务院《水产资源繁殖保护条例》中青海湖裸鲤被列为我国重要或名贵水生动物。近年来湖区生态环境的变化和人为的过度捕

图 20 - 1　青海湖裸鲤

捞，导致了青海湖裸鲤资源的急剧下降。由 20 世纪 50 年代末的 32 万 t，锐减至 21 世纪初的不足 0.3 万 t，湖泊生态呈现严重衰退趋势（汪松等，2009）。青海湖渔业是 1958 年开始大规模开发的，由于管理不善，捕捞强度过大，资源量急剧下降，破坏了青海湖裸鲤群体的自身平衡。1973 年通过对 1958 年青海湖裸鲤开发之初到 1970 年的捕捞量以及渔获物组成的分析发现：产量从 1960 年最高的 28 523 t，下降到 1970 年的 4 957 t，平均尾重由 1962 年

的 0.625 kg 下降到 1971 年的 0.325 kg，青海湖裸鲤的生殖群体已遭到很大破坏。而 1980 年对青海湖裸鲤种群数量变动进行统计分析后，认为渔获物个体大小的下降是开发利用的正常现象，并不表明青海湖裸鲤资源的衰退，而且认为青海湖裸鲤有较强的群体补充能力，当时的捕捞强度适合于青海湖的渔业生产，并且提出 4 800 t 的年捕捞量是适合的，能够满足群体补充的需要。

第二节　主要做法

1982 年青海省人民政府第一次对青海湖采取封湖育鱼 2 年的措施，限产 4 000 t。1986 年 11 月 20 日至 1989 年 10 月 31 日第二次对青海湖实行封湖育鱼，在此期间限产 2 000 t。1990 年对封湖前后裸鲤种群结构变化进行研究，发现经过封湖等措施，青海湖裸鲤的种群数量得到明显的提高，其平均绝对繁殖力和相对繁殖力明显高于 1980 年，据此认为封湖育鱼有明显成效，对促进资源的恢复起到一定的作用，但是繁殖力的提高说明青海湖裸鲤资源已遭到极为严重的破坏，虽经 3 年的封湖育鱼，青海湖裸鲤群体数量仍未达到青海湖生态平衡的自然结构，封湖育鱼的力度还须加大。1994—2000 年青海省人民政府第三次对青海湖实行封湖育鱼，限产 700 t，但效果并不明显，裸鲤资源继续衰退，种群结构发生变异，这次危机引起了社会各界的关注。1995 年中国水产学会海洋渔业资源专业委员会考察青海湖渔业资源，估算青海湖裸鲤资源量约为 7 500 t，平均只有 1.74 t/km²。2001 年 1 月 1 日起，青海省人民政府第四次实施封湖育鱼，封湖期为 10 年，实行零捕捞政策。2001 年以来，青海湖裸鲤救护中心运用水下声呐探测系统探测青海湖裸鲤年可捕资源量，表明资源恢复有上升趋势。

近年来，青海湖裸鲤救护中心联合相关单位开展了以青海湖裸鲤增殖放流为核心的青海湖水域生态修复，取得了良好效果。通过建设湟鱼家园、过鱼通道等设施，救护青海湖裸鲤亲鱼。攻克青海湖裸鲤人工繁育和增殖放流技术（史建全等，2012），资源蕴藏量由 2002 年的 0.26 万 t，恢复到 2015 年的 6.21 万 t，贡献率达 22.3%。同时，青海省人民政府从 20 世纪 80 年代开始，实施了连续五次封湖育鱼措施（最近一次为 2010—2020 年），青海湖裸鲤生境的修复以及青海湖裸鲤资源的恢复确保了青海湖水生态系统的良性循环，青海湖裸鲤资源量的增加带动鸟类数量由 2000 年的 164 种 10 万只增加到 2018 年的 225 种 30 万只，湖区生态环境向健康方向发展。

除此之外，中国水产科学研究院东海水产研究所联合青海湖裸鲤救护中心开展了青海湖裸鲤盐碱适应生理机理研究，探索了青海湖裸鲤资源衰退的生理机制（郭雯翡等，2012；刘济源等，2012；刘亚静等，2016；王萍等，2015；王卓等，2013；衣晓飞等，2017），为青海湖裸鲤保护提供了理论基础。研究采用生理学和分子生物学手段，探索青海湖裸鲤盐碱适应机理。研究发现，随着湖水盐碱度的升高，湖水二氧化碳分压降低，青海湖裸鲤面临渗透失衡和呼吸性碱中毒双重胁迫，湖水中裸鲤体内渗透压升高了 43%，pH 升高到 8.02。青海湖裸鲤通过降低碳酸酐酶这一特殊功能基因的表达来补偿盐碱环境下的呼吸性碱中毒并参与渗透调节（Yao et al.，2016），但是随着盐度的升高，青海湖裸鲤渗透调节方式面临由"淡水型"到"海水型"的转变的巨大挑战。

第三节 经验启示

二十年来，针对青海湖渔业生态和裸鲤资源现状，相关单位致力于青海湖裸鲤原种保存、生物学、资源、环境生态、种质、遗传学、淡水全人工养殖、增殖放流和过鱼通道建设等方面的研究工作，深刻揭示青海湖裸鲤生命活动基本规律，在青海湖渔业生态环境修复和裸鲤资源恢复等基础生物学研究方面获得巨大成就。开展的青海湖裸鲤人工增殖放流活动，展现人工过鱼通道亲鱼洄游景观，促成了刚察县人民政府历年举办的"中国最长的节日——青海湖裸鲤人工增殖放流暨观鱼放生节"盛况，达成了青海湖渔业环境优良、生态系统稳固、裸鲤资源恢复的目的，湖区社会稳定，经济发展，民族团结，生态环境和谐良好。

生态容纳量和可持续性是青海湖生态平衡和环境社会和谐的重要指标，今后应加强多学科联合攻关，加强湖区大生态的修复和保护，实现鱼-鸟-草生态系统和谐发展。

参考文献

陈大庆，熊飞，史建全，等，2011. 青海湖裸鲤研究与保护 [M]. 北京：科学出版社：132.

冯宗炜，冯兆忠，2004. 青海湖流域主要生态环境问题及防治对策 [J]. 生态环境，13（4）：467-469.

郭雯翡，么宗利，来琦芳，等，2012. 盐碱胁迫下青海湖裸鲤鳃基因表达差异 [J]. 海洋渔业，34（2）：137-144.

刘济源，么宗利，来琦芳，等，2012. 盐碱胁迫对青海湖裸鲤耗氧率、血浆渗透浓度和离子浓度的影响 [J]. 生态学杂志，31（3）：664-669.

刘亚静，么宗利，来琦芳，等，2016. 水环境中不同 Ca^{2+} 浓度对青海湖裸鲤（*Gymnocypris przewalskii*）幼鱼生存生长的影响 [J]. 生态学杂志，35（8）：2189-2195.

史建全，祁洪芳，杨建新，等，2012. 青海湖裸鲤资源监测与淡水全人工养殖技术 [M]. 西宁：青海民族出版社：203.

汪松，解焱，2009. 中国物种红色名录 [M]. 北京：高等教育出版社.

王萍，来琦芳，么宗利，等，2015. 盐碱环境下青海湖裸鲤肠道 HCO_3^- 分泌相关基因表达差异 [J]. 海洋渔业，37（4）：341-348.

王卓，么宗利，林听听，等，2013. 碳酸盐碱度对青海湖裸鲤幼鱼肝和肾 SOD、ACP 和 AKP 酶活性的影响 [J]. 中国水产科学，20（6）：1212-1218.

衣晓飞，来琦芳，史建全，等，2017. 高碱环境下青海湖裸鲤氮废物排泄及相关基因的表达规律 [J]. 中国水产科学，24（04）：681-689.

Yao Z L, Guo W F, Lai Q F, et al., 2016. Gymnocypris przewalskii decreases cytosolic carbonic anhydrase expression to compensate for respiratory alkalosis and osmoregulation in the saline-alkaline lake Qinghai [J]. Journal of Comparative Physiology B (186)：83-95.

（么宗利　史建全　来琦芳　祁洪芳）

附　录

中国主要渔业水域

附录 1　主要淡水湖泊

兴凯湖　鄱阳湖　洞庭湖　太湖　呼伦湖　洪泽湖　南四湖　博斯腾湖　巢湖　高邮湖　鄂陵湖　扎陵湖　赛里木湖　白洋淀　洪湖　龙感湖　梁子湖　滇池　乌梁素海　骆马湖　洱海　军山湖　抚仙湖　石臼湖　瓦埠湖　南漪湖　东平湖　滆湖　阳澄湖　程海　淀山湖　阳宗海　星云湖　杞麓湖　异龙湖　东钱湖　长白山天池　茈碧湖　剑湖　唐家山堰塞湖　小南海　新路海

附录 2　主要咸水湖

青海湖　纳木错　色林错　扎日南木错　当惹雍错　乌伦古湖　羊卓雍错　班公错　哈拉湖　阿雅克库木湖　艾比湖　岱海　运城盐湖

附录 3　国家重点风景名胜区（湖库）

镜泊湖　五大连池　太湖　杭州西湖　武汉东湖　天山天池　松花湖　净月潭　瘦西湖　洞庭湖　红枫湖　滇池　金湖　月牙泉　青海湖　巢湖　仙女湖　惠州西湖　邛海　陆水水库　博斯腾湖　飞云湖　湖光岩　白龙湖　赛里木湖　花亭湖　柘林湖　泸沽湖　东江湖

附录 4　国际重要湿地名录（湖泊）

东洞庭湖　鄱阳湖　达赉湖　南洞庭湖　西洞庭湖　兴凯湖　碧塔海　纳帕海　拉什海　鄂陵湖　扎陵湖　玛旁雍错

附录 5　国家级自然保护区（湖泊）

衡水湖　兴凯湖　五大连池　升金湖　鄱阳湖　东洞庭湖　洱海　色林错　敦煌西湖　甘肃尕海　青海湖　草海　达里诺尔　喀纳斯湖　洪泽湖　哈巴湖

附录 6　大型水库

三峡水库　丹江口水库　龙滩水库　龙羊峡水库　新安江水库　小湾水库　水丰水库

新丰江水库　小浪底水库　丰满水库　天生桥水库　三门峡水库　东江水库　尼尔基水库　柘林水库　白山水库　刘家峡水库　二滩水库　百色水库　瀑布沟水库　水布垭水库　密云水库　五强溪水库　滩坑水库　官厅水库　莲花水库　云峰水库　柘溪水库　桓仁水库　岩滩水库　松涛水库　西津水库　潘家口水库　陈村水库　响洪甸水库　水口水库　乌江渡水库　安康水库　红山水库　花凉亭水库　梅山水库　棉花滩水库　大伙房水库　观音阁水库　湖南镇水库　漳河水库　枫树坝水库　街面水库　二龙山水库　江垭水库　李家峡水库　南湾水库　富水水库　岗南水库　于桥水库　皂市水库　王快水库　峡山水库　察尔森水库　陆浑水库　白莲河水库　南水水库　鸭河口水库　黄壁庄水库　故县水库　黄龙滩水库　澄碧河水库　鹤地水库　高州水库　岳城水库　西大洋水库　宿鸭湖水库　狮子滩水库

附录7　主要海洋岛屿

名称	面积（km²）	名称	面积（km²）	名称	面积（km²）
台湾岛	36 192	海南岛	33 210	崇明岛	1 241.21
舟山岛	485	东海岛	286	海坛岛	267.13
东山岛	220	玉环岛	169.51	长兴岛（上海）	155.5
大屿山	147.16	上川岛	137.17	金门岛	134.25
厦门岛	132.51	南三岛	123.40	岱山岛	108.99
海陵岛	108.89	南澳岛	105.24	六横岛	97.79
长兴岛（大连）	87.86	南田岛	86.37	下川岛	81.73
达濠岛	80.84	香港岛	78.40	金塘岛	77.43
横琴岛	67.22	龙穴岛	65	琅岐岛	64.65
澎湖本岛	64.24	朱家尖岛	63.19	衢山岛	59.94
硇洲岛	49.89	横沙岛	49.26	兰屿	48.39
紫泥岛	46.99	南日岛	45.08	桃花岛	40.64
曹妃甸	40	高塘岛	39.11	大长涂山	33.56
灵昆岛-霓屿岛	30.38	三都岛	29.57	大门岛	28.69
石城岛	30.36	大榭岛	28.37	洞头岛	28
梅山岛	26.90	广鹿岛	26.77	大长山岛	25.69
润洲岛	24.98	淇澳岛	23	秀山岛	22.88
泗礁山岛	21.80	大嵛山	21.50	氹仔-路环岛	19.3
西屿	18.71	海洋岛	18.48	渔翁岛	18.2
小长山岛	17.63	虾峙岛	17.01	威远岛	16.80
绿岛	15.09	小金门岛	14.85	登步岛	14.51

（续）

名称	面积（km²）	名称	面积（km²）	名称	面积（km²）
小洋山	14.5	湄洲岛	14.21	册子岛	14.20
白沙岛	14.1	乌礁洲	13.84	望安岛	13.78
南丫岛	13.74	粗芦岛	13.67	小长涂山	13.6
担杆岛	13.49	花岙岛	13.37	南长山岛	12.8
赤鱲角	12.70	渔岛	12.44	普陀山	11.85
荷包岛	11.72	菊花岛	11.71	浮鹰岛	11.50
长白岛	11.10	檀头山	11.03	大练岛	10.84
青衣岛	10.59	龙门岛	10.52	中国西岛	2.86
南竿岛	10.43				

图书在版编目（CIP）数据

渔业水域生态修复科技创新战略研究 /刘兴国等主
编 . —北京：中国农业出版社，2022.1
ISBN 978-7-109-27477-8

Ⅰ.①渔… Ⅱ.①刘… Ⅲ.①渔业—水域—生态环境
—环境保护—研究②渔业—水域—生态恢复—研究 Ⅳ.
①S931.3

中国版本图书馆 CIP 数据核字（2020）第 195058 号

中国农业出版社出版
地址：北京市朝阳区麦子店街 18 号楼
邮编：100125
责任编辑：杨晓改 郑 珂 文字编辑：蔺雅婷 闫 淳
版式设计：王 晨 责任校对：沙凯霖
印刷：中农印务有限公司
版次：2022 年 1 月第 1 版
印次：2022 年 1 月北京第 1 次印刷
发行：新华书店北京发行所
开本：787mm×1092mm 1/16
印张：17
字数：450 千字
定价：168.00 元